Cours complet
d'Apiculture

(Culture des Abeilles)

PAR MM.

Georges DE LAYENS
Lauréat de l'Académie des sciences

ET

Gaston BONNIER
Professeur à la Sorbonne

Ouvrage illustré de 244 figures dessinées d'après nature

PAR

A. MILLOT,
P. JAMIN, B. HERINCQ, J. POINSOT, ETC.

PARIS
PAUL DUPONT, ÉDITEUR
4, RUE DU BOULOI, 4

Cours complet

d'Apiculture

2245-95. — CORBEIL. Imprimerie ÉD. CRÉTÉ.

Cours complet

d'Apiculture

(Culture des Abeilles)

PAR MM.

Georges DE LAYENS
Lauréat de l'Académie des sciences

ET

Gaston BONNIER
Professeur à la Sorbonne

Ouvrage illustré de 244 figures dessinées d'après nature

PAR

A. MILLOT,
P. JAMIN, B. HERINCQ, J. POINSOT, ETC.

PARIS
PAUL DUPONT, ÉDITEUR
4, RUE DU BOULOI, 4

LIBRAIRIE PAUL DUPONT, 4, RUE DU BOULOI, PARIS

OUVRAGES DE M. GEORGES DE LAYENS

Le Rucher illustré, *erreurs à éviter, conseils à suivre.* 1 vol. in-8°, avec 41 planches hors texte et 13 figures dans le texte. *Nouvelle édition (franco)*.. **2 fr. 50**

Conseils aux apiculteurs *(franco)*........................ 60 cent.
Construction économique des Ruches à cadres. Nouvelle édition *(franco)* .... 60 cent.
Nouvelles Expériences pratiques d'apiculture *(franco)*... 60 cent.
Conduite d'un Rucher isolé. Nouvelle édition *(franco)*.... 25 cent.
L'Hydromel et sa fabrication pratique pour le cultivateur d'abeilles, avec figures dans le texte *(franco)*...................... **60 cent.**

(Ouvrages couronnés par la Société d'Acclimatation

Élevage des Abeilles par des procédés modernes, par Georges DE LAYENS, lauréat de l'Institut. Nouvelle édition. 1 volume in-18, avec figures dans le texte *(franco)*.......................... **1 fr. 50**
Les Abeilles, par le même. *Premières leçons à l'usage des écoles,* avec 25 figures dans le texte, cartonné *(franco)*.............. **25 cent.**

PREMIÈRE PARTIE

INTRODUCTION A L'ÉTUDE DE L'APICULTURE

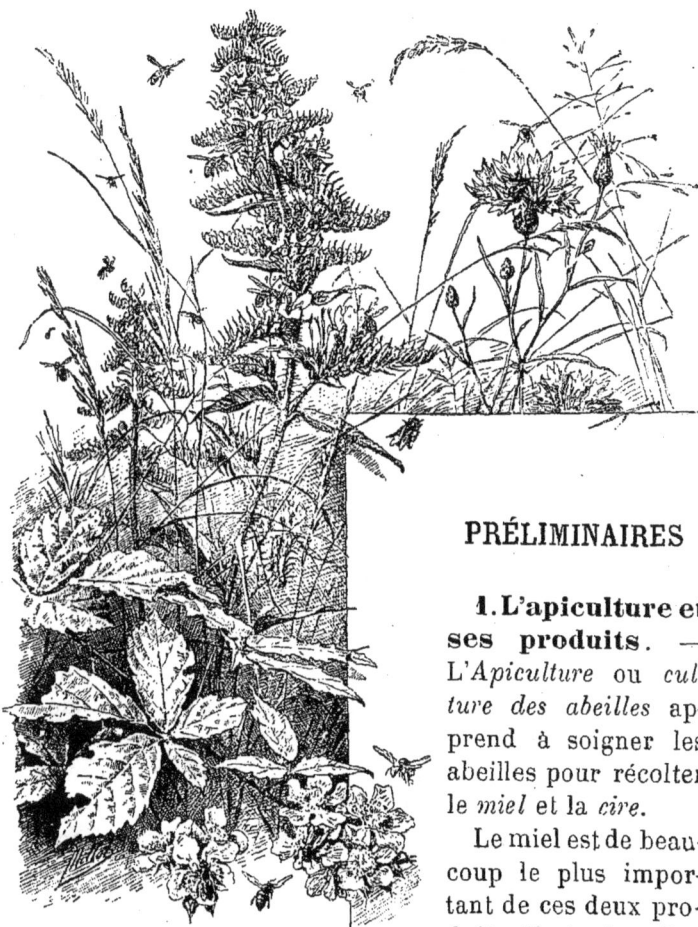

Fig. 1. — Les abeilles sur les fleurs.

PRÉLIMINAIRES

1. L'apiculture et ses produits. — L'*Apiculture* ou *culture des abeilles* apprend à soigner les abeilles pour récolter le *miel* et la *cire*.

Le miel est de beaucoup le plus important de ces deux produits. C'est qu'en effet, la substance sucrée mise en provision dans les ruches par les abeilles a de multiples usages, et peut devenir une ressource de premier ordre. Non seulement le miel est consommé directement ou est utilisé comme remède, mais il peut remplacer le sucre dans beaucoup de circonstances. Enfin, et c'est là un point des plus essentiels à considérer, la fermentation de cette matière sucrée naturelle permet de fabriquer d'une manière très simple l'*hydromel*, boisson alcoolique aussi saine que le vin.

Les usages de la cire ne sont pas susceptibles de prendre comme ceux du miel un développement considérable; toutefois, on emploie une assez grande quantité de cire dans l'industrie.

2. Avenir de l'apiculture. — Il ne faudrait pas juger du résultat que peut donner la culture des abeilles par les récoltes que l'on fait actuellement, et qui ne s'élèvent qu'à 14 ou 16 millions en moyenne.

En France, par exemple, le nombre des ruchées, pourrait être augmenté dans une proportion si considérable qu'il n'est pas possible de l'évaluer.

Dans les prairies ou dans les landes, dans les champs de Sainfoin, de Sarrasin, de Colza, dans presque toute l'étendue des contrées montagneuses et de la région méditerranéenne, les fleurs de notre pays produisent une énorme quantité de liquide sucré dont la plus grande partie est entièrement perdue.

Il y a donc là une source de richesse qui reste ignorée.

Les habitants des campagnes peuvent puiser à cette source, sans se détourner de leurs autres occupations agricoles, car la culture des abeilles ne demande que peu de travail, et n'exige au début qu'un faible capital.

Si l'apiculture prenait, en France, toute l'extension qu'elle peut avoir, les cultivateurs et, par suite, les habitants des villes, les ouvriers des fabriques, auraient à leur portée une substance alimentaire saine, naturelle dont ils pourraient toujours vérifier l'origine; ils auraient aussi une boisson alcoolique qu'il leur serait facile de fabriquer eux-mêmes en se mettant à l'abri des falsifications et en évitant les vins frelatés.

3. Propagande apicole. — Les instituteurs et les ecclésiastiques sont déjà, dans beaucoup de régions de la France, les propagateurs zélés de l'apiculture. C'est à eux surtout qu'incombe la mission de faire aimer les abeilles et de montrer les avantages que peut procurer cette culture.

C'est à eux, et c'est aussi aux amateurs désintéressés, de faire connaître partout les meilleures méthodes et les modèles de ruches qu'il est préférable d'employer

Aussi est-il nécessaire d'établir dans chaque École Normale et dans chaque Séminaire un *rucher modèle*, comme il en existe déjà dans plusieurs de ces établissements. Mais il faut insister sur ce point que, ce rucher-école ne rendra réellement service que s'il est dirigé d'une manière pratique.

Une collection permanente des ruches de tous les systèmes, renfermant des abeilles de différentes races étrangères, ne sera d'aucun effet utile. Un rucher composé presque entièrement du système de ruches qui est le meilleur pour la contrée, contenant des abeilles du pays, et conduit surtout dans le but d'obtenir le plus de miel possible, sera seul démonstratif pour les cultivateurs ; ceux-ci seront plus frappés des bénéfices obtenus que de toutes les instructions théoriques que l'on pourrait leur donner. En somme, ce qu'il faut établir comme modèles, ce sont des ruchers d'exploitation et non pas des ruchers d'exposition.

D'un autre côté, les Sociétés d'apiculture, chaque jour plus nombreuses en France, contribuent puissamment à cette œuvre de diffusion.

Nul doute que, grâce à tous ces concours dévoués, la culture des abeilles ne prenne bientôt toute l'importance que lui réserve l'avenir.

4. Utilité de la culture des abeilles pour l'a-

griculture. — L'apiculture n'intéresse pas seulement l'agriculteur par ses importants produits, mais elle lui rend aussi bien souvent service d'une manière indirecte.

Toutes les fois qu'on cultive les plantes pour en obtenir soit des graines, soit des fruits et que les plantes sont mellifères, les abeilles en butinant de fleur en fleur contribuent, pour une part importante, à augmenter le produit de la récolte.

C'est ainsi que le cultivateur qui a des ruches dans son verger verra s'accroître la quantité moyenne de fruits qu'il obtient chaque année, parce que, grâce aux abeilles, ces fruits auront noué en plus grand nombre. C'est ainsi que le paysan qui cultive le Colza, les Lentilles, les Pois chiches, les Fèves ou encore les graines fourragères, verra s'accroître le produit de ses champs s'ils sont voisins de ruchers.

Quant aux prétendues dévastations que feraient les abeilles en attaquant les grains du raisin ou d'autres fruits sucrés, elles ne correspondent qu'à des dégats apparents qui reposent sur des faits mal observés. On ne saurait trop lutter contre ce préjugé, malheureusement très répandu, que les abeilles sont nuisibles en cette circonstance ; car il est prouvé d'une manière absolue qu'elles sont incapables de déchirer l'enveloppe de ces fruits ; les abeilles n'en récoltent le sucre que lorsque les fruits ont été attaqués par les oiseaux, les guêpes ou les frelons, c'est-à-dire lorsque les fruits sont déjà entamés.

En somme, l'abeille n'est jamais nuisible à l'agriculteur, et tout au contraire, elle lui vient souvent en aide d'une manière efficace en augmentant la récolte de beaucoup de cultures.

CHAPITRE I

LES ABEILLES

5. Les abeilles à l'entrée d'une ruche. — Pour nous donner une première idée du travail des abeilles, allons les voir à l'entrée d'une forte ruche, par une belle matinée du mois de juin, au moment où elles ont une très grande activité. Si nous venons doucement nous installer sur le côté de la ruche, en évitant tout mouvement brusque, en restant immobiles, nous n'aurons guère à craindre d'être piqué par les abeilles (1).

6. Gardiennes ; ventileuses ; nettoyeuses.

1° *Gardiennes.* — Portons d'abord notre attention sur les abeilles qui sont à l'entrée de la ruche ; nous en voyons plusieurs qui se promènent devant la porte, tantôt dans un sens tantôt dans l'autre, et qui semblent attentives à tout ce qui vient du dehors. On les voit surveiller les abeilles qui rentrent et même on dirait qu'elles cherchent à les reconnaître (1, fig. 2) ; il semble qu'elles ne laissent rentrer les butineuses qu'après une sorte de contrôle. Nous remarquerons, en effet, assez souvent, que certaines abeilles qui sont semblables aux autres, et qui se présentent comme timidement à l'entrée, sont poursuivies et chassées par les surveillantes.

(1) Si l'on craignait d'être piqué, on pourrait mettre un voile et des gants (voy. § 58).

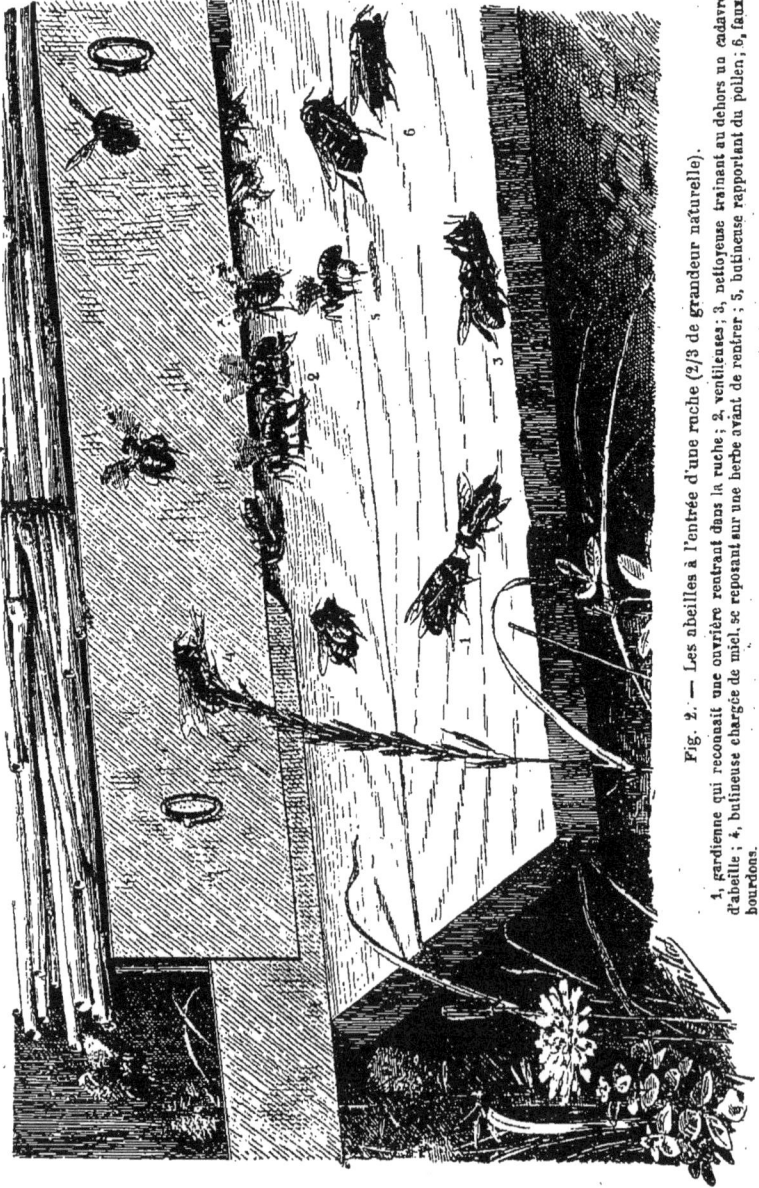

Fig. 2. — Les abeilles à l'entrée d'une ruche (2/3 de grandeur naturelle).

1, gardienne qui reconnait une ouvrière rentrant dans la ruche ; 2, ventileuses ; 3, nettoyeuse trainant au dehors un cadavre d'abeille ; 4, butineuse chargée de miel, se reposant sur une herbe avant de rentrer ; 5, butineuse rapportant du pollen ; 6, faux-bourdons.

Ces abeilles chassées appartiennent à d'autres ruches et voudraient pénétrer dans celle que nous considérons, pour y voler du miel. Le fait est encore plus frappant si c'est une guêpe, un frelon ou un bourdon des champs qui veut s'introduire dans la ruche.

Quelquefois même, ces abeilles, dans certaines régions, ont à se défendre contre un ennemi encore plus dangereux, le Papillon Tête-de-mort qui cherche aussi à prendre le miel des ruches (voyez § 292).

On appelle *gardiennes* ces abeilles qui font la police de l'entrée de la ruche.

2° *Ventileuses.* — Nous pouvons voir aussi assez souvent à cette époque, surtout vers le soir des jours où les abeilles ont récolté beaucoup de miel sur les fleurs, à côté des gardiennes, d'autres abeilles qui sont, au contraire, absolument fixes, et qui tournent leur tête vers la porte ; elles sont dressées sur leurs pattes, souvent placées en file les unes derrière les autres, et leurs ailes s'agitent avec une telle rapidité qu'on ne peut presque plus les voir (2, fig. 2).

Nous reconnaîtrons facilement que c'est l'agitation rapide des ailes de ces abeilles qui est la cause de ce singulier bruissement que l'on peut entendre à la fin de la soirée près des ruches très actives.

Ces abeilles ne se préoccupent nullement du va-et-vient des butineuses, et semblent se consacrer uniquement à leur fonction spéciale qui est d'établir un fort courant d'air dans l'intérieur de la ruche par le battement de leurs ailes.

Elles sont d'autant plus nombreuses, que la récolte de miel a été plus forte dans la journée.

On nomme ces abeilles les *ventileuses*, parce qu'elles ont pour rôle d'établir une ventilation dans la ruche.

3° *Nettoyeuses.* — Si nous sommes venus le matin, lorsque les abeilles commencent à travailler, nous pour-

1.

rons voir encore d'autres abeilles devant l'entrée de la ruche, occupées à transporter au dehors de leur habitation tous les débris inutiles ou à rejeter au loin les abeilles mortes pendant la nuit (3. fig. 2).

D'une manière générale on peut les appeler les *nettoyeuses*.

7. Butineuses. — Considérons maintenant les abeilles qui entrent et qui sortent régulièrement pour la récolte.

Nous sommes frappés tout d'abord de la fiévreuse activité que déploient pour le travail ces industrieux insectes.

Dès qu'elles sont en dehors de l'entrée, les abeilles qui sortent s'envolent sans hésitation dans une direction déterminée; c'est qu'elles savent d'avance, par la récolte des jours précédents, vers quel point elles doivent se diriger pour trouver leur butin.

Regardons ensuite les abeilles qui rentrent; s'il y a beaucoup de miel dans les fleurs, elles tombent pour la plupart comme exténuées par la fatigue, sur le plateau de la ruche, ou même sur l'herbe qui est devant (4, fig. 2); c'est que ces abeilles sont chargées du liquide sucré des fleurs qu'elles rapportent pour faire le miel.

Nous en voyons d'autres aussi qui rentrent dans leur habitation, en portant sur leurs dernières pattes deux petites boules colorées en jaune, parfois en rose, en blanc ou en diverses couleurs (5, fig. 2). Ces sortes de pelotes sont formées par du pollen (voir fig. 8 et § 17) que les abeilles ont recueilli sur les étamines des fleurs et qu'elles ont aggluliné sur leurs pattes pour le rapporter Le pollen est employé dans la ruche comme nourriture pour les jeunes abeilles en voie de développement.

D'une manière générale, toutes les abeilles qui vont à la récolte se nomment les *butineuses*.

8. Ouvrières et faux-bourdons. — Toutes les
abeilles que nous avons vues, gardiennes, ventileuses,
nettoyeuses, butineuses, sont semblables entre elles,
et on les appelle d'une manière générale *ouvrières* ou
abeilles neutres (fig. 3).

Dans la saison où nous regardons la ruche, et principalement dans l'après-midi, nous pouvons voir des

Fig. 3. — Ouvrière (1/3 plus grand   Fig. 4. — Faux-bourdon (1/3 plus
que nature).   grand que nature).

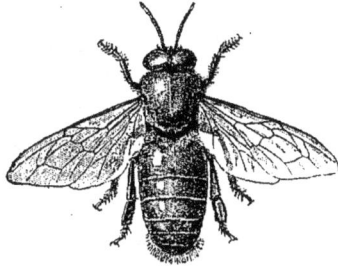

abeilles beaucoup plus grosses que les autres (6, fig. 2);
ces grosses abeilles n'ont pas la même activité ; elles
semblent sortir simplement pour se promener :
lorsqu'elles rentrent, elles ne tombent pas lourdement
sur le plateau et s'introduisent sans se presser dans la
ruche. Jamais nous ne verrons de ces grosses abeilles
rapporter du pollen. C'est qu'en réalité, elles ne travaillent pas et ne vont pas sur les fleurs. Ce sont les
faux-bourdons ou abeilles mâles (fig. 4). On ne les voit
guère qu'au printemps et en été.

**9. Description sommaire de l'abeille ou-
vrière**. — Nous trouverons facilement autour de la
ruche, des abeilles ouvrières mortes; prenons·en une pour
l'examiner. Nous reconnaitrons que, comme tous les
insectes, l'abeille a le corps divisé en trois parties prin-

cipales qui sont la *tête* (*t*, fig. 5), le *thorax* (*th*) et l'*abdomen* (*a*), et qu'elle possède six pattes toutes attachées au-dessous du thorax. Les abeilles ont de plus quatre ailes transparentes, les deux de devant plus grandes que les autres, toutes parcourues par quelques nervures ; ces ailes sont attachées à la partie supérieure du thorax (fig. 3 et fig. 5).

Si nous considérons la tête de près (fig. 6), nous remarquons qu'elle porte au sommet deux petits filaments divisés en articles, ce sont les *antennes* (*an*, fig. 5 et 6) qui semblent leur servir surtout à sentir.

Fig. 5. — Abeille ouvrière sur une fleur de Vipérine (grossi 3 fois).

t, tête ; *th*, thorax : *a*, abdomen ; *an*, une des deux antennes.

A droite et à gauche, nous voyons deux grosses masses arrondies placées sur les côtés de la tête, ce sont deux *yeux* (*Y*, *Y*, fig. 6) qui, comme on pourrait le constater à la loupe, ont leur surface formée d'un très grand nombre de petites facettes régulières ; entre ces deux yeux, sur le sommet de la tête, on peut voir à la loupe, trois autres yeux très petits et lisses qui apparaissent comme les trois sommets d'un triangle (y, y, y, fig. 6). On pense que ces trois petits yeux servent surtout à l'abeille pour voir les objets rapprochés.

Au bas de la tête, se trouve la bouche. Nous y remarquons comme parties principales : 1° deux fortes pièces qui se meuvent de droite à gauche et qu'on nomme les *mandibules* (m, m, fig. 6); 2° une partie très allongée qui peut rentrer dans une sorte de gaine, c'est la *trompe* (t, fig. 6) ou la langue de l'abeille.

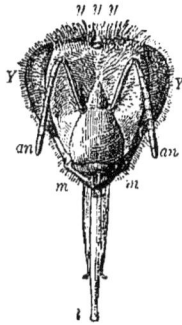

Fig. 6. — Une tête d'abeille vue de face, montrant les gros yeux Y, Y, les petits yeux y, y, y, la trompe t; les mandibules m, m; et les antennes an, an (grossi 5 fois).

Les mandibules servent aux abeilles pour pétrir la cire, pour ouvrir les étamines des fleurs afin d'y recueillir le pollen, pour prendre les débris qu'elles jettent en dehors de la ruche, ou pour saisir des insectes étrangers qui veulent s'introduire dans l'habitation. La trompe leur sert à puiser le liquide sucré destiné à faire le miel, ou encore l'eau qu'elles recueillent.

Le thorax, comme nous l'avons déjà vu, porte en dessus les quatre ailes, et en dessous les six pattes. Les deux pattes postérieures sont comme creusées en cuiller, et c'est dans ces deux petits creux appelés *corbeilles* (c, fig. 9) que les abeilles placent les pelotes de pollen (*pn*, fig. 8), à l'aide de leurs deux premières paires de pattes. Il est facile de voir que les pattes portent des rangées de poils appelées *brosses* (b, fig. 7) qui sont utiles aussi pour la récolte du pollen.

On peut remarquer de plus, que la pelote de pollen (*pn*, fig. 8) est maintenue dans la corbeille par les poils recourbés (*c*, fig. 8) qui sont au bord de la corbeille (voir aussi fig. 9).

Examinons maintenant l'abdomen (fig. 10) : on peut

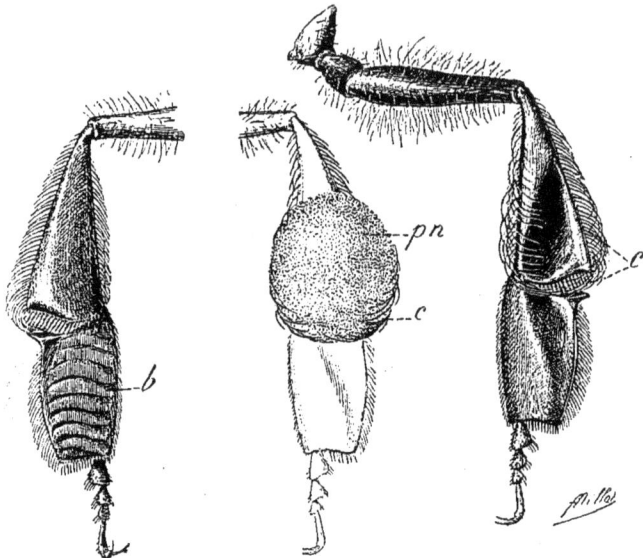

Fig. 7, 8, 9. — Pattes postérieures d'ouvrières (grossi 9 fois).

Fig. 7.	Fig. 8.	Fig. 9.
Patte vue par sa face interne. *b*, brosse.	Patte avec pelote de pollen *pn;* *c*, poils de la corbeille retenant le pollen.	Patte vue par sa face externe : *c*, corbeille.

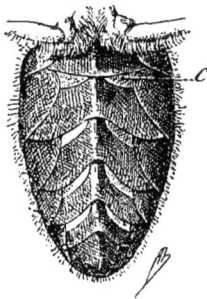

Fig. 10. — Abdomen d'ouvrière, vu par-dessous : *c*, une des lames de cire.

aisément reconnaître qu'il se compose de six anneaux résistants, mais qui sont légèrement mobiles les uns sur les autres. A leur partie inférieure, et en dessous, on peut en voir sortir parfois une sorte de graisse qui se durcit et qui forme de petites lames très minces (*c*, fig. 10); c'est la *cire* qui sert aux abeilles pour bâtir leurs rayons.

La cire est produite par un grand nombre de petites glandes dont les ouvertures (telles que *g, g*, fig. 11) se trouvent sur des sortes de plaques placées deux par deux dans les interstices des anneaux de l'abdomen. La figure 11 représente une paire de ces plaques cirières.

Enfin, c'est à l'extrémité de l'abdomen que se trouve l'*aiguillon* avec lequel l'abeille peut causer une forte piqûre où elle introduit son venin. Les figures 12 et 12 *bis* représentent l'extrémité de l'abdomen qu'on suppose coupé en long. Dans la figure 12, l'abeille ne se sert pas de son aiguillon *a, a,* qui est rentré dans le four-

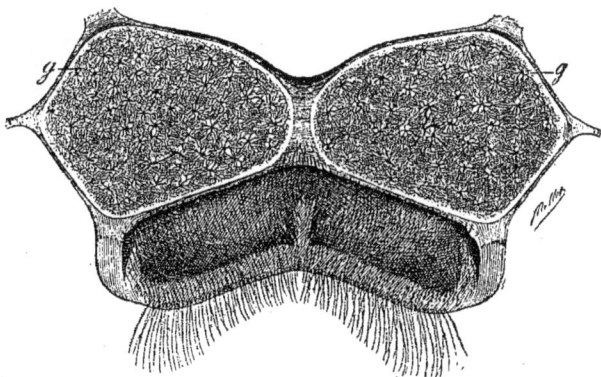

Fig. 11. — Deux plaques cirières d'un anneau de l'abdomen (grossi 16 fois) : *g, g,* deux des ouvertures des plaques cirières.

reau *f.* Dans la figure 12 *bis*, l'aiguillon est sorti; on voit alors que le fourreau *f* ne recouvre plus l'aiguillon et est rejeté sur le côté. L'aiguillon, devenu libre, fait saillie au dehors, à travers l'écartement des deux dernières pièces de l'abdomen et reçoit à son extrémité une goutte de venin *v;* ce venin est formé par le mélange du liquide qui vient du réservoir *r* et des glandes *g.ac.* et du liquide produit par les glandes *g.al;* chacun de ces liquides, l'un acide, l'autre alcalin est inoffensif; leur mélange seul est venimeux. A l'extrémité de l'aiguillon se trouvent des petits crans qui retiennent l'aiguillon dans la plaie. Si l'abeille se retire rapidement, après avoir en-

foncé son aiguillon, le dard est arraché, déchire les
organes de l'abdomen et l'abeille meurt. Mais si l'abeille
n'est pas dérangée, elle a le temps de retirer son dard.

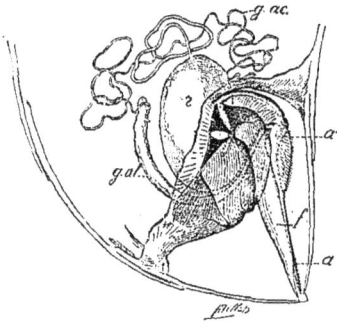

Fig. 12. — Aiguillon de l'ouvrière dans son fourreau : a, a', aiguillon rentré dans le fourreau f; g.ac. et g.al., glandes à liquides acide et alcaline, qui, réunis, forment le venin ; r, réservoir de la glande acide (grossi 10 fois).

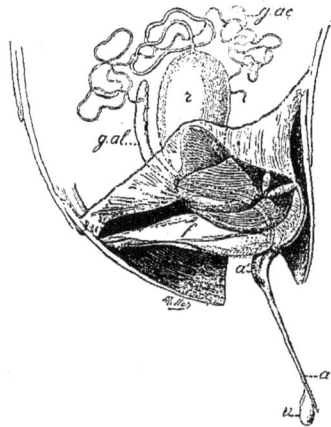

Fig. 12 bis. — Aiguillon de l'ouvrière sorti de son fourreau : l'aiguillon a a', est sorti au travers de l'écartement des deux pièces qui terminent l'abdomen ; le fourreau est rejeté vers le haut ; v, goutte de venin.

10. Description d'un faux-bourdon. — Si nous
trouvons près de la ruche un cadavre de faux-bourdon,

en l'examinant de la même manière,
nous verrons qu'il ne diffère pas seulement des ouvrières par la taille,
mais encore par la forme (voyez fig. 4).
Un faux-bourdon est plus poilu, il n'a
pas les pattes de derrière creusées
en cuiller et ne possède ni aiguillon,
ni glandes à cire ; ses ailes sont relativement plus larges, et produisent
par leur battement un autre bourdonnement. En outre, la tête (fig. 13) a une forme différente.

Fig. 13. — Tête de faux-bourdon (grossi 5 fois).

Les yeux latéraux sont plus grands et se rejoignent ;
les trois petits yeux sont reportés en avant.

11. Première sortie des jeunes Abeilles. —
Si la journée est chaude, nous verrons souvent près
la ruche un assez grand nombre d'abeilles qui volent
d'une manière particulière; elles ne s'éloignent pas rapidement comme celles qui vont à la récolte; elles restent en volant devant la ruche, décrivant des cercles
plus ou moins grandes, leur tête généralement tournée
du côté de la porte d'entrée.

Ce sont les abeilles nouvellement écloses qui sortent
pour la première fois et apprennent à reconnaître leur
habitation.

On dit que les jeunes abeilles qui s'exercent ainsi font
le *soleil d'artifice.*

Le soleil d'artifice peut aussi avoir lieu à différentes
heures de la journée, lorsqu'il fait très chaud.

Ce vol des jeunes abeilles se produit pour presque
toutes les ruches pendant les chaleurs de l'été et aussi
aux premières sorties du printemps, ou après une série
de jours de pluie.

Il ne faut pas confondre les jeunes abeilles faisant le
soleil d'artifice avec le va-et-vient des butineuses qui
vont à la récolte. On peut, par exemple, voir devant une
ruche une grande animation, due seulement à ce vol des
jeunes abeilles, sans que les ouvrières récoltent de miel.

12. Abeilles groupées en dehors de la ruche.
— On remarque parfois, à l'entrée de la ruche, au
moment des grandes chaleurs, une masse d'abeilles
qui déborde de l'habitation; les ouvrières attachées les
unes aux autres par les pattes pendent en groupes devant
l'entrée et même sous la ruche. On dit alors vulgairement que les abeilles *font la barbe.*

Les abeilles font la barbe lorsqu'elles n'ont pas assez de place dans leur ruche pour s'écarter les unes des autres quand il fait trop chaud.

La population de la ruche ne pouvant augmenter de volume dans l'intérieur de l'habitation, est obligée de venir ainsi s'étaler au dehors.

13. Les abeilles sur les fleurs. — Allons maintenant dans les champs ou à la lisière d'un bois pour voir comment les abeilles font leur récolte (fig. 1), comment elles puisent le liquide sucré, comment elles recueillent le pollen.

Il nous sera plus facile encore que près des ruches de nous approcher des abeilles, car *loin de leur habitation elles ne piquent jamais.* Pour qu'elles se servissent de leur aiguillon lorsqu'elles sont à la récolte, il faudrait non seulement les prendre, mais encore les serrer dans la main.

14. Insectes qu'on peut confondre avec les abeilles. — Tout d'abord, ne confondons pas les abeilles avec les autres insectes mellifères qui peuvent plus ou moins leur ressembler.

On voit souvent sur les fleurs une mouche qui est à peu près de la même couleur que les abeilles et dont la taille n'est pas beaucoup plus grande. C'est l'*Éristale gluant* (fig. 15), que l'on reconnaîtra facilement à ce qu'il n'a que deux ailes et que par suite il vole d'une autre manière; le bourdonnement qu'il produit est différent de celui de l'abeille. On le distinguera encore à ses antennes plus courtes et à ses pattes sans cuiller.

Les autres insectes qu'on peut confondre avec les abeilles sont, comme elles, des Hyménoptères de la famille des Mellifères, c'est-à-dire des insectes qui, comme l'Abeille, ont quatre ailes transparentes à ner-

vures assez grossières, et la bouche disposée en trompe
pour aspirer le liquide sucré des fleurs.

Les *Osmies* renferment un certain nombre d'espèces dont plusieurs peuvent être confondues avec les
abeilles, par exemple l'Osmie que représente la figure 14.
On les distinguera de l'Abeille ouvrière aux caractères
suivants : elles n'ont pas de corbeilles aux pattes et
recueillent le pollen au moyen d'une brosse qu'elles ont

Fig. 14. — Osmie (*Osmia fronticornis*) sur une fleur d'Abricotier (grandeur naturelle).

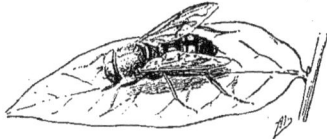

Fig. 15. — Éristale gluant, mouche de même couleur que l'Abeille et qu'on peut confondre avec elle (grandeur naturelle).

Fig. 16. — Anthophore (*Anthrophora pilipes*) posé sur son nid (gr. nat.).

sur le ventre ; l'abdomen est anguleux sur le dos au
lieu d'être aplati comme celui de l'Abeille.

Les *Anthophores* (fig. 16) sont des insectes mellifères
qui font leur nid sur la terre ou dans les murailles ; ce
nid est composé d'un tube recourbé qui est maçonné
par ces insectes. On les distingue de l'Abeille par leur
corps très velu, par le son plus aigu de leur bourdonnement et surtout par la manière dont ils visitent les fleurs :
l'Anthophore se pose très légèrement sur une fleur et
passe à une autre avec une vivacité toute particulière.
Un Anthophore visite environ dix à quatorze fleurs d'une
même plante pendant qu'une Abeille n'en visite qu'une
ou deux.

Les *Eucères* ressemblent beaucoup aux Anthophores ;

les mâles sont très faciles à distinguer à cause de la grande longueur de leurs antennes (fig. 17).

Les *Mégachiles* (fig. 18) renferment des espèces nombreuses, parmi lesquelles plusieurs peuvent aussi être confondues avec les Abeilles; elles ont, comme les Osmies, une brosse ventrale, mais leur abdomen est plus ou moins déprimé en dessus et a des anneaux très mobiles les uns sur les autres. Ce sont les Mégachiles

Fig. 17. — Eucère (*Eucera longicornis*) récoltant du nectar sur une fleur de Lotier (grandeur naturelle).

Fig. 18. — Mégachile (*Megachile circumcincta*) venant sur des fleurs de Serpolet (gr. nat.).

Fig. 19. — Chalicodome (*Chalicodome rufitarsis*) récoltant du nectar sur une fleur de Pêcher (grandeur naturelle).

qui découpent dans les feuilles des morceaux nettement circulaires qui leur servent à construire les parois de leur nid.

Les *Chalicodomes* (fig. 19) sont voisins des Mégachiles; c'est ce qu'on appelle vulgairement les « Abeilles maçonnes », car elles font leur nid dans les murailles ou les rochers.

15. Visite des fleurs par les abeilles ; nectar. — Par une belle journée de juin, il nous sera maintenant facile de reconnaître sans nous tromper les abeilles ouvrières occupées à la récolte, sur les fleurs.

Si nous sommes auprès d'un champ de Sainfoin en fleurs, nous verrons sur les grappes roses un grand nombre d'abeilles; suivons-en une en particulier et regardons-la attentivement (fig. 20); elle arrive sur l'une des fleurs de la grappe, elle écarte les pétales de la corolle, plonge sa tête dans l'intérieur de la fleur, en allongeant

Fig. 20. — Abeille butinant sur du Sainfoin.

Fig. 21. — Abeille butinant sur du Trèfle blanc.

sa trompe; puis, elle passe à la fleur suivante de la grappe et opère de la même manière. Quand elle a atteint les boutons non entr'ouverts elle s'envole pour aller directement sur une autre grappe qu'elle visite aussi fleur par fleur, et ainsi de suite.

Si nous cueillons l'une des fleurs de Sainfoin qui ne vient pas d'être visitée par une abeille, en écartant les pétales délicatement, nous apercevons au fond de la fleur une petite goutte de liquide brillant; il suffit de

mettre cette goutte sur notre langue pour constater
qu'elle est sucrée. C'est ce liquide sucré appelé *nectar*
que recueillent les ouvrières et qui leur sert à faire
le miel (1).

Sur les fleurs du Colza, du Chou, du Navet, nous verrons, sans même toucher à la fleur, perler les gouttelettes
brillantes du nectar que l'abeille récolte très facilement
sur ces plantes. Sur le Trèfle blanc (fig. 21), nous pourrons
observer les butineuses qui allongent leur trompe dans
l'intérieur de la fine corolle ;
et même, si la miellée est
abondante, elles viennent hu-
mer le nectar débordant
entre la corolle et le calice.

Près d'un champ de Hari-
cots ou de Fèves nous pourrons observer un curieux phénomène ; la trompe des abeilles étant souvent trop courte
pour qu'elles puissent atteindre directement l'intérieur
de la fleur, nous les voyons
puiser le nectar par un ou
deux trous qui sont percés
à travers le calice ou la
corolle. Ce ne sont pas les
abeilles qui ont percé ces trous ; leurs mandibules,
qui sont trop faibles pour entamer l'enveloppe des
fruits, ne sont même pas assez fortes pour percer le
calice ; en faisant quelques observations sur les plantes
environnantes, nous pourrons remarquer que ce sont les
bourdons sauvages tels que le *Bourdon terrestre* ou le *Bourdon des champs* qui percent ainsi les fleurs pour y récolter

Fig. 22. — Bourdon perçant une
fleur de Haricot, ce qui permet à la
fleur d'être visitée par les abeilles.

(1) Voir pour plus de détails le § 294 et suivants.

le nectar (fig. 22); ils servent alors d'auxiliaires à leurs concurrentes les abeilles qui profitent des trous percés par les bourdons.

Si nous multiplions ces observations sur les nombreuses plantes qui sont visitées par les butineuses, nous remar-

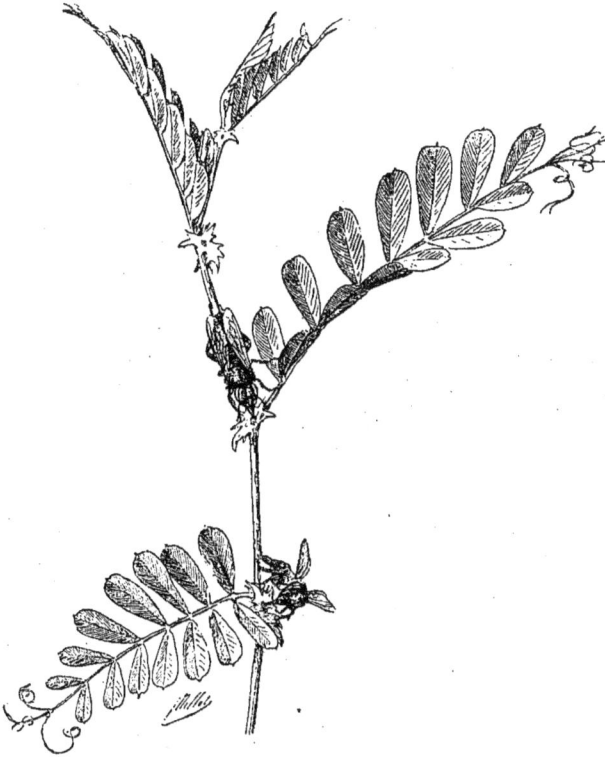

Fig. 23. — Abeilles récoltant du nectar sur des stipules de Vesce.

querons que la distribution du travail est très bien organisée chez les abeilles, car elles se répartissent sur les fleurs avec une méthode admirable, en nombre proportionnel à la récolte qu'elles doivent faire.

Nous pouvons encore noter ce fait intéressant que

presque toujours, une même butineuse ne visite, pendant sa tournée hors de la ruche, qu'une même espèce de fleur.

16. Récolte du nectar en dehors des fleurs ; miellée. — Ce n'est pas exclusivement sur les fleurs

Fig. 24. — Abeilles récoltant de la miellée sur des feuilles de Chêne.

que les abeilles peuvent pomper le liquide sucré des plantes.

Au printemps, sur un champ de Vesces, nous serons étonnés de voir de nombreuses ouvrières occupées à la récolte, même lorsque aucune fleur de ces plantes n'est encore épanouie.

Approchons-nous; nous reconnaitrons alors que les butineuses viennent récolter avec leur trompe les abondantes gouttelettes de nectar qui se produisent à la base des feuilles de cette plante (1), dans de petits creux

(1) Voir pour plus de détails le § 298.

situés sur des folioles particulières que les botanistes appellent stipules (fig. 23).

Ce nectar est plus abondant que celui de beaucoup de fleurs et sa production est très utile aux abeilles, au commencement du printemps.

En été, dans les bois, nous entendons souvent aussi un bourdonnement intense jusque sur les hautes branches des Chênes, des Bouleaux, des Hêtres, des Peupliers, des Tilleuls, des Sapins et de bien d'autres arbres.

En nous approchant des branches les plus basses, nous pourrons voir de nombreuses abeilles qui récoltent un liquide sucré à la surface des feuilles (fig. 24) : c'est la *miellée* ou *miellat*, ressource importante pour les abeilles pendant la saison chaude, dans beaucoup de régions boisées (1).

17. Récolte du pollen par les abeilles. — Nous avons vu que les abeilles récoltent aussi du pollen, examinons comment elles le recueillent.

En général, une même ouvrière ne fait pas à la fois la récolte du nectar et celle du pollen ; en regardant çà et là différentes fleurs, nous verrons des abeilles qui au lieu de plonger la tête vers le fond de la corolle se promènent activement à la surface de la fleur, là où sont les *étamines*.

On sait qu'une étamine (fig. 25) est constituée par un petit *filet* (f) surmonté d'une partie plus grosse (*anthère*) con-

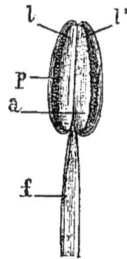

Fig. 25. — Une étamine: — *f*, filet ; *a*, anthère ; *l,l'*, les deux loges de l'anthère ; *p*, pollen.

tenant une poussière colorée appelée *pollen* (p), qui ordinairement s'en échappe par deux fentes. Le pollen est indispensable pour la formation des graines.

(1) Voir pour plus de détails le § 310.

2

Examinons l'une de ces abeilles qui sont sur les étamines des fleurs de Pommier (fig. 26); nous la voyons prendre le pollen avec ses mandibules et au besoin provoquer l'ouverture des anthères. En pétrissant le pollen, elle en fait une petite boule qu'elle transporte avec ses premières pattes, à droite ou à gauche, jusque dans les corbeilles des pattes de derrière.

Fig. 26. — Abeilles récoltant le pollen sur des fleurs de Pommier.

Si la fleur a beaucoup d'étamines ouvertes, et que toute sa surface soit couverte de poussière pollinique, ou peut voir l'ouvrière recueillir le pollen non pas avec ses mandibules, mais au moyen de ses pattes qui portent des brosses, (voyez fig. 7, 8 et 9), l'abeille prend le pollen avec la brosse de la dernière patte de droite pour le placer dans la corbeille de la dernière patte de gauche, ou réciproquement.

Lorsque le pollen est en masse au même point, ou lorsque les filets des étamines se déroulent avec élasticité, comme dans les Genêts par exemple, tout le corps

de l'abeille peut être recouvert de pollen ; on voit souvent,
quand les Genêts sont en fleurs, ces abeilles dont le
corps, tout jaune de pollen, tranche par sa couleur vive
sur la teinte des autres abeilles.

De même que pour le nectar, une même abeille ne recueille en général, dans sa sortie, qu'une même sorte
de pollen.

Il ne faudrait pas croire que les abeilles nuisent aux
plantes en leur enlevant cette grande quantité de pollen.
Au contraire, les abeilles, en visitant les fleurs, transpor-

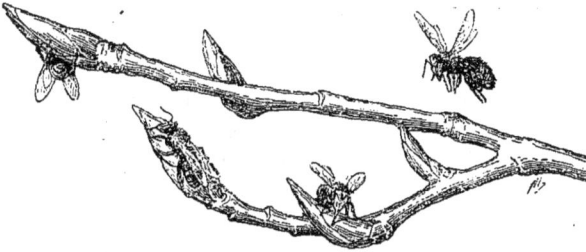

Fig. 27. — Abeilles récoltant de la propolis sur des bourgeons de Peuplier.

tent souvent la poussière pollinique de l'étamine au
stigmate, petite surface gluante qui est au-dessus de
l'ovaire où doivent se développer les graines. Or, les
graines ne peuvent se produire que si le pollen est venu
sur le stigmate. C'est ce transport du pollen sur le
stigmate par les abeilles, qui rend ces insectes utiles à
l'agriculture. D'ailleurs, comme les étamines produisent
toujours beaucoup plus de pollen qu'il n'en faut pour la
fécondation des plantes, la quantité de pollen rapportée
dans la ruche est insignifiante par rapport à la quantité
totale de pollen produite par les fleurs.

**18. Propolis ; comment les abeilles la recueil-
lent.** — Il y a une autre substance que les abeilles ap-
portent moins souvent dans la ruche et dont nous n'avons

pas encore parlé. En regardant pendant longtemps l'entrée d'une ruche, nous aurions pu remarquer que parfois une ouvrière rentre en portant dans ses corbeilles, à
la même place que le pollen, deux petites pelotes d'une
substance résineuse, translucide et très collante ; ce
n'est pas du pollen, c'est ce qu'on appelle la *propolis*.
Cette matière leur sert comme de mastic pour fixer les
rayons ou pour boucher les fentes, ou encore forme une
sorte de vernis dont elles enduisent l'intérieur de leur
ruche. Ce n'est pas sur les fleurs, mais sur les bourgeons de différents arbres que les abeilles récoltent les
résines ou les matières gommeuses qui constituent la
propolis.

On peut les voir recueillant cette substance et quelquefois écartant les écailles des bourgeons qui en sont en-
duites, principalement sur les Peupliers (fig. 27), les Aunes,
les Bouleaux, les Saules, les Ormes, les Pins, les Sapins, etc.

19. Les abeilles récoltent de l'eau. — Les abeil-

Fig. 28. — Abeilles récoltant de l'eau sur le bord d'une mare.

les rapportent aussi de l'eau dans leur ruche ; l'eau leur

sert soit à délayer la nourriture qu'elles donnent aux jeunes abeilles en voie de développement, soit à dissoudre le miel cristallisé. On peut souvent les voir, le matin, aspirer les gouttes de rosée avec leur trompe ou recueillir l'eau sur le bord des flaques d'eau et des ruisseaux (fig. 28). Comme l'eau est indispensable aux abeilles, on dispose, dans les pays ou l'eau manque à la surface du sol, un petit abreuvoir qui leur est destiné.

RÉSUMÉ.

Ouvrières et faux-bourdons. — On peut voir à l'entrée d'une ruche les abeilles se livrant à différents travaux. Les unes veillent à l'entrée de la ruche, ce sont les gardiennes ; d'autres, souvent disposées en files, agitent leurs ailes pour produire un courant d'air dans la ruche, ce sont les ventileuses ; d'autres encore transportent hors de la ruche tous les débris inutiles, ce sont les nettoyeuses. Enfin, les plus nombreuses, par une belle journée, sortent de la ruche en s'envolant ou y rentrent activement, ce sont les butineuses. Toutes ces abeilles sont des abeilles *ouvrières*.

On peut remarquer à l'entrée de la ruche des abeilles plus grosses, qui n'ont pas la même activité ; ce sont les *faux-bourdons* ou abeilles mâles ; les faux-bourdons diffèrent surtout des ouvrières par leur taille plus grande, par leur bourdonnement différent, par leurs pattes de derrière non creusées en cuiller comme celles des ouvrières et par l'absence d'aiguillon.

Matières récoltées par les abeilles. — Les abeilles butineuses qui vont à la récolte, recueillent :

1° Le *nectar* qui leur sert à faire le miel ;

2° Le *pollen* qui sert à la nourriture des jeunes abeilles ;

3° La *propolis* qu'elles emploient comme mastic pour boucher les fentes ou fixer les rayons ;

4° De l'*eau* qui leur sert à délayer la nourriture donnée aux jeunes abeilles ou à dissoudre le miel cristallisé.

2.

CHAPITRE II

LA COLONIE

20. Les abeilles dans la ruche. — Nous avons examiné les abeilles à l'entrée d'une ruche, et nous avons vu comment les butineuses font la récolte du nectar, du pollen, de la propolis et de l'eau ; il s'agit maintenant de chercher à comprendre quelle est l'organisation intérieure d'une colonie d'abeilles.

Il faut nous rendre compte des différents travaux que ces insectes exécutent dans leur ruche, de la façon dont elles construisent leur demeure, dont elles emmagasinent leurs provisions, par quel mode sont pondus les œufs et sont élevées les jeunes abeilles qui servent à entretenir ou à développer la population de la colonie.

Pour voir les abeilles au travail, à l'intérieur de leur habitation, il est nécessaire d'avoir déjà une certaine habitude du maniement des ruches et des abeilles. Supposons donc que nous ayons acquis l'expérience nécessaire ; nous retournerons une ruche vulgaire, telle que celle qu'on trouve ordinairement dans les campagnes (fig. 58), nous l'aurons préalablement enfumée (fig. 97), et en prenant toutes les précautions pour éviter les piqûres (Voyez § 57). Nous pourrons aussi ouvrir une ruche à cadres mobiles (§ 67), c'est-à-dire une ruche de laquelle on peut retirer et examiner isolément chacun des rayons de cire construits par les abeilles. Enfin nous pouvons avoir recours à un autre moyen d'investigation qui n'exige aucune précaution particulière, en nous servant d'une *ruche d'observation*. La meilleur ruche d'observation est une petite ruche qui ne contient qu'un seul rayon placé entre deux vitres recouvertes par des volets qu'on ouvre à volonté (fig. 29).

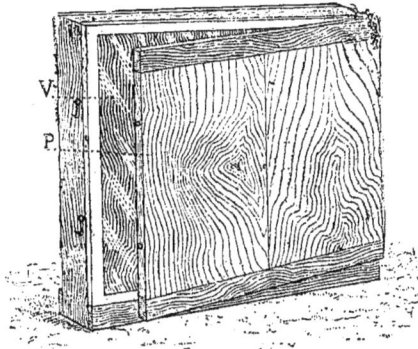

Grâce à ces divers moyens de recherche, on peut très facilement voir tout d'abord que l'intérieur de la ruche est formé par de grandes plaques de cire (fig. 32) creusées de cavités régulières (fig. 33). Ces grandes pla-

Fig. 29. — Ruche d'observation : P. volet ; V, vitre.

ques sont appelées les *rayons* ou les *bâtisses*, et chacun de ces petits creux réguliers est nommé une *cellule* ou un *alvéole*. Les rayons laissent entre eux, dans la ruche, des intervalles d'environ 9 à 10 millimètres.

C'est dans l'intervalle qui existe entre les rayons que l'on aperçoit les abeilles, très nombreuses, assez serrées les unes contre les autres, toutes affairées et occupées à divers travaux

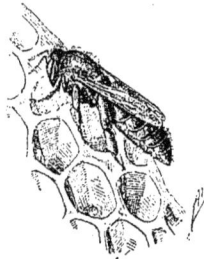

Fig. 30. — Abeille-mère sur un fragment de rayon (grandeur naturelle).

21. Abeille-mère. — Mais avant de décrire l'organisation intérieure de la ruche, il est indispensable que nous sachions qu'il existe au milieu de la colonie une abeille particulière dont nous n'avons pas encore parlé. C'est cette abeille qui, à elle seule, pond tous les œufs de la colonie ; aussi la désigne-t-on sous le nom de *mère*, ou encore sous celui, mal justifié, de *reine*.

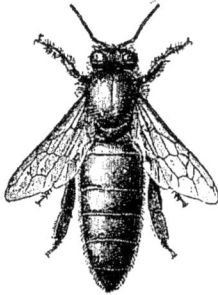

Un apiculteur expérimenté sait trouver la mère dans une ruche quelconque, et on peut la voir entourée par un groupe d'abeilles, à travers la vitre d'une ruche d'observation.

L'abeille-mère (fig. 30 et 31) est plus grande et surtout plus longue qu'une abeille ouvrière et ses ailes sont relativement plus courtes.

Fig. 31. — Abeille-mère
(1/3 plus grand que nature).

Son corps est, en dessus, d'un roux plus clair, plus luisant, et d'une couleur jaunâtre en dessous ; mais lorsqu'elle est très âgée, elle devient presque complètement noirâtre.

La mère n'ayant pas d'autre fonction que la ponte, on comprend que ses pattes ne soient pas disposées pour la récolte comme celles des ouvrières ; on n'y trouve, en effet, ni brosses ni corbeilles ; elle n'a pas non plus de glandes cirières au-dessous de l'abdomen. Son aiguillon est plus recourbé que celui des ouvrières, et elle ne s'en sert que dans de rares occasions. On peut la prendre dans la main sans être piqué.

22. Rayons de cire ; alvéoles. — Commençons par examiner la forme des bâtisses de cire que nous avons appelées d'une manière générale les rayons de la ruche.

En regardant les rayons d'une ruche ordinaire, nous pouvons remarquer, surtout sur les rayons des

Fig. 32. — Ruche vulgaire vue par-dessous; les rayons de cire sont vus par la tranche.

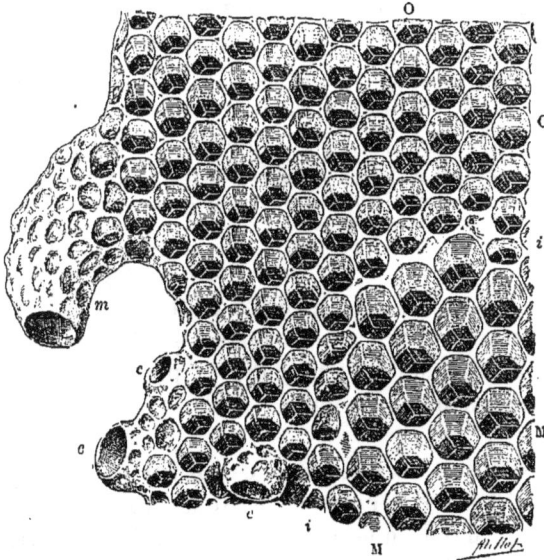

Fig. 33. — Fragment de rayon de cire, montrant les alvéoles d'ouvrières O, O ; les alvéoles de faux-bourdons M M ; les alvéoles de transition *i i* ; un alvéole de mère achevé *m*, et des commencements d'alvéoles de mère *c c c*. (Grandeur naturelle.)

côtés, des alvéoles M, M (fig. 33) qui sont plus grands que les autres. Ces cellules plus grandes ont servi au développement des mâles ou faux-bourdons ; les autres sont des cellules d'ouvrières (O, O, fig. 33).

23. Cellules d'ouvrières. — Faisons d'abord l'examen détaillé des cellules d'ouvrières ; elles ont en général six faces égales et offrent par conséquent la forme d'un prisme à six pans, dont le fond est formé par trois faces obliques.

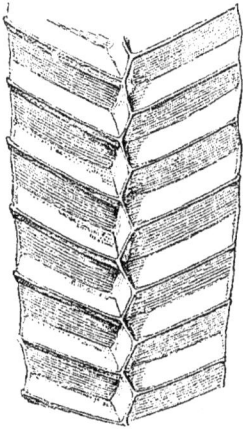

Nous pouvons remarquer en outre, en coupant le rayon perpendiculairement à sa surface (fig. 34), que ces petits prismes sont un peu inclinés, de manière que leur sommet se trouve plus haut que leur base, ce qui empêche le miel de couler au dehors ; de plus, l'axe d'une cellule sur une face correspond exactement à la jonction de trois cellules placées sur la face opposée.

Fig. 34. — Fragment de rayon coupé en long montrant l'inclinaison des cellules. (Grandeur naturelle.)

Toutes les parois de ces alvéoles sont faites avec de la *cire*, substance qui, comme nous l'avons vu, est produite par des glandes particulières placées sous l'abdomen des abeilles ouvrières.

24. Cellules contenant du miel ; miel operculé et non operculé. — Nous voyons au premier coup d'œil, que toutes ces cellules d'ouvrières égales entre elles, peuvent contenir des produits différents.

Tout à fait vers le haut du rayon, et descendant à droite et à gauche sur les côtés, nous voyons les alvéoles fermés par un couvercle très mince qui est souvent un peu déprimé, comme si on avait appuyé le doigt à sa surface (o, fig. 35).

Enlevons ce couvercle avec l'ongle ; nous trouvons alors dans l'alvéole un liquide épais et parfumé que nous reconnaissons à son goût comme très sucré. C'est le *miel*, que les abeilles ont ainsi mis en provision dans ces cellules, et qu'elles ont fermées par ce mince couvercle qu'on nomme *opercule*. On a remarqué qu'avant de cacheter une cellule à miel, l'ouvrière y ajoute une gouttelette du vènin de son aiguillon ; ce venin contient de l'acide formique qui

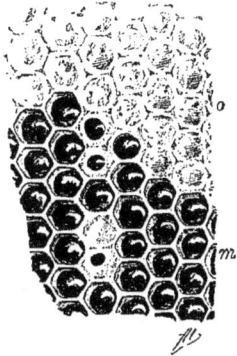

Fig. 35. — Fragment de rayon avec cellules contenant du miel operculé o et du miel non operculé m (3/4 de la grandeur naturelle).

empêche le miel de s'altérer. Mais toutes les cellules qui renferment du miel ne sont pas remplies et ne sont pas operculées ; nous pouvons voir, en effet, un peu plus bas, des cellules ouvertes et incomplètement remplies de miel (m, fig. 35) ; ce miel contient d'autant plus d'eau que les alvéoles sont moins pleins. Ce n'est que lorsque le miel a atteint la concentration voulue et quand une cellule en est suffisamment pleine qu'il est operculé par les abeilles.

25. Cellules contenant du pollen. — Çà et là, parmi les cellules pleines de miel, ou plus bas, nous en verrons d'autres beaucoup moins nombreuses dont nous reconnaîtrons facilement le contenu coloré et opaque ; ce sont des alvéoles renfermant du pollen

(*p*, fig. 36). Ces cellules en général, ne sont pas operculées.

26. Cellules contenant des larves d'ouvrières ;

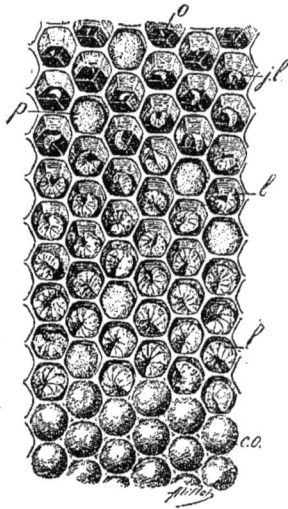

Fig. 36. — Fragment de rayon, vu
de face, montrant les alvéoles contenant de pollen *p* et le couvain à divers états de développement : *o*, œuf ;
j.l. et *l*, larves à divers états de développement ; *c*, couvain operculé renfermant des abeilles achevant de se
former.

Fig. 37. — Fragment de rayon coupé
en long, montrant le développement
des abeilles : *o*, œuf ; *l*, larves à
divers états de développement ; *n*,
nymphes dans leur cocon ; *a*, abeille
déchirant le cocon et sortant de
la cellule ; *v*, cellule vide d'où
l'abeille est sortie.

couvain d'ouvrières. — Portons maintenant notre
attention vers le milieu du rayon : nous y apercevons

des cellules qui sont aussi fermées par un couvercle ; mais ce couvercle diffère de celui des cellules à miel en ce qu'il est un peu bombé (co, fig. 36).

Ouvrons une de ces cellules : nous y trouvons, dans un très mince cocon, une jeune abeille ouvrière en voie de développement (n, fig. 37); les cellules voisines qui ne sont pas encore fermées, nous montrent au fond de chacune d'elles comme de petits vers, de couleur blanche (jl, l, fig. 36 et l, 37); ce sont les *larves*, première forme que présentent les abeilles lorsque l'œuf se développe. Enfin, dans d'autres alvéoles encore, il nous sera facile d'apercevoir un petit œuf blanc fixé sur le fond de chaque cellule (o, fig. 36 et 37).

D'une manière générale, toute cette partie du rayon employée pour la ponte et pour l'élève des jeunes abeilles est appelée le *couvain;* ce nom vient de ce que, dans la ruche, les abeilles couvent les cellules pendant le développement des larves.

Si nous regardons l'ensemble du couvain, nous voyons clairement quel est l'ordre régulier, suivant lequel les œufs sont pondus par la mère dans un rayon. S'il y a des cellules vides au milieu, ce sont celles d'où viennent de sortir des abeilles qui ont achevé leur développement (v, fig. 37). Les cellules qui sont fermées par des couvercles plus ou moins bombés, contiennent des abeilles en voie d'atteindre l'état d'insecte parfait; c'est l'état de développement que les zoologistes appellent des nymphes (n, fig. 37). L'ensemble de ces cellules fermées se nomme *couvain operculé;* les cellules qui sont autour renferment des larves, et les plus extérieures contiennent des œufs qui viennent d'être pondus. La mère a donc commencé sa ponte par le centre, puis s'en est écartée de plus en plus; ce n'est que lorsqu'il y aura au milieu du couvain un nombre suffisant de cellules vides que la mère pourra recommencer à pondre à partir du centre.

La figure 37 représente une coupe en long du rayon ;
le bas de la figure est vers le centre du couvain et le haut
de la figure est vers l'extérieur du couvain. En allant de
l'extérieur vers le centre (du haut en bas sur la figure)

Fig. 38. — Fragment de rayon montrant à la fois du couvain de mâles *m* et du
couvain d'ouvrières *o*. (Photographie directe, 3/10 de grandeur naturelle.)

on peut donc suivre tout le développement d'une abeille
ouvrière depuis l'œuf jusqu'à l'insecte parfait (fig. 37).

27. Cellules de mâles ; couvain de mâles. —

Regardons maintenant les cellules de mâles (M, fig. 33) qui
sont rattachées à celles d'ouvrières par quelques alvéoles
irréguliers qu'on appelle cellules
de transition (i, fig. 33); nous pourrons y retrouver tout ce que nous
venons de décrire. Il peut y avoir
des cellules de mâles contenant
du miel ou du couvain de mâles
(l, co, fig. 39), plus rarement du
pollen (p, fig. 39). Par suite de la
taille plus grande des faux-bourdons, ces cellules à couvain de
mâles sont plus bombées et plus
saillantes à l'extérieur que celles
du couvain d'ouvrières (fig. 38).

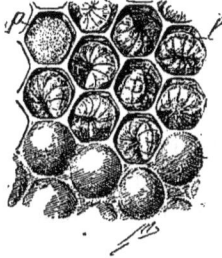

Fig. 39. — Fragment de rayon
contenant du couvain de
mâles : l, larves de mâles;
co, couvain de mâles operculé; p, pollen dans une cellule. (Grandeur naturelle.)

28. Cellules de mère.

— A l'époque où il se
produit des *essaims* (§ 39), nous pourrons trouver, sur
les rayons, des cellules très différentes des précédentes, ce sont comme des glands faisant saillie et
retombants (m, fig. 33); ils sont recouverts d'un réseau
d'alvéoles ébauchés et terminés par une sorte de petite
coupe creusée sur l'extrémité. Ces cellules particulières
qui semblent comme greffées sur les rayons sont les
cellules de mère.

En regardant des cellules de mère à divers états de
développement, (c, c, c̀, fig. 33) on peut se rendre compte
de la manière dont les abeilles les construisent. A la place
d'une cellule d'ouvrière et des cellules voisines, les
abeilles forment une petite coupe qu'elles allongent ensuite et agrandissent inégalement, de façon à produire une
masse retombante; au fond de cette cupule, est fixé l'œuf
qui devra donner la mère, et qui est semblable aux œufs
d'ouvrières. A mesure que la larve sortie de cet œuf
grossit, les abeilles allongent en même temps la cellule

qui finit peu à peu par prendre sa forme définitive ;
ensuite, elles la ferment.

29. Construction des rayons par les abeilles.

— En regardant les abeilles dans une ruche d'observation, au moment où elles commencent à construire un
rayon, on peut les voir occupées à le bâtir. Nous avons
dit qu'en dessous de leur abdomen, les glandes cirières
produisent de petites lames de cire ; l'ouvrière, occupée
à construire, détache et saisit ces lamelles avec ses pattes

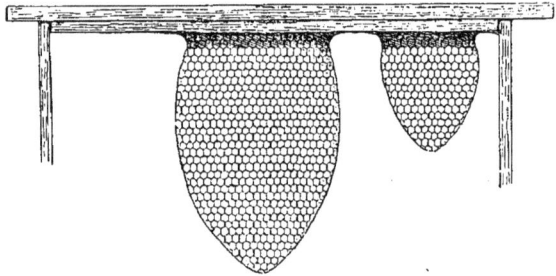

Fig. 40. — Commencement de construction par les abeilles.

de derrière, puis les reporte au moyen de ses autres
pattes jusqu'à ses mandibules ; là, elles sont pétries en
petites boules que l'abeille applique successivement aux
divers points où la cire doit être déposée pour le façonnement des cellules.

Les ouvrières commencent ainsi à construire leurs
rayons par le haut ; elles ébauchent le fond des premiers
alvéoles, puis continuent leur construction, à droite et à
gauche et en descendant, de façon à donner à l'ensemble
des cellules commencées une forme ovale allongée (fig. 40).
Au début, ce rayon ébauché a ses cellules presque achevées vers le centre, et beaucoup moins profondes sur les
bords.

30. Rayons neufs et anciens. — La cire est blanche lorsqu'elle sort des glandes cirières, et les rayons qui viennent d'être construits sont également blancs.

Ces rayons neufs sont assez fragiles ; plus tard, ils deviennent d'un beau jaune et acquièrent une consistance plus dure ; de plus, les minces cocons des cellules à couvain, s'emboîtant les uns dans les autres, augmentent l'épaisseur des parois et la solidité des rayons. Lorsque les rayons sont très âgés, ils deviennent bruns ou noirâtres et sont alors très durs et plus résistants ; ils sont en même temps plus lourds.

31. Division du travail chez les abeilles. — Nous avons vu qu'il y a dans la ruche trois sortes d'abeilles, ce sont :

1° Une mère pondeuse (M, fig. 41) ;

2° Un très grand nombre d'ouvrières (O, fig. 41) (10 000 à 100 000 suivant la force de la ruche) ;

3° Un beaucoup moins grand nombre de faux-bourdons (F, fig. 41) (quelques milliers).

Nous avons déjà examiné les ouvrières lorsqu'elles se livrent à des travaux très divers : à la surveillance de l'entrée, à la ventilation de la ruche, à la récolte, à l'emmagasinement des provisions, à l'élevage des jeunes ou à la construction de la cire.

On pourrait croire qu'il y a plusieurs sortes d'ouvrières, les unes cirières, d'autres butineuses, gardiennes, ventileuses, d'autres encore éleveuses, etc. On a reconnu qu'il n'en est rien et que tous ces divers travaux peuvent être exécutés par une même abeille à ses différents âges.

Lorsqu'une jeune abeille sort de l'alvéole dans lequel elle a atteint son développement complet, les ouvrières commencent par lui faire sa toilette ; elles la brossent et lui offrent du miel à manger.

Cette jeune abeille est encore trop faible pour aller à la récolte, et s'occupe à différents travaux intérieurs ; elle fait, avec du pollen du miel et de l'eau, la bouillie nutritive qui est donnée aux larves en voie de développement, ou bien elle est utilisée, s'il y a lieu, pour la construction des rayons.

Fig. 41 à 43. — Les trois sortes d'Abeilles d'une colonie : O, ouvrière, F. faux-bourdon ou mâle ; M, mère. (1/3 plus grand que nature.)

Ensuite, l'ouvrière commence à sortir de la ruche. On peut voir les jeunes abeilles au moment de leur première sortie, alors qu'elles font d'abord leur apprentissage du vol, qu'elles apprennent à reconnaître les objets qui entourent la ruche, et la ruche elle-même.

Nous avons dit que, par une belle journée, on remarque assez souvent que ces abeilles nouvellement sorties s'écartent ou se rapprochent de la ruche en décrivant des cercles plus ou moins grands (§ 11).

Quand l'abeille s'est ainsi habituée à sortir, à reconnaître sa ruche et à se diriger au dehors, elle s'emploie le plus souvent, d'abord à la récolte de l'eau, puis ensuite à la récolte du pollen et à celle du miel.

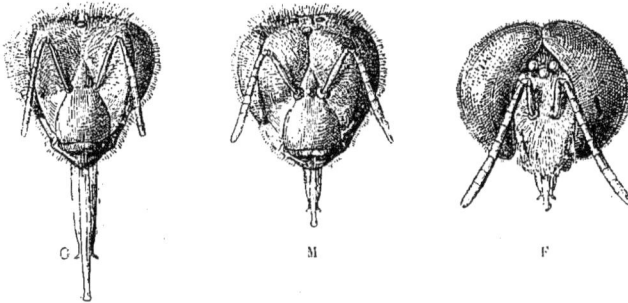

Fig. 44 à 46. — Têtes des trois sortes d'Abeilles: O, d'ouvrière; M, de mère; F, de faux-bourdon. (Grossi 5 fois.)

Lorsqu'elle devient trop vieille pour supporter les fatigues de la récolte, ce que l'on reconnaît à ses ailes frangées et usées sur les bords et à son corps presque sans poils (fig. 47), elle est encore utile à la colonie pendant quelque temps, restant à l'intérieur de la ruche où elle contribue à entretenir la chaleur nécessaire.

Fig. 47. — Abeilles ouvrières vieilles. (Grandeur naturelle.)

D'ailleurs, n'importe quelle ouvrière d'âge moyen peut servir, suivant les besoins de la colonie, de gardienne, de ventileuse, de nettoyeuse, etc.

Tout ce que nous venons d'observer nous montre comment, par la mère, uniquement occupée à pondre, par les ouvrières qui, suivant leur âge ou suivant les circonstances occupent les fonctions les plus différentes, la

colonie d'abeilles applique d'une manière remarquable
le principe de la division du travail.

Quant aux faux-bourdons, on ne les voit jamais occupés, ni à l'intérieur ni à l'extérieur de la ruche, à
aucun travail quelconque; leur seul rôle est de rendre
féconde une nouvelle mère sortie de sa cellule. Ce ne
sont pour la plupart que des bouches inutiles, et
nous verrons que l'apiculteur cherche à en restreindre
le nombre.

Du reste, à la fin de la saison, les abeilles se débar-
rassent elles-mêmes des faux-bourdons qui ne sont plus
alors d'aucune utilité dans la ruche; elles leur refusent
l'entrée de l'habitation, les chassent ou les tuent impi-
toyablement.

32. Durée de la vie des abeilles. — Les trois
sortes d'abeilles ont une existence dont la durée est différente.

Nous venons de voir que les faux-bourdons disparaissent en général à la fin de l'été, et la mère n'en pondra
de nouveaux qu'au printemps suivant.

La durée de la vie des ouvrières est assez variable
suivant la saison et suivant les travaux auxquels elles
sont occupées.

Pour se rendre compte de cette durée, on a remplacé
la mère d'une ruche par une autre de race étrangère, et
l'on a cherché au bout de combien de temps on ne voyait
plus une seule abeille ordinaire dans cette ruche, c'est-
à-dire au bout de combien de temps toutes les ouvrières
ordinaires ont été remplacées par les ouvrières de race
étrangère. On trouve ainsi que, pendant la saison de la
grande récolte, les ouvrières ne vivent pas plus de six à
dix semaines. Au printemps ou en automne, elles peuvent
vivre plus longtemps; en hiver, où leur activité est très
faible, la durée de leur existence est beaucoup plus

grande encore ; mais on peut dire qu'elle est toujours inférieure à six mois.

D'ailleurs, par les averses subites, par les grands vents qui se lèvent au moment où les butineuses sont sur les fleurs, beaucoup d'ouvrières peuvent périr au dehors. C'est ainsi qu'on a constaté, par des temps d'orage, jusqu'à 4000 abeilles ainsi disparues, pour une colonie.

La mère, au contraire, peut vivre jusqu'à quatre ou cinq années. La mère vivra plus longtemps dans une petite ruche où sa ponte est limitée que dans une grande ruche où elle a indéfiniment de la place pour pondre (1).

33. Ponte de la mère. — Nous verrons que lorsque la mère est remplacée, quand par exemple l'ancienne mère est sortie avec un essaim pour aller fonder une nouvelle colonie (§ 39), les quelques cellules maternelles qui sont alors dans la ruche donnent plusieurs jeunes mères dont, en définitive, une seule subsiste, les autres ayant été tuées par les ouvrières ou même par cette nouvelle mère.

La jeune mère reste d'abord cinq à sept jours dans la ruche sans pondre ni sortir ; c'est le plus souvent le sixième jour qu'elle sort pour se faire féconder au dehors ; elle rentre ensuite, et ce n'est en général que le

(1) Il peut arriver que, dans une ruche privée de mère on observe cependant des œufs. Ces œufs ont été pondus par des ouvrières qui, en apparence, ne diffèrent pas des autres et que l'on nomme *ouvrières pondeuses*. Les œufs pondus par ces ouvrières peuvent se trouver dans les alvéoles de mâles ou dans des alvéoles d'ouvrières, mais dans tous les cas ce sont des œufs de faux-bourdons, et par conséquent la colonie est forcément perdue malgré le secours de ces pondeuses, puisqu'il ne peut plus s'y produire de nouvelles ouvrières.

On a vu quelquefois des ruches n'ayant que des ouvrières pondeuses construire des cellules de mère, mais jamais l'œuf qui y est déposé par les ouvrières pondeuses n'arrive à se développer.

onzième jour après la sortie de son alvéole qu'elle commence à pondre.

Nous avons vu dans quel ordre se fait la ponte sur un rayon (§ 26), mais la mère n'attend pas d'avoir rempli un rayon pour passer à un autre. Après une ponte partielle sur une face des bâtisses (fig. 48), elle passe à l'autre face pour y pondre un certain nombre d'œufs, puis à un autre rayon où elle pond aussi dans un certain nombre de cellules, et ainsi de suite.

Considérons, au printemps, une ruche dont toutes les bâtisses soient parallèles et de même grandeur, une ruche à cadres par exemple. Nous verrons qu'un rayon A (fig. 49), qui se trouve au milieu du groupe formé par les abeilles, c'est-à-dire au milieu du couvain général de la ruche, renferme sur ses deux faces le plus grand cercle de couvain ; les deux rayons B et C situés à droite et à gauche de ce rayon A ont des cercles de couvain plus petits ; les deux rayons D et E, placés à droite et à gauche des trois rayons B, A, C, dont nous venons de parler, ont des cercles de couvain plus petits encore.

Que le couvain s'étende, comme dans ce cas, sur cinq rayons seulement, ou qu'il s'étende sur un plus grand nombre, la forme générale de son contour est toujours sensiblement la même. Ce contour a une forme ovale et sa plus grande longueur est en travers, perpendiculaire à la surface des rayons (fig. 49 à 51).

D'après cela, il nous est facile de comprendre quelle est la marche que la mère suit dans sa ponte. Allant, comme nous l'avons dit, d'un rayon à l'autre, elle pond des œufs au pourtour de tous les cercles de couvain, de

Fig. 48. — Mère en train de pondre.

façon à entretenir le développement uniforme de l'ensemble, de telle sorte que le couvain ancien *a* (en *1*, fig. 49) se trouve vers le centre et le couvain jeune *j* vers l'extérieur. Au bout d'un certain temps, le couvain éclot au centre, les jeunes abeilles sortent et laissent les cellules vides *v* (en *2*, fig. 49). Puis, par suite de la sortie des jeunes abeilles qui s'y sont formées, beaucoup de

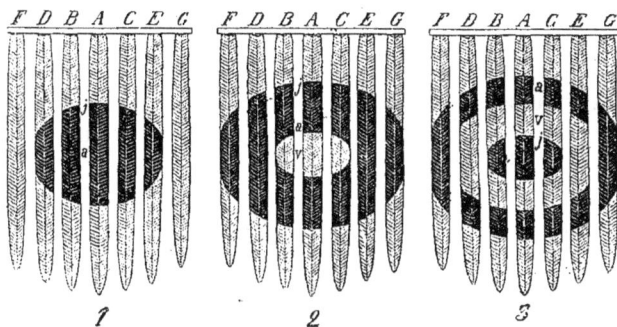

Fig. 49 à 51. — Figures théoriques montrant la marche de la ponte et du développement du couvain. F D B A C E G, rayons supposés coupés en long. — En *1*, la mère a commencé par pondre au centre : *a*, couvain âgé ; *j*, couvain jeune ; la mère pond en dehors de *j*. — En *2*, le couvain est éclos au centre, où se trouvent des cellules *v* devenues vides ; *a* et *j*, couvain âgé et jeune ; la mère pond en dehors de *j*. — En *3*, la mère a commencé de pondre au centre ; *j*, couvain jeune ; *v*, cellules vides, par suite du couvain éclos ; *a*, couvain âgé ; la mère pond en dehors de *j*, dans les cellules *v*.

cellules se trouvent vides vers le milieu de chaque cercle de couvain ; la mère recommence sa ponte dans les cellules devenues vides, en partant du centre du cercle le plus grand, qui est sur la bâtisse du milieu A. La mère poursuit sa ponte sur les autres rayons de manière que l'ensemble du nouveau couvain forme comme un ovale plus petit *j* qui serait contenu dans le premier *a* (en *3*, fig. 49). A mesure que le couvain extérieur se vide complètement par le départ des abeilles formées, le nouveau couvain, produit à l'intérieur du premier, et constituant un ovale plus petit, grossit à son tour

peu à peu jusqu'à occuper le même volume qu'avant ;
la mère recommence à pondre par le centre et ainsi
de suite.

Il est à remarquer que le couvain a besoin d'un air
fréquemment renouvelé pour se développer, car il respire
avec intensité. Aussi trouve-t-on toujours le couvain sur
les rayons les plus proches de l'entrée, par où se fait le
renouvellement de l'air.

Suivant que la ponte de la mère sera plus ou moins
grande, cette masse ovoïde du couvain sera elle-même
plus ou moins considérable, et d'une manière générale
c'est son volume qui sert à juger de la force et du bon
état de la colonie.

**34. Quantité d'œufs que la mère peut pondre
par jour**. — La quantité d'œufs qu'une mère peut pondre en vingt-quatre heures est extrèmement variable ;
cette quantité (qui est comprise entre 0 et 4000 ou même
plus) dépend principalement de quatre circonstances
différentes :

1° De la saison et de la récolte ;

2° De l'âge de la mère ;

3° De la place dont dispose la mère ;

4° Du nombre d'ouvrières se qui trouvent dans la ruche.

Examinons successivement les diverses causes de la
variation de la ponte.

1° *La ponte dépend de la saison et de la récolte*. —
D'une manière générale, on peut dire que la ponte de
la mère est d'autant plus forte que le travail des abeilles
pour la récolte est lui-même plus grand ; c'est ainsi qu'en
hiver, lorsque les abeilles ne sortent pas de leur ruche,
la ponte de la mère s'arrête presque complètement ; c'est,
au contraire, au moment de la plus forte récolte de la
saison que l'on pourra observer le plus grand nombre

d'œufs pondus par jour, à condition toutefois que la place
soit suffisante pour cela.

2° *La ponte dépend de l'âge de la mère.* — En général,
on peut dire que la mère pond le plus grand nombre
d'œufs dans les deux premières années de son existence,
et que les mères de quatre ou cinq ans sont beaucoup
moins fécondes.

Il va sans dire, d'ailleurs, que le nombre d'œufs que
peuvent pondre des mères de même âge est souvent
très différent. Il y a des mères très fécondes, d'autres
qui le sont très peu ; et comme la prospérité de la
colonie et la récolte du miel sont subordonnées à la
fécondité de la mère, ce point est d'une très grande importance en apiculture.

Cependant il faut remarquer que, dans la plupart des
cas, la mère d'une colonie se trouve naturellement renou-
velée. En effet, si la mère produit un essaim (§ 39), c'est
seulement lorsqu'elle a des cellules maternelles, et
comme c'est l'ancienne mère qui s'en va avec l'essaim,
la ruche se trouve avoir une nouvelle mère.

D'ailleurs, si la colonie ne produit pas d'essaims, ou si
l'on considère un essaim qui vient de s'installer dans une
nouvelle ruche, les abeilles n'attendent généralement
pas la mort naturelle de la mère pour la renouveler.
Lorsque la mère n'est plus assez féconde, les ouvrières
se chargent elles-mêmes de la remplacer au moyen de
nouvelles cellules maternelles. La mère ancienne est
supprimée et remplacée par l'une des mères nouvellement formées ; c'est ce qu'on appelle le *renouvellement
naturel des mères.*

3° *La ponte dépend de la place dont dispose la mère.*
— La ponte de la mère, dans la saison de la récolte
et à l'âge où la mère est très féconde, peut être modi-

fiée par suite du manque de cellules vides pouvant recevoir les œufs. C'est ainsi, qu'au moment de la grande
récolte, l'espace faisant défaut dans les cellules supérieures ou latérales pour l'emmagasinement du miel,
les ouvrières n'hésitent pas à déposer le liquide sucré
qu'elles rapportent dans toutes les cellules disponibles,
même dans celles qui sont vers le centre des rayons, et
qui, au printemps, comme nous l'avons vu, sont réservées
au couvain.

Il s'ensuit que la ponte de la mère se trouve forcément dérangée ; elle se fait alors irrégulièrement dans
les cellules vides que la mère peut encore trouver çà et
là. Il s'ensuit que si la ruche n'est pas assez grande, la
ponte peut être arrêtée par la récolte, ce qui est la cause
principale de l'essaimage.

*4° La ponte dépend du nombre des ouvrières qui sont dans
la ruche.* — En supposant que toutes les conditions
précédentes soient les meilleures pour la ponte, cette
ponte sera cependant limitée par une quatrième raison.

On comprend, en effet, qu'il faut que la colonie puisse
consacrer un nombre suffisant d'ouvrières à l'élevage du
couvain. Si ce nombre est petit, quand bien même
elle serait très féconde et aurait toute la place disponible, la mère restreindrait forcément sa ponte ; si, au
contraire, le nombre d'ouvrières est considérable, la
mère augmentera la ponte jusqu'aux dernières limites que
sa fécondité lui permet d'atteindre.

On peut donc dire, que toutes les autres conditions
favorables à la ponte étant remplies, la ponte de la mère
est sensiblement proportionnelle à la population de la
ruche.

35. Mère bourdonneuse. — Indépendamment des
œufs d'ouvrières, nous savons qu'il y a, pendant la

saison, des œufs de faux-bourdons déposés dans des cellules plus grandes. Ces œufs sont aussi pondus par la mère, et elle peut même les pondre sans être fécondée (1). Dans certains cas, la mère, bien que non fécondée, ne sort pas de la colonie; elle ne pond alors que des mâles : c'est une *mère bourdonneuse*, et la ruche est vouée à une perte certaine.

Les colonies qui sont bourdonneuses conservent leurs mâles pendant l'hiver. On y trouve souvent du couvain irrégulièrement disposé dans les cellules d'ouvrières; mais ce couvain a le dessus des alvéoles bien plus bombé

Fig. 52. — Fragment de rayon, montrant du couvain d'ouvrières *o,o* et du couvain de mâles *m* dans des cellules d'ouvrières (1/5 de grandeur naturelle). (Photographie directe.)

qu'à l'ordinaire (*m*, fig. 52); il en sort des mâles plus petits, mais paraissant parfaitement conformés. La figure 52 représente un fragment de rayon dans lequel on voit à la fois du couvain d'ouvrières *oo*, et du couvain de mâles *m* dans des cellules d'ouvrières.

(1) C'est ce phénomène que l'on désigne sous le nom de *parthénogénèse*.

36. Développement d'une abeille ouvrière. —
Nous avons dit qu'on appelle couvain l'ensemble des
abeilles qui sont sous forme d'œufs, de larves, ou non
encore sorties de leurs cellules.

Examinons comment se développe ce couvain depuis la
ponte de l'œuf jusqu'à l'insecte parfait sortant de l'alvéole.

Trois jours après que l'œuf a été pondu (*o*, fig. 37),
il se transforme en une sorte de petit ver sans pattes,
c'est la jeune *larve* (*l*, fig. 37) que les ouvrières commencent dès lors à nourrir, en déposant au fond de la
cellule une sorte de bouillie qu'elles préparent dans leur
estomac avec un mélange d'eau, de miel et de pollen.

La larve, qui était au début toute petite (*j.l*, fig. 36) et
nageant au milieu de cette bouillie, grossit très rapidement en s'allongeant dans le sens de la longueur de la
cellule, et au bout de cinq jours (huit jours après la ponte
de l'œuf), la larve a presque la grandeur de la cellule,
et renferme dans son corps une abondante réserve de
nourriture ; c'est à ce moment que les abeilles ferment la
cellule par un couvercle ; elles n'ont plus alors à s'en occuper, si ce n'est pour y entretenir par leur présence, la
chaleur nécessaire au développement de l'abeille.

La larve file alors un cocon très mince qui l'entoure
complètement, puis change de peau et se transforme en
ce que l'on appelle la *nymphe* ou chrysalide (*n*, fig. 37).
Ensuite, à partir du onzième jour, sans changer notablement de volume, la nymphe se transforme peu à peu
en insecte parfait ; la division du corps en trois parties
se précise, et en même temps l'on voit apparaître, au-
dessous de la tête, des sortes de mamelons qui produiront les pattes ; enfin, le vingt-et-unième jour, l'abeille
parfaite est complètement formée, et perce elle-même le
couvercle pour sortir de la cellule (*a*, fig. 37). Cette cellule
(telle que *v*, fig. 37) est ensuite nettoyée par les ouvrières
avant que la mère puisse y pondre de nouveau.

37. Développement de la mère. — Le développement de la mère se fait à peu près de la même manière, sauf que les abeilles donnent à la larve une nourriture particulière qui n'a ni le même goût ni la même consistance que celle donnée aux ouvrières ; de plus, le temps pendant lequel s'opère le développement n'est pas le même.

La cellule maternelle est operculée au bout du même nombre de jours, mais la transformation en insecte parfait, dans cette cellule, se fait plus vite, en sept ou huit jours environ ; ce qui fait quinze à seize jours depuis la ponte de l'œuf jusqu'à la formation définitive de la mère.

38. Développement d'un faux-bourdon. — Le développement des faux-bourdons est analogue à celui des ouvrières, mais est un peu plus lent. La cellule n'est operculée que sept à huit jours après la ponte de l'œuf, et le développement total se fait en vingt-quatre jours.

39. Essaimage. — Dans tout ce qui précède, nous avons étudié l'organisation d'une colonie d'abeilles et nous avons vu comment son existence est entièrement liée à celle de la mère. Si celle-ci meurt et n'a pu être remplacée à temps, ou encore si elle n'a pas été fécondée et par suite ne produit que des faux-bourdons, la famille entière est perdue.

Une colonie d'abeilles forme donc comme un tout complet, comme un seul être vivant qui peut périr tout entier.

De même qu'une colonie peut mourir, une colonie nouvelle peut naître, et les sociétés d'abeilles, constituant chacune un organisme, se multiplient et se propagent comme des individus isolés.

Cette multiplication des colonies a reçu le nom d'*essaimage*, et une colonie naissante a reçu le nom d'*essaim*.

Le plus souvent, c'est vers le commencement de l'été qu'il se produit un essaim, quand, par suite de l'accroissement simultané de la récolte et de la ponte, la ruche va se trouver trop petite pour la population.

Lorsqu'une ruche va essaimer, il y a toujours un certain nombre de cellules maternelles en voie de formation. Cinq ou six jours avant le terme d'éclosion des plus avancées de ces cellules maternelles, la mère sort de la ruche accompagnée d'une fraction plus ou moins grande de la population. La colonie qui a donné l'essaim demeure avec le reste des abeilles, et, cinq ou six jours après, elle aura une jeune mère et une seule, les autres ayant été tuées par cette jeune mère ou par les abeilles.

En somme, une colonie en aura donc produit deux :

1° L'essaim, qui avec l'*ancienne mère* va chercher à s'établir ailleurs ;

2° La colonie primitive, dont la population est diminuée et qui a *une mère nouvelle*.

40. Sortie d'un essaim. — On a donné un certain nombre de signes indiquant la prochaine sortie d'un essaim, tel que l'apparition de faux-bourdons en grand nombre qui doit coïncider avec la production des cellules de mères, l'excès de population qui déborde de la ruche (§ 12), ou bien encore le va-et-vient de nombreuses abeilles ouvrières qui arrivent de l'intérieur de la ruche sur le plateau ou inversement; mais aucun de ces signes n'est sûr; d'autant plus que la sortie de l'essaim dépend du temps qu'il fait et de la température extérieure.

Il est rare de voir sortir les essaims lorsque la température est inférieure à 20 degrés et lorsque les fleurs donnent peu de nectar. En général c'est vers le milieu de la journée, entre 10 heures du matin et 3 heures du soir, que se fait cette sortie des essaims.

La saison de l'essaimage varie suivant le climat et

suivant les plantes mellifères. Dans nos régions tempé-
rées, c'est le plus souvent en mai et juin. Dans la
région méditerranéenne, c'est en avril et mai. Dans

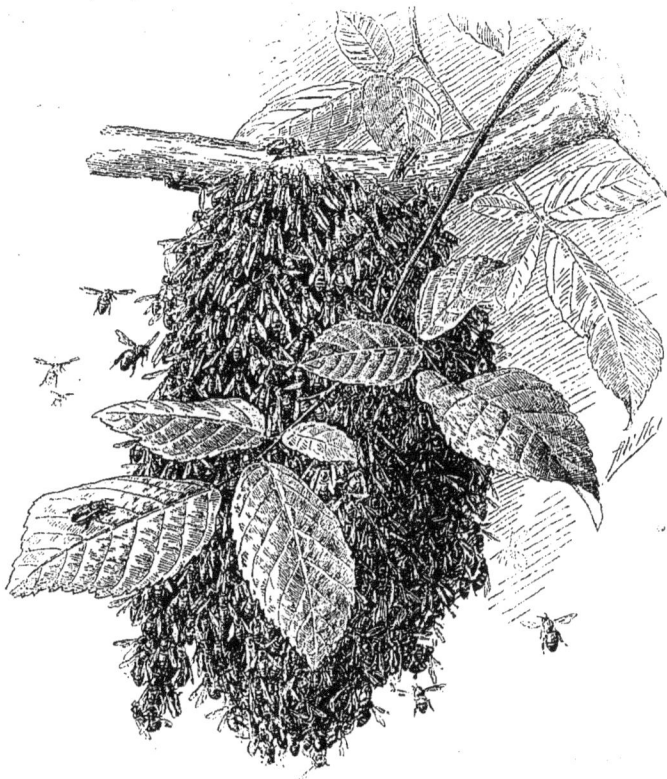

Fig. 53. — Essaim suspendu sur une branche.

les hautes montagnes, c'est plus tard encore, en juin et
juillet. Enfin dans les pays de sarrasin ou de bruyères,
l'essaimage peut encore avoir lieu en août.

Au moment où part l'essaim, on voit rapidement
sortir une masse énorme d'abeilles qui tournent autour

de la ruche ou volent en tout sens en s'élevant dans les airs. Mais au bout de très peu de temps, et comme obéissant à un signe de ralliement, elles vont toutes se réunir au même point, soit sur une branche d'arbre au-dessous de laquelle elles se suspendent les unes aux autres, en une masse compacte (fig. 53), soit dans un buisson, sous une poutre ou même au bord d'un mur. Parfois, elles se rendent dans un tronc d'arbre creux, une cheminée ou toute autre cavité à leur convenance. Dans ce dernier cas, on a pu observer des ouvrières qui avant la sortie de l'essaim ont été çà et là chercher aux alentours un endroit favorable à l'installation de la nouvelle colonie.

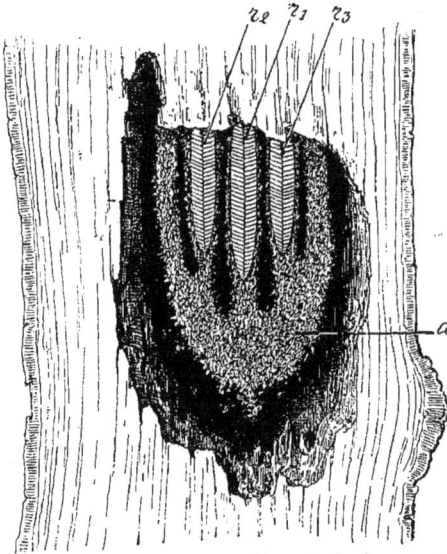

Fig. 54. — Essaim commençant à construire des rayons dans un tronc d'arbre creux : r_1, r_2, r_3, premiers rayons construits ; a, abeilles en masse, suspendues les unes aux autres. (On suppose que l'arbre et l'essaim sont coupés en long.)

Considérons le cas le plus fréquent, celui où les abeilles ont été se réunir au-dessous d'une branche d'arbre. Une fois installé sur ce premier support, l'essaim attend dans cette situation provisoire, le moment où il pourra espérer trouver un abri ou même commencer à y bâtir. Assez souvent, l'essaim ne reste fixé à la branche que jusqu'au lendemain, puis repart alors pour se poser plus loin, jusqu'à ce qu'il ait choisi un endroit convenable pour s'installer définitivement. Il arrive aussi que ne trouvant aucun endroit qui puisse lui convenir, l'essaim continue à se déplacer; il perd de jour en jour des abeilles, il se réduit de plus en plus et finit par diparaître.

Lorsque l'essaim a trouvé un gîte convenable il commence tout de suite par construire des rayons (r_1, r_2, r_3, fig. 54); on peut remarquer à cet égard que les ouvrières qui forment l'essaim sont gorgées de miel et que la plupart d'entre elles sécrétent abondamment de la cire. La nouvelle colonie s'installe et devient une ruche naturelle.

Il arrive assez souvent aussi qu'un essaim qui vient de partir rentre dans la ruche, soit parce que le temps est devenu tout à coup mauvais, soit parce que la mère s'est perdue.

41. Essaims primaires, secondaires, tertiaires; chant des mères. — Si la population qui reste dans ruche après le départ de l'essaim est encore suffisante relativement à la grandeur de la ruche, il pourra sortir un nouvel essaim, appelé *essaim secondaire*. Nous avons dit que la première jeune mère ne sort d'une cellule maternelle que cinq ou six jours après le départ de l'essaim primaire. Lorsqu'il devra se produire un essaim secondaire, les autres mères encore dans leurs cellules ne seront pas tuées, et la jeune mère fait entendre pendant un à trois jours un chant particulier qu'on peut représenter à peu près par *tih, tih, tih*, et qu'on entend facilement le soir. Les mères qui sont encore dans leurs cellules répondent à ce chant par un autre chant qu'on peut représenter par *koua, koua, koua*.

Ces chants spéciaux, très faciles à reconnaître, préviennent l'apiculteur qu'il se prépare dans la ruche un essaim secondaire.

Si le temps est favorable, l'essaim secondaire sort donc environ huit jours après l'essaim primaire. Lorsque l'essaim secondaire est parti, les abeilles, qui retenaient

dans leurs cellules les autres mères complètement développées, en laissent sortir une, et les autres sont tuées.

Il peut arriver cependant quelquefois que les autres
mères soient maintenues encore prisonnières ; alors, la
seconde jeune mère fait entendre le chant *tih, tih. tih*,
comme la première jeune mère, ce qui indique qu'il pourra
y avoir un *essaim tertiaire* qui sort quelques jours après
l'essaim secondaire.

Il faut bien remarquer toutefois que, comme la sortie
des essaims dépend du temps qu'il fait et de la température extérieure, les chants des mères qui indiquent
qu'il se prépare un essaim secondaire ou tertiaire ne
sont pas un indice certain de la sortie réelle de ces
essaims ; car, si le temps devient subitement défavorable,
l'essaim ne sortira pas et les jeunes mères prisonnières
seront tuées.

Remarque. — Lorsqu'une mère va éclore, on le reconnaît à ce que son alvéole commence à être rongé à son
extrémité qui s'ouvre lorsque la mère en sort. Lorsque
les abeilles détruisent une mère dans son alvéole, la
cellule maternelle est ouverte par le côté.

RÉSUMÉ.

La colonie. — Dans la belle saison une colonie d'abeilles
renferme : 1° une mère ; 2° un très grand nombre d'ouvrières ;
3° un nombre beaucoup moindre de faux-bourdons :

1° La *mère* pond tous les œufs de la colonie ; elle vit plusieurs années ;

2° Les *ouvrières* exécutent tous les travaux de la ruche, et
durant la récolte, ne vivent que six semaines à deux mois.

Leurs travaux intérieurs sont : construction des rayons
avec la cire produite en lamelles par les glandes cirières ;
emmagasinement dans ces rayons du miel et du pollen ; élevage du couvain, c'est-à-dire des jeunes abeilles depuis l'œuf
jusqu'à l'état d'insecte parfait ; construction, s'il y a lieu, de
cellules maternelles et élevage des jeunes mères de remplace-
ment ; ventilation de la ruche pendant la récolte pour éli-

miner l'excès d'eau qui se trouve dans le miel nouveau ; enfin, nettoyage de la ruche, garde de l'entrée, etc. ;

3° Les *faux-bourdons* ne travaillent pas et n'ont pas d'autre rôle que de féconder les mères de renouvellement; ils sont chassés ou tués par les ouvrières, à l'automne.

Développement de la colonie; essaimage. — En hiver il n'y a généralement pas de faux-bourdons dans les colonies, la mère a arrêté complètement ou presque complètement sa ponte, et les ouvrières, groupées autour d'elle, ne sortent presque jamais de la ruche. La colonie, sans travailler, se nourrit de la provision de miel accumulée dans les rayons pendant la saison précédente.

Aux premiers beaux jours du printemps, la mère abeille recommence sa ponte ; les ouvrières vont au dehors chercher, sur les premières fleurs, du nectar et du pollen ; elles recueillent aussi de l'eau, et élèvent les jeunes abeilles de plus en plus nombreuses qui se développent dans la ruche. Peu à peu, le nombre des abeilles augmente, le couvain s'étend beaucoup et, lorsque la récolte de miel devient abondante, tous les rayons de la ruche peuvent se remplir de miel et de couvain. A cette époque, on voit aussi apparaître du couvain de faux-bourdons, et les abeilles construisent souvent des cellules maternelles de renouvellement.

Si la ruche est alors devenue trop petite pour la colonie, une partie des abeilles quitte la ruche avec l'ancienne mère, c'est l'*essaim primaire* qui va fonder une nouvelle colonie.

La ruche qui a donné un essaim possède une jeune mère ; celle-ci peut partir elle-même, une huitaine de jours après, avec un *essaim secondaire;* il peut même partir encore d'autres essaims. En tout cas, la ruche primitive a une jeune mère.

A l'automne, les ouvrières chassent ou tuent les faux-bourdons et le couvain diminue progressivement.

Au commencement de l'hiver, les abeilles se groupent autour de la nouvelle mère dont la ponte diminue ou s'arrête ; elles passent ainsi la mauvaise saison à portée de leur provision de miel. Nous sommes revenus à notre point de départ.

Quant aux essaims sortis de la ruche, ils ont construit de nouveaux rayons qu'ils ont remplis de miel et de couvain et ils hivernent comme la ruche mère.

CHAPITRE III

LA RUCHE

42. Ruches vulgaires.
— Les abeilles à l'état naturel établissent le plus souvent leurs colonies dans les
vieux troncs creux des arbres ; aussi, la première idée
de ceux qui ont cherché à cultiver les abeilles a-t-elle
été sans doute d'installer un essaim dans les conditions
naturelles.

Un tronc d'arbre creusé à l'intérieur, scié en haut et en
bas et recouvert d'une plaque de bois ou d'une grosse
pierre, telle est la première ruche (fig. 56). On trouve
encore de telles ruches dans certaines contrées. (Voyez
fig. 152.)

Là où croît le Chêne-liège, en France, la manière facile

dont se détache l'écorce épaisse et imperméable de cet
arbre a fait préférer aux cultivateurs l'emploi de l'écorce
de liège pour former l'enveloppe de l'habitation des
abeilles. C'est déjà une ruche plus travaillée que le
simple tronc d'arbre.

Dans les autres régions, et particulièrement dans les
pays montagneux, on a construit des ruches plus hautes
que larges, formées simplement d'un assemblage de quatre planches avec un couvercle cloué par dessus (fig. 57) ;

Fig. 56. — Ruche en tronc d'arbre.   Fig. 57. — Ruche en planches.

c'est encore une ruche primitive mais d'une forme plus
régulière.

En beaucoup d'autres contrées les cultivateurs ont
donné comme logement aux abeilles une enveloppe de
forme arrondie, souvent pointue vers le haut, parfois
de forme basse, et qui est fabriquée soit avec de la paille
soit avec des branches flexibles régulièrement entre-
lacées ; chaque ruche est recouverte d'un capuchon de
paille qui la protège contre la pluie et les variations de
température. C'est cette forme de ruche qui est la plus
répandue.

4

Toutes ces ruches, depuis le simple tronc d'arbre pri-
mitif jusqu'à la ruche en osier la plus soignée, sont
désignées sous le nom de *ruches vulgaires.*

Afin de consolider les bâtisses, on a l'habitude de
mettre dans ces ruches des baguettes de bois disposées
en travers à l'intérieur.

Pour que les abeilles soient plus à l'abri des animaux

Fig. 58. — Ruche vulgaire en osier, avec   Fig. 59. — Ruche vulgaire en
son capuchon de paille.   paille tressée sans son capu-
                                              chon de paille.

qui pourraient venir les attaquer, on place généralement
les ruches sur un support en planches appelé plateau,
maintenu au-dessus du sol d'une manière ou d'une
autre (fig. 55, 57 et 58).

Comme les abeilles mettent leur provision de miel au-
dessus et sur les côtés du groupe qu'elles forment, on
comprendra facilement les principaux avantages et inconvénients des diverses ruches vulgaires dont on vient

de parler. Les ruches en tronc d'arbre, en liège ou en planches ont un dessus qui peut s'enlever comme un couvercle, ce qui permet de récolter le miel qui se trouve à
la partie supérieure sans trop déranger les abeilles. Les
ruches, faites en cloche, en paille (fig. 59) ou en osier
(fig. 58), ont une forme qui permet au groupe d'abeilles
de consommer peu à peu sa provision de miel pendant
l'hiver. En effet, à la fin de l'automne, le groupe d'abeilles se trouve surtout au-dessous du miel, et s'élève en le
consommant peu à peu. Le groupe d'abeilles montant
dans la ruche à mesure que s'avance la mauvaise saison,
se trouve, grâce à la forme de la ruche, à proximité du
miel qui lui est nécessaire. Mais à côté de cet avantage,
il faut signaler l'inconvénient que ces ruches présentent
pour la récolte. Si l'on ne veut pas tuer les abeilles, et si
l'on ne sait pas employer pour leur culture les bonnes
méthodes (chasse, déplacement, essaims artificiels, etc.),
on est obligé de retourner la ruche pour y couper les
rayons à récolter. C'est ce que l'on appelle la *taille des
ruches* (1).

Les ruches vulgaires en paille tressée ou en osier sont
recouverts d'un capuchon de paille (fig. 58), qui les protège contre la pluie et contre le froid.

43. Étouffage. — Comme la taille est une opération
pour laquelle il faut encore avoir une certaine habitude des abeilles, beaucoup de cultivateurs trouvent
bien plus simple de brûler une mèche de soufre au-
dessous de la colonie ; ils tuent ainsi toutes les abeilles
pour vendre le contenu de la ruche, c'est ce que
l'on appelle l'*étouffage*. Cette pratique déplorable et
malheureusement trop répandue n'a même pas la
raison d'être avantageuse, car en tuant les abeilles

(1) On trouvera Chapitre XV, § 195 et suivants, la manière de conduire les ruches vulgaires.

l'apiculteur perd une partie notable de son capital.

44 Ruches à calotte. — On a cherché à combiner les avantages des diverses ruches vulgaires et à éviter l'étouffage en construisant, soit en planches, soit en cordons de paille, des ruches formées de deux parties superposées, ; ce sont les *ruches à calotte*.

La calotte (1) est comme une seconde ruche plus petite

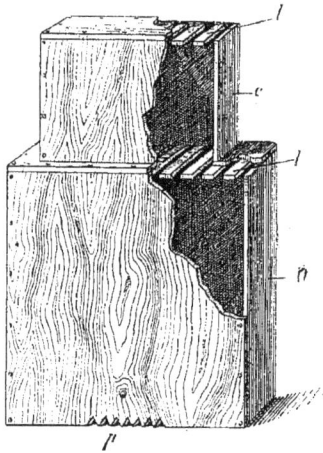

Fig. 60. — Ruche à calotte, en bois : C, corps de ruche ; c, calotte ; l l, lattes pour diriger les rayons.

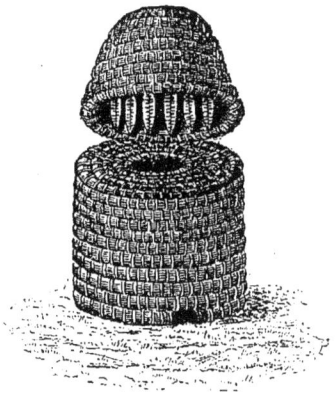

Fig. 61. — Ruche à calotte en paille tressée.

qui est superposée à la première ; son volume, s'il n'y a qu'une calotte, doit être combiné, suivant les régions, de façon à ne contenir que le surplus de la provision de miel. On comprend dès lors qu'il est facile de récolter cette calotte pleine de miel sans déranger le groupe d'abeilles. D'une manière générale, ce système de ruches est supérieur à ceux décrits précédemment et sa fabrication n'est guère plus compliquée.

(1) Appelée aussi cap, capotte, capot, corbillon, cabochon. bonnet, chapiteau, casserette ou ruchette.

Voici par exemple la description d'une bonne ruche à calotte en bois qui peut convenir dans la plupart des cas (fig. 60); elle pourrait être également en cordons de paille (fig. 61).

La partie inférieure ou *corps de ruche* (C, fig. 60) doit avoir une capacité de 40 à 50 litres et sera formé par une caisse en planche de trois centimètres d'épaisseur.

Pour que les abeilles construisent leurs rayons parallèlement entre eux, on forme le plafond du corps de ruche avec des lattes indicatrices (*l*, fig. 60).

D'après ce que nous avons vu en étudiant les bâtisses des abeilles, ces lattes doivent être faites et disposées de la manière suivante : chaque latte a vingt-huit millimètres de largeur sur un centimètre d'épaisseur, et les milieux de deux lattes successives sont distants entre eux de trente-huit millimètres, ce qui laisse entre les lattes un intervalle de un centimètre. Pour forcer les abeilles à construire en suivant la direction des lattes, il est utile de coller avec de la colle forte au-dessous de ces lattes des fragments de vieux rayons, pris dans une ruche morte (voyez par exemple le haut de la fig. 70). Le plafond est percé d'une grande ouverture sur laquelle on peut poser la calotte. Lorsqu'on ne se sert pas de la calotte, cette ouverture est fermée par une planche.

On pourra, au moment de la forte miellée, retirer cette planche et la remplacer par la calotte.

La *calotte* (c, fig. 60) est comme une seconde ruche plus petite, et doit avoir de 15 à 25 litres de capacité. Il est utile de coller quelques rayons sous les lattes de la calotte pour inviter les abeilles à y monter. Lorsque la calotte est pleine de miel, on la retire et on la remplace par une autre si la récolte continue ; à la fin de la saison, on la supprime pour mettre le couvercle à la place ; et le corps de ruche seul demeure pendant l'hiver.

Il existe beaucoup d'autres modèles que celui qui

4.

vient d'être décrit ; par exemple, ceux où le corps
de ruche possède simplement un trou à son sommet
(fig. 61) ; c'est par ce trou, débouché au moment de poser
la calotte, que les abeilles montent dans cette dernière.

Mais on a reconnu que les abeilles montent plus difficilement dans la calotte par cette ouverture que par l'intervalle des lattes qne l'on vient de décrire (1).

45. Ruches à compartiments superposés. —
Dans le corps de la ruche à calotte, les bâtisses de cire

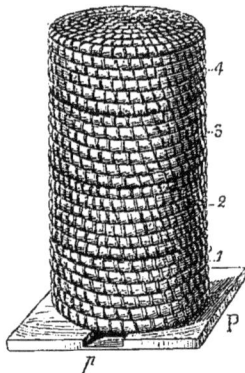

Fig. 62. — Ruche à compartiments superposés, en paille tressée : P, plateau ; *p*, porte ; 1, 2, 3, 4, compartiments superposés.

ne sont pas souvent renouve-
lées, et, au bout d'un certain
temps, ces rayons trop vieux
pourraient nuire au développement des abeilles. Dans le but
de faire renouveler ces bâtisses,
on a imaginé depuis longtemps,
un système de ruches plus compliqué qui est le suivant :

La ruche est divisée transver-
salement en plusieurs parties
égales, superposées les unes aux
autres, qui peuvent être construites en bois ou en cordons de
paille ; chacune de ces parties a
été nommée une *hausse* (2).

La figure 62 fait voir la manière dont est construite
une ruche à quatre hausses en paille, par exemple. On
comprend que lorsque l'on récolte la hausse supérieure
qui sert de calotte, on en ajoute une nouvelle par des-

(1) Voir § 207 et 208, la manière de conduire les ruches à calottes.
(2) Il ne faut pas confondre ce système de ruche à hausses où
toutes les hausses sont égales avec les ruches à bâtisses fixes,
auxquelles on ajoute quelquefois une petite hausse par-dessous, ni
avec les ruches à cadres verticales (§ 171) appelées aussi ruches à
hausses.

sous où les abeilles peuvent construire de nouvelles bâtisses.

Ces anciennes ruches, sur l'emploi desquelles nous n'insisterons pas, offrent beaucoup plus d'inconvénients que d'avantages.

Le fractionnement du corps de la ruche a pour but de faciliter à l'apiculteur un certain nombre d'opérations ; l'apiculteur peut agrandir ou diminuer la capacité de la ruche, réunir deux ruches trop faibles en une seule ; mais ces ruches exigent pour être conduites une méthode compliquée. Ces ruches ont d'autres inconvénients encore : lorsque l'on ajoute par le bas une hausse au moment de la récolte, les abeilles y construisent souvent de nombreuses cellules de mâles, et nous avons vu que l'apiculteur doit s'opposer autant que possible à la construction exagérée de ces cellules de faux-bourdons, qui facilitent la production d'un trop grand nombre de bouches inutiles.

De plus, les ruches à hausses sont mauvaises pour la saison d'hiver parce que leurs divisions transversales gênent le déplacement de l'ensemble des abeilles qui ne peuvent pas hiverner dans une seule hausse. Les divisions en travers sont également nuisibles à la ponte régulière de la mère.

Il est facile de conclure d'ailleurs, par l'étude que nous avons faite d'une colonie d'abeilles, que tout ce qui peut rompre l'unité du groupe doit être nuisible.

Pour toutes ces raisons, le système des anciennes ruches à hausses est de plus en plus abandonné ; on peut dire que, malgré son perfectionnement apparent, il donne de plus mauvais résultats que la ruche à calotte ou même que la ruche vulgaire ordinaire.

46. Ruches à cadres mobiles. — Quelle que soit la ruche que l'on adopte parmi les précédentes, on

trouvera dans la conduite des abeilles bien des difficultés, si l'on veut leur faire produire le maximum de
récolte. Avec les ruches à rayons fixes, une culture
simple sera peu productive, une culture productive sera
compliquée.

Nous avons vu qu'avec la ruche à calotte par exemple
on peut faire construire les rayons régulièrement au
moyen de lattes indicatrices amorcées; on s'est demandé
s'il ne serait pas possible de ne pas fixer ces lattes, et

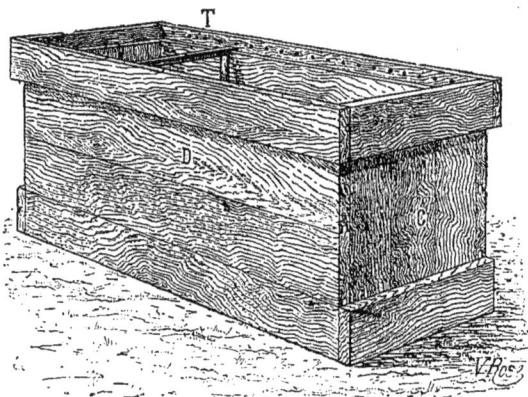

Fig. 63. — Corps de ruche à cadres D C, dans lequel on a mis l'un des cadres T.

d'empêcher les bâtisses d'être soudées par les abeilles,
sur les côtés de la ruche, au moyen de deux autres
lattes verticales reliées à la première; de la sorte, chaque rayon, bâti régulièrement dans ce cadre incomplet
formé par les trois lattes, pourrait être retiré de la
ruche; ce serait un *rayon mobile*.

On a réalisé très simplement une ruche de ce genre,
qu'on appelle *ruche à cadres mobiles;* c'est tout simplement, si l'on veut, le corps de ruche en bois, précédemment décrit, de la ruche à calotte, où chaque latte indi-
catrice, aux distances indiquées plus haut, est remplacée

par le cadre qu'on a complété par une traverse inférieure (fig. 63, 64 et 65).

Une *ruche à cadres* n'est, en somme, qu'une caisse en bois dans laquelle sont rangées parallèlement des cadres également en bois. Cette caisse peut être recouverte

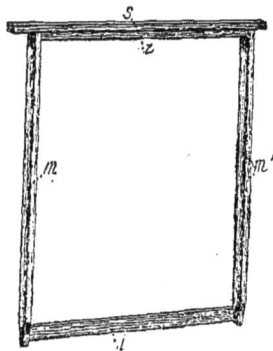

Fig. 64. — Un des cadres d'une ruche à cadres : *s r*, traverse supérieure, *m, m'*, montants ; *i*, traverse inférieure.

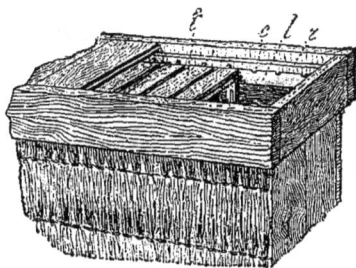

Fig. 65. — Fragment d'une autre ruche à cadres, vue par dessus : *t* cadres en place, à côté les uns des autres ; *e, l, r*, partie où l'on n'a pas encore mis les cadres.

par un toit quelconque (fig. 66). Ces ruches à cadres s'appellent *ruches horizontales* (Voir § 98).

47. Avantages des ruches à cadres. — Les ruches à rayons mobiles se visitent très facilement puisqu'on peut, à volonté, retirer chaque rayon pour l'examiner (fig. 67) et le replacer ensuite. D'ailleurs le principal avantage de ces ruches est la manière dont elles se prêtent à la récolte partielle du miel. Au moyen d'un instrument très simple appelé *extracteur* (fig. 68), on peut retirer le miel des cellules en laissant intacte la cire des rayons ; on peut redonner ensuite ces rayons à la ruche pour les faire encore remplir de miel par les abeilles.

Pour retirer le miel de cette manière, sans briser les rayons, on enlève de la ruche un cadre plein de miel, et à l'aide d'un couteau spécial on coupe tous les opercules des cellules sur les deux faces du rayon.

Quatre rayons, par exemple, étant ainsi préparés, on utilise la force centrifuge pour en faire sortir le miel liquide sans en briser la cire.

Fig. 66. — Une ruche à cadres sur son plateau.

Dans ce but on fait tourner rapidement, autour d'un axe vertical, les

Fig. 67. — Apiculteur visitant une ruche à cadres.

quatre cadres, placés derrière des grillages afin d'empêcher les rayons de se détériorer. Le système tourne à l'intérieur d'un récipient qui recueille le miel qu'on peut faire couler à la base par un robinet (1).

On pourrait être effrayé par la dépense qu'exige l'achat d'un extracteur pour un petit nombre de ruches, mais il faut remarquer que le prix n'en est pas très élevé et qu'en outre un même extracteur peut servir pour récolter plusieurs ruchers comme une même batteuse est louée à plusieurs propriétaires différents.

La ruche à cadres mobiles offre encore divers autres avantages importants; lorsqu'on doit nourrir une colonie qui manque de provision (§ 87), ou donner des provisions d'hiver à une ruche insuffisamment pourvue (§ 127), il suffit d'y ajouter un ou plusieurs cadres contenant du miel, pris dans de très fortes ruches. De plus, comme

Fig. 68. — Récolte du miel au moyen de l'extracteur.

les ruches à cadres sont plus faciles à visiter, on se rend mieux compte de la marche de chaque colonie.

Enfin, au moment où les abeilles font une récolte abondante sur les fleurs, on possède un grand nombre de rayons tout construits qu'elles n'ont qu'à remplir, ce qui augmente le rendement en miel.

(1) On trouvera plus loin (§ 129) une description plus complète de ces opérations et § 225 la description de divers extracteurs.

Ce système de ruches, qui semble au premier abord plus compliqué que tous les précédents, donne en réalité pour le même travail de l'apiculteur, un rendement plus considérable que les ruches à rayons fixes. C'est au moyen des ruches à cadres que se sont établies les méthodes modernes pour cultiver les abeilles.

48. Cire gaufrée; ses avantages. — Voici les principales conditions qui doivent être réalisées pour l'emploi des bâtisses dans les cadres mobiles :

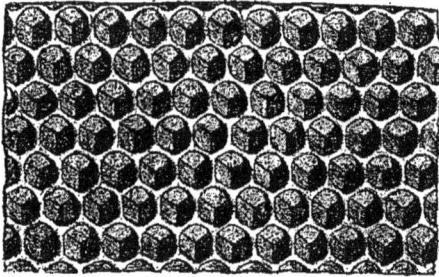

Fig. 69. — Morceau de cire gaufrée.

1° Pour que l'on puisse facilement retirer l'un ou l'autre des cadres d'une ruche à rayons mobiles, on comprend qu'il est nécessaire que ces rayons soient bâtis bien régulièrement dans ces cadres par les abeilles.

2° On vient de voir qu'il est très utile d'avoir à sa disposition un nombre suffisant de cadres remplis de bâtisses de cire à donner aux abeilles pour qu'elles puissent rapidement les remplir de miel au moment de la récolte.

3° Enfin, nous avons dit plusieurs fois déjà, que l'apiculteur doit éviter la production d'un trop grand nombre de cellules de mâles.

En se servant de ruches à cadres, on peut réaliser à la fois et rapidement les trois avantages qui viennent d'être indiqués, surtout si l'on fixe d'avance, dans les cadres, des plaques de *cire gaufrée*. Chacune de ces plaques, qui doit être fabriquée avec de la véritable cire d'abeilles, porte en relief sur les deux faces l'indication exacte du fond des cellules d'ouvrières (fig. 69).

1° Comme ces plaques de cire gaufrées sont bien droites dans les cadres, les abeilles, en achevant les cellules, formeront des rayons bâtis régulièrement dans les cadres.

2° Les plaques gaufrées sont rapidement transformées en rayons complets par les abeilles, et constituent ainsi des bâtisses toutes prêtes pour la récolte.

Fig. 70. — Cadre amorcé au sommet avec des fragments de rayons.

3° Comme les indications de cellules sur la cire gaufrée sont toujours des amorces de cellules d'ouvrières, les abeilles ont une tendance naturelle à achever ces cellules selon les mêmes dimensions ; elles y construiront rarement beaucoup de cellules de mâles.

On voit par là quels sont les avantages de l'emploi de la cire gaufrée pour la culture des abeilles.

La dépense occasionnée pour l'achat de cette cire est vite compensée par l'augmentation de récolte, d'autant plus, que cette dépense une fois faite, les cadres construits pourront servir longtemps (1).

D'ailleurs, celui qui ne voudra pas faire cette dépense pourra, à la rigueur, se passer de cire gaufrée :

1° En amorçant le haut des cadres avec des morceaux de vieux rayons (fig. 70) ;

2° En attendant un temps plus long pour que les

(1) Voir aussi les §§ 99 et 119 relatifs à la cire gaufrée.

cadres soient construits complètement par les abeilles ;

3° En découpant, au fur et à mesure, les parties des rayons où les abeilles auraient construit des cellules de mâles et en remplaçant les parties enlevées par des morceaux de bâtisses de cellules d'ouvrières·pris à d'autres cadres.

RÉSUMÉ.

Ruches vulgaires. — Les abeilles sauvages se logent ordinairement dans le creux des arbres. Un tronc d'arbre creux recouvert d'une planche, une caisse en bois, un panier en paille ou en branches entrelacés, sont les ruches les plus simples : ce sont les *ruches vulgaires.*

Ruche à calotte. — Une ruche plus perfectionnée est formée de deux parties dont la supérieure, appelée calotte, peut s'enlever, et permet ainsi de recueillir le surplus du miel sans déranger la colonie : c'est la *ruche à calotte.*

En haut du corps de cette ruche, on dispose souvent des lattes de bois parallèles et amorcées, afin d'obliger les abeilles à construire plus régulièrement.

Ruches à cadres. — Si on remplace chacune de ces lattes par un cadre en bois dans lequel les abeilles construisent un rayon, on peut retirer ou remettre à volonté les cadres dans la ruche. On a alors une caisse en bois dans laquelle sont rangées parallèlement ces cadres mobiles portant les bâtisses : c'est la *ruche à cadres.*

Avec cette dernière ruche, on peut récolter le miel, à l'aide d'un instrument appelé *extracteur,* sans détruire les rayons ; on possède ainsi des bâtisses toutes prêtes à donner aux abeilles pour qu'elles les remplissent de nouveau. Un autre avantage de cette ruche, c'est qu'on peut prendre dans les fortes colonies des cadres de miel pour les donner à celles qui en manquent.

En somme, pour le même travail de l'apiculteur, les ruches à cadres donnent un rendement plus considérable que les ruches à rayons fixes.

DEUXIÈME PARTIE

APPRENTISSAGE DE L'APICULTEUR

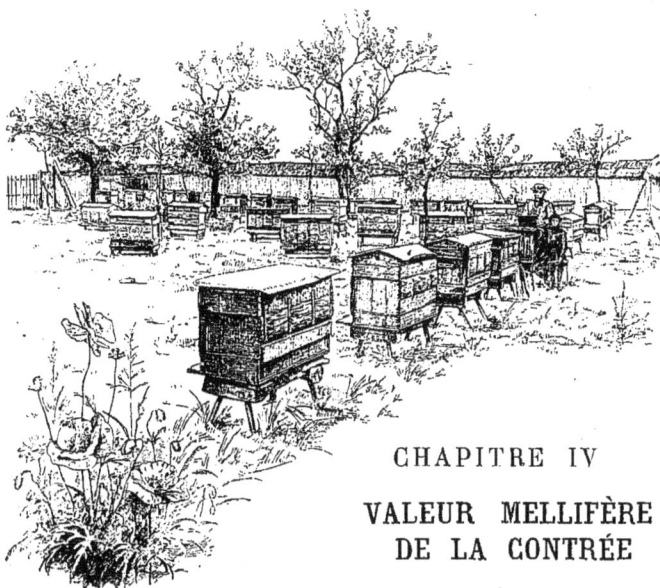

CHAPITRE IV

VALEUR MELLIFÈRE
DE LA CONTRÉE

49. Examen des ressources mellifères de la contrée.
— En général, quand on désire se livrer à la culture des abeilles on n'est pas maître de choisir la région où l'on veut établir ses ruches, car on se trouve fixé par ses occupations dans un pays déterminé.

On doit donc se rendre compte avec le plus grand soin des ressources mellifères de la contrée avant d'y établir un rucher.

Si, comme cela arrive le plus souvent, l'emplacement des colonies se trouve indiqué par les dispositions de la propriété, c'est autour de cet endroit qu'il faut examiner la végétation naturelle ou les cultures, en tenant compte du climat et de la nature du terrain.

Comme les abeilles ne s'éloignent guère utilement au delà de deux ou trois kilomètres de leur ruche, étudions dans ce rayon les ressources qu'elles auront à leur disposition.

Voici quelques indications pratiques essentielles sur ce point capital.

50. Plantes mellifères de la végétation natu-

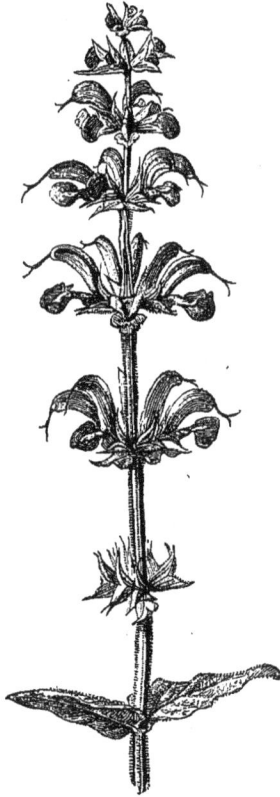

Fig. 72. — Sauge des prés [Fleurs bleues] (1/2 de la grandeur naturelle).

Fig. 73. — Jacée [Fleurs roses] (Grandeur naturelle).

relle. — S'il n'y a autour de l'endroit où doivent être placées les ruches que les plantes de la végétation naturelle, ces plantes seront, dans la plupart des cas, celles

des prairies, des bois ou des landes. Si les ruches se
trouvent placées dans une contrée où dominent les prairies naturelles que l'on doit faucher et non donner à
pâturer aux bestiaux, on peut dire que l'endroit est assez
favorable à l'apiculture, surtout si nous remarquons

Fig. 74. — Mélilot [Fleurs jaunes ou blan-
ches] (Grandeur naturelle).

Fig. 75. — Serpolet [Fleurs roses]
(Grandeur naturelle)

dans ces prairies des plantes telles que le Trèfle blanc,
la Sauge des prés (fig. 72), la Jacée (fig. 73), le Mélilot
(fig. 74), le Serpolet (fig. 75), ou la plupart des plantes
des prairies, si l'on est dans les montagnes.

Lorsque ces plantes sont très abondantes, les prairies
que l'on donne à pâturer aux bestiaux peuvent même
offrir une ressource importante.

Les bois ont l'avantage de donner pendant toute la
saison une récolte qui permet presque toujours aux abeil-

les de faire leurs provisions d'hiver; mais cette récolte est souvent peu abondante, et le miel est de médiocre qualité. Cependant, si nous voyons beaucoup de bruyères

Fig. 76. — Bruyère cendrée [Fleurs roses] (Grandeur naturelle).

Fig. 77. — Bruyère franche [Fleurs roses] (Grandeur naturelle).

Fig. 78.— Verge d'Or [Fleurs jaunes] (1/2 de la grandeur naturelle).

dans les bois (fig. 76 et 77), ceux-ci peuvent présenter à l'automne une ressource importante. Toutefois, il faut remarquer que le miel de bruyère a le double inconvénient d'être de qualité inférieure, et d'avoir une consistance trop épaisse pour pouvoir être retiré par l'extracteur.

Dans ces régions, il est bon de faire la récolte du miel avant la floraison de la bruyère et de laisser le miel de bruyère comme provision d'hiver.

Les principales ressources des bois sont les plantes des lisières et des clairières (Ronce (fig. 79), Bugle, Bru-

Fig. 79. — Ronce [Fleurs blanches] (1/2 de la grandeur naturelle).

nelle, Centaurée, Pulmonaire, Verge d'Or (fig. 78), Germandrée, etc.) et certains arbres ou arbustes printaniers tels que les Saules, les Merisiers, les Pruniers sauvages, les Erables (fig. 80), etc. Une autre source de matière sucrée peut fournir en été une récolte pour les abeilles, c'est la miellée ou miellat (§ 310) qui tombe en fine pluie des feuilles de beaucoup d'arbres.

Les endroits incultes, les champs en friche, les talus de chemin de fer sont souvent envahis par une végéta-

5.

tion qui renferme des plantes mellifères telles que la
Vipérine (voyez fig. 1 ; la plante la.plus grande), les Chardons, les Linaires, les Pastels, etc. (1).

Fig. 80. — Érable Faux-sycomore [Fleurs d'un jaune verdâtre] (1/2 de la
grandeur naturelle).

Dans les Landes ce sont encore les bruyères qui présentent le plus de ressources pour les abeilles.

Parmi les endroits occupés par la végétation naturelle,

(1) Si l'on veut se rendre compte en détail de la végétation mellifère de la contrée, on peut se servir d'un des ouvrages appelés
Flores pour trouver le nom des plantes. Dans la *Nouvelle Flore*
de MM. G. Bonnier et de Layens (Paris, Paul Dupont, éditeur), les
plantes recherchées par les abeilles sont indiquées par un signe
spécial.

les plus mauvais sont les prés où dominent les graminées ; les prés salés ou la plupart des prés marécageux.

51. Plantes mellifères des champs et des

Fig. 81. — Sainfoin [Fleurs roses]
(1/3 de la grandeur naturelle).

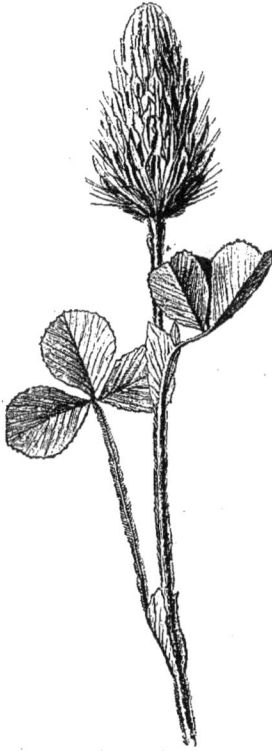

Fig. 82. — Trèfle incarnat [Fleurs
rouges, parfois blanches] (2/3 de grandeur naturelle).

prairies artificielles. — Si les ruches sont au milieu
des cultures, il est très important d'examiner quelle est
la nature des plantes cultivées.

La culture la meilleure pour les abeilles est sans contredit celle du Sainfoin (1) (fig. 81). On peut dire que si le rucher est entouré de champs de Sainfoin, on aura presque toujours une récolte de miel, même dans les années médiocres ; le miel de Sainfoin, connu dans le commerce sous le nom de *miel du Gâtinais*, est l'un des miels les plus estimés.

Fig. 83. — Minette [Fleurs jaunes] (Grandeur naturelle).

Les autres plantes fourragères à noter sont principalement : le Trèfle blanc (voir fig. 21), le Trèfle incarnat (fig. 82), le Trèfle hybride, la Minette (fig. 83), les Vesces et les Gesses. La Luzerne ne donne guère de miel que dans les secondes coupes, et souvent cette plante a très peu de nectar.

Il faut citer ensuite les champs de Colza (fig. 84) ou même de Choux qui peuvent donner au printemps une récolte importante. Le Sarrasin (fig. 85) fournit à l'automne un nectar abondant avec lequel les abeilles font un miel de médiocre qualité, mais recherché pour la fabrication du pain d'épices.

Les champs de Blé, de Seigle, d'Orge, d'Avoine, de Maïs, de Betteraves, de Lin, de Trèfle rouge (2), ne présentent pour ainsi dire aucune ressource pour l'apiculture, si ce n'est parfois lorsque ces champs mal cultivés

(1) Appelé aussi Esparcette ou Bourgogne.
(2) Les fleurs de Trèfle rouge sont trop longues pour que la trompe des abeilles puisse atteindre jusqu'au nectar ; ce n'est qu'exceptionnellement, quand la miellée est très abondante, que les abeilles peuvent y trouver de quoi faire du miel.

contiennent certaines mauvaises herbes mellifères qu'on peut trouver aussi sur le bord des chemins (Bleuet, Pissenlit, Vesce sauvage, Pied d'alouette, etc.).

Il ne faut pas oublier de signaler encore parmi les

Fig. 84. — Colza [Fleurs jaunes] (2/3 de grandeur naturelle).

Fig. 85. — Sarrasin [Fleurs roses ou blanches] (2/3 de grandeur naturelle)

plantes cultivées pouvant produire du miel, les Haricots, les Pois, les Fèves, les Oignons en fleurs.

Après la moisson, les champs sont parfois envahis par d'autres mauvaises herbes qui peuvent aussi rendre service aux abeilles: Épiaires, Galéopsis, Renouées, etc.

Nous ne parlerons pas des plantes cultivées dans les jardins, car malgré leurs brillantes couleurs elles sont, en général, peu ou pas visitées par les abeilles. On peut cependant citer quelques plantes de jardin qui sont

Fig. 86. — Abeilles sur les fleurs de Phacélia.

mellifères : les Myosotis, les Corbeille-d'argent (Arabette des Alpes), les Aster, les Phacélia (fig. 86), etc.

52. Arbres mellifères. — Les arbres qui sont plantés sur le bord des routes, dans les bois, dans les haies ou même cultivés dans les champs, dans les parcs, peuvent parfois donner une récolte très importante. Au printemps, il faut citer surtout les Saules, les Érables, les Abricotiers, les Pêchers, les Cerisiers et les

Fig. 87. — Robinier ou Faux-Acacia [fleurs blanches] (1/2 de grandeur naturelle).

Pruniers. Quant aux Pommiers et aux Poiriers ils sont rarement mellifères.

Plus tard, ce sont les Marronniers, puis les Robiniers ou Faux-Acacias (fig. 87) et les Tilleuls (fig. 88) ; le miel de ces trois arbres est souvent abondant.

53. Contrées plus ou moins favorables à

l'apiculture. — D'une manière très générale on peut conclure de tous les faits qui précèdent que :

Fig. 88. — Tilleul [fleurs jaunâtres] (1/2 de grandeur naturelle).

1° Si les ruches sont dans une contrée où dominent le Sainfoin et des plantes mellifères de prairies (Trèfle blanc), le Colza, la Minette et où se trouvent aussi des Tilleuls et des Faux-Acacias, la région est excellente pour l'apiculture, et le miel récolté est de bonne qualité.

2° Si les ruches sont dans une contrée où abondent le Sarrasin dans les champs, et les Bruyères dans les bois ou dans les landes, la contrée peut être aussi favorable à l'apiculture, mais le miel sera d'une qualité inférieure.

3° Si les ruches sont dans une contrée où dominent les bois, les abeilles trouveront ordinairement de quoi faire une petite récolte, mais la région sera rarement très favorable à l'apiculture

4° Si les ruches sont dans une contrée où domine la culture des Betteraves, des Céréales, du Lin, du Chanvre ou les Vignes, sans arbres mellifères ni prairies, le pays est mauvais pour l'apiculture ; on n'y fera jamais de récolte abondante.

54. Influence du climat sur la richesse mellifère.

1° *Climat des montagnes.* — On a remarqué que presque partout en France le climat des montagnes est favorable à la production du nectar dans les plantes et à la qualité du miel récolté (1).

Si l'on n'établit pas les ruches dans les hautes régions, où la saison est par trop courte, on peut dire que dans un pays de montagne, les abeilles seront souvent dans de bonnes conditions, surtout si le climat n'y est pas trop pluvieux.

2° *Climat méditerranéen.* — Il faut placer à part toute la région qui avoisine la Méditerranée et qui est caractérisée par la culture de l'Olivier. La végétation y est tout à fait particulière, et présente pendant l'été une longue période de repos. C'est surtout à la fin de l'hiver et au printemps que les plantes méditerranéennes (Romarin, Lavande, Thym, Sarriette, etc.) fournissent, dans les endroits non cultivés, dans les bois ou dans les garrigues, une abondante récolte d'un miel fort et parfumé.

3° *Autres climats.* — Il est moins facile de préciser l'influence du climat dans les autres régions.

On peut dire cependant que, à conditions égales, les climats tempérés de l'Ouest et du Sud-Ouest sont favo-

(1) Pour plus de détails, voir § 309.

rables à la production plus régulière du miel dans les saisons successives.

Le climat du Nord de la France peut être propice en certaines années; il est souvent trop froid ou trop humide; le climat de l'Est est meilleur.

55. Influence du terrain sur la richesse mellifère. — Ce n'est pas seulement la nature de la végétation, les cultures ou même le climat qui influent sur la production plus ou moins grande du nectar dans les fleurs. Une même espèce, le Sarrasin par exemple, donnera plus ou moins de miel suivant la nature du terrain sur lequel elle pousse.

C'est ainsi qu'en général on peut dire que, toutes les autres conditions étant pareilles, les mêmes plantes ne donnent pas la même quantité de miel sur tous les terrains (1).

RÉSUMÉ.

Valeur mellifère d'une contrée. — Celui qui veut installer des abeilles doit d'abord se rendre compte de la valeur mellifère de l'endroit où il se trouve, dans un rayon d'environ 2 kilomètres. Si, dans cette étendue de terrain, les cultures qui dominent sont les Betteraves, les Céréales, le Lin, le Chanvre, les Vignes, sans arbres mellifères ni prairies, le pays est mauvais.pour l'apiculture, et on ne pourra y cultiver les ruches que pour.son agrément.

Dans les autres cas, la richesse mellifère de la contrée dépendra des différentes sortes de plantes qui s'y trouvent, du climat et de la nature du sol.

Influence du climat. — En général, le climat des montagnes est favorable à la production du miel. Le climat méditerranéen facilite l'hivernage. Parmi les autres climats de France, ceux de l'Ouest et du Sud-Ouest présentent les saisons les plus régulières.

(1) Pour plus de détails, voir § 308.

CHAPITRE V

ÉTABLISSEMENT DU RUCHER

56. Le débutant et la ruche à cadres. — Nous avons vu quels sont les avantages des ruches à cadres; c'est ce genre de ruches que devra adopter le débutant qui veut employer la culture moderne des abeilles; c'est avec ces ruches qu'il aura le plus facilement une récolte importante, tout en évitant les opérations compliquées qu'exige la direction des ruches vulgaires, si l'on veut qu'elles soient productives (§ 195 et suivants).

Mais, si celui qui débute peut acheter ou même construire les caisses en bois et les cadres qui lui sont nécessaires (1), il est assez rare qu'il puisse s'en procurer avec des abeilles déjà installés dans les ruches à cadres. Le plus simple et le meilleur pour apprendre à conduire les abeilles sera d'acheter un certain nombre de ruches vulgaires peuplées qui seront destinées à être transvasées plus tard dans des ruches à cadres.

Ce transvasement est une première difficulté que rencontre toute personne voulant s'occuper d'apiculture. Nous allons voir dans ce chapitre et dans le suivant quel est le moyen de faire les transvasements sans se hâter, tout en profitant des ruches vulgaires achetées pour se familiariser avec le maniement des abeilles.

(1) Voyez G. de Layens, *Construction économique des ruches à cadres* (Paris, Paul Dupont, éditeur ; 0 fr. 60).

Ajoutons que s'il existe dans le voisinage un apiculteur exercé, son aide abrégera beaucoup l'apprentissage. Toutefois, nous supposerons dans ce qui va suivre que le débutant est livré à lui-même et qu'il ne reçoit conseil de personne.

57. Piqûres ; voile et gants. — Presque tous ceux qui veulent cultiver les abeilles sont arrêtés tout d'abord par l'idée qu'ils vont être criblés de piqûres. Cette crainte est exagérée. Voyons d'ailleurs comment on peut se protéger contre les piqûres, de quelle façon on peut les éviter, et comment on peut les guérir.

Lorsque le débutant aura à faire une opération d'apiculture, il pourra se garantir des piqûres en se servant d'un chapeau de paille à larges bords et qui porte un voile noir dont on introduit la partie inférieure dans les vêtements. Il doit en outre fermer les manches autour des poignets, soit à l'aide de ficelle, soit avec un élastique, et fermer de même le bas des pantalons.

Celui qui débute pourra aussi mettre de gros gants en toile forte ou en laine épaisse ; il y renoncera de lui-même au bout d'un certain temps, lorsqu'il aura l'habitude des abeilles. En se frottant les mains avec du citron, on a moins à craindre d'être piqué.

58. Abeilles à l'état de bruissement. — Pour faire une opération, il ne suffit pas de mettre obstacle aux piqûres des abeilles, il faut encore empêcher les abeilles d'être irritées ; car, s'il n'est pas piqué lui-même, l'apiculteur excitera les abeilles et courra le risque de faire piquer les autres personnes.

Il y a une précaution indispensable à prendre toutes les fois qu'on veut visiter une ruche, c'est de mettre les abeilles dans un état tel qu'elles ne cherchent plus à piquer ; elles battent alors des ailes et l'on entend un fort bourdonnement ; c'est ce qu'on appelle l'*état de bruissement.*

59. Enfumage. — On peut mettre les abeilles à l'état de bruissement en projetant de la fumée dans l'intérieur de leur habitation.

L'usage de l'enfumage est de la plus grande importance dans la pratique apicole.

Soufflons, sur une abeille, de la fumée produite en brûlant un chiffon ou simplement la fumée d'un cigare, nous verrons aussitôt l'abeille agiter ses ailes pour se débarrasser de la fumée, c'est là le bruissement. Lorsqu'on souffle de la fumée à l'intérieur de la ruche, les abeilles effrayées se gorgent de miel liquide, et on entend le bruissement.

On pourrait enfumer une ruche en se servant simplement d'un boudin de chiffon sur lequel on souffle ; mais cela est très incommode, et l'apiculteur fera mieux d'employer un instrument destiné à cet usage et que l'on appelle *enfumoir*.

60. Enfumoir ordinaire. — Un bon enfumoir est représenté par la figure 89.

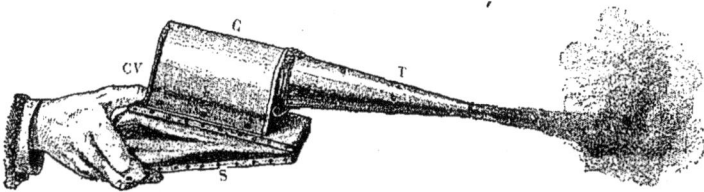

Fig. 89. — Enfumoir américain.

On allume de vieux chiffons, du bois pourri sec, du papier gris, de la bouse de vache desséchée ou n'importe quel combustible analogue que l'on introduit dans le

cylindre de fer-blanc C, après avoir relevé le couvercle CV ;
on le referme et on presse sur le soufflet S que l'on peut
tenir d'une seule main. La fumée s'échappe alors par
le tuyau conique T.

Lorsqu'on ne se sert pas de l'enfumoir, on le pose verticalement le tuyau en l'air; toutefois, on fera bien, pour
l'empêcher de s'éteindre, de faire jouer le soufflet de
temps en temps.

Le débutant devra s'exercer à se servir de l'enfumoir
avant de l'utiliser pour la première fois avec les abeilles,
car il faut savoir le manier de manière à ne pas le laisser
s'éteindre au milieu d'une opération.

61. Enfumoir mécanique. — L'enfumoir précédent
a l'inconvénient de ne fonctionner que lorsqu'on agit sur

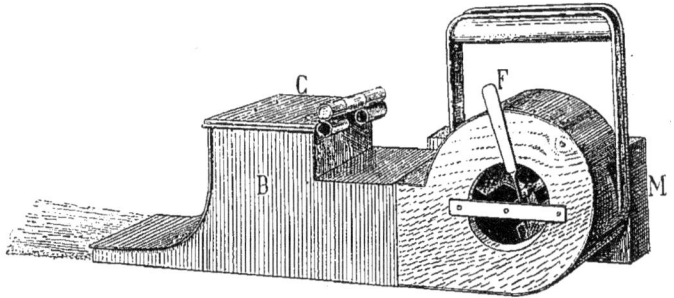

Fig. 90. — Enfumoir mécanique Layens. — B, boîte dans laquelle on met le
combustible; C, couvercle; M, mouvement d'horlogerie; F, frein.

le soufflet, et il occupe trop souvent une des mains de l'opé-
rateur ; la figure 90 représente un *enfumoir mécanique*
qui a l'avantage de lancer la fumée pendant toute l'opération, et même lorsqu'on n'y touche pas.

Cet enfumoir contient un mouvement d'horlogerie
qu'on remonte comme une pendule. On en fabrique
maintenant d'un prix peu élevé, et fonctionnant pendant

plus de vingt minutes ; ce temps est suffisant pour une longue opération sur une ruche. D'ailleurs on peut facilement le remonter.

Le meilleur combustible à employer pour l'enfumoir mécanique est une bande de toile, par exemple de toile d'emballage, roulée sur elle-même et entourée d'une ficelle.

Cet enfumoir est tellement commode que son emploi se répand de plus en plus ; d'ailleurs, comme il s'use beaucoup moins que les autres, il revient, en somme, à meilleur marché.

62. Comment on évite les piqûres; remèdes contre les piqûres. — Il n'est pas nécessaire de se servir d'un enfumoir lorsqu'on va inspecter les abeilles sans ouvrir les ruches. Dans la plupart des cas, on sera à l'abri des piqûres en prenant les précautions suivantes :

On évitera de se promener devant l'entrée des ruches, et l'on se placera en général du côté opposé.

Si l'on veut observer les abeilles à l'entrée de la ruche, on se tiendra sur l'un des côtés sans bouger. On évitera tout mouvement brusque ; les gestes des bras ou de la tête ne peuvent qu'exciter les abeilles.

Il est préférable d'inspecter les ruches dans la matinée ou dans la soirée.

Si une abeille vient autour du visiteur avec l'intention de le piquer, ce que l'on reconnaît généralement au son plus aigu qu'elle produit en volant, il doit se baisser tout doucement, et sans se presser s'éloigner vers l'ombre. Au bout de quelques minutes, l'abeille sera rentrée dans sa ruche et l'on pourra revenir au rucher.

Si l'on est piqué par une abeille, il faut s'éloigner des ruches, lorsqu'on n'est pas au milieu d'une opération qu'on ne peut quitter, car l'odeur du venin de la piqûre peut exciter les autres abeilles à piquer.

La première chose à faire, en ce cas, est de retirer l'aiguillon, de sucer la piqûre et de presser les chairs tout autour pour faire sortir le venin ; on lave ensuite l'endroit piqué avec de l'eau froide et on applique sur la plaie l'un des remèdes suivants :

On coupe un oignon et on frotte la partie coupée sur la piqûre ; on peut de même écraser sur la piqûre des feuilles de persil, d'absinthe ou de menthe, ou des baies de chèvrefeuille fraîches. De l'eau vinaigrée, de l'eau dans laquelle on a mis un peu de chaux vive, de l'alcali volatil, ou mieux encore une goutte d'acide phénique, du lysol ou du thymol font disparaître la douleur.

Un autre procédé consiste à approcher de la piqûre, au moment où elle vient d'être faite, et après avoir retiré le dard, un cigare allumé, jusqu'à ce qu'on ressente une sensation de forte chaleur, le venin de l'abeille perdant ses propriétés au-dessus de 50°.

Il est souvent utile aussi d'enduire l'endroit piqué avec du miel ou de l'huile. Dans le cas où par accident on aurait reçu un grand nombre de piqûres, après avoir enlevé les aiguillons, il serait bon de se frotter avec de l'alcool ou d'entourer les parties piquées avec des linges mouillés (1).

63. Précautions à prendre pour empêcher les voisins d'être piqués. — La première précaution à prendre, d'une manière générale, pour empêcher que les voisins se plaignent de l'établissement des ruches, c'est d'entretenir avec eux de bonnes relations en leur donnant de temps en temps un pot de miel ou un verre d'hydromel.

En dehors de cette précaution, il est bon de disposer ses ruches de façon à ce que les voisins ou les passants ne soient pas incommodés.

(1) Voyez aussi § 223.

Il faut d'abord remarquer que si les ruches sont dans une cour de ferme, entourée par des arbres, de grands bâtiments ou des murs, il n'y aura pas ordinairement de danger pour les voisins, car les abeilles, en sortant pour aller à la récolte devront d'abord franchir ces obstacles et ne penseront pas à piquer.

Il faut aussi faire attention, lorsque les ruches doivent être placées près d'un chemin, à ce que l'on ne laisse pas stationner des chevaux ou des bestiaux tout à côté des ruches.

Si, par mégarde, des animaux ont été piqués, on les frotte fortement avec de la paille pour enlever les aiguillons et on frictionne les parties piquées avec de l'alcool ou de l'acide phénique étendu d'eau. Lorsqu'on n'a pas ces substances à sa disposition, on asperge les animaux avec de l'eau froide ou, si l'on peut, on les fait entrer dans l'eau.

64. Circonstances qui rendent les abeilles irritables. — Lorsqu'on visite une ruche au commencement du printemps, les abeilles sont peu à craindre. Au contraire, après la grande récolte, quand les abeilles ne trouvent plus de miel au dehors, elles sont plus difficiles à manier.

D'autre part, par les grandes chaleurs ou par des temps lourds et orageux, les abeilles sont plus agressives au voisinage de leurs ruches.

D'ailleurs, l'apiculteur expérimenté sait reconnaître le temps plus ou moins favorable à la visite des ruches.

65. Achat de colonies. — L'emplacement étant choisi, et les ressources mellifères de la contrée étant connues, il s'agit maintenant de se procurer des ruches peuplées.

Pour le débutant, le plus simple est d'en acheter dans

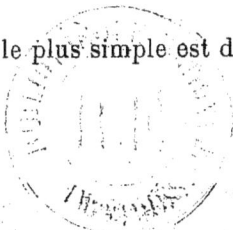

6

la contrée. Une question se pose alors : dans quelle condition et dans quelle saison pourra se faire l'achat des ruches ?

En trouve-t-on à vendre dans le pays? Consent-on à les vendre au printemps? Ne peut-on les acheter qu'au moment où l'on fait la récolte? Est-ce l'habitude du pays de ne vendre que les essaims venant de sortir d'une ruche? Autant de cas qui peuvent se présenter et qu'il faut examiner successivement.

De toute façon, il sera nécessaire de savoir reconnaître la valeur des ruches ou des essaims à vendre, et d'apprendre la manière de les transporter jusqu'à l'emplacement choisi (1).

66. Achat de ruches à l'arrière-saison. — Supposons d'abord qu'il existe déjà des ruches aux environs. Si l'on est dans un pays où les *marchands de miel* viennent acheter des ruches chez les cultivateurs pour les récolter et en vendre le miel, c'est à la fin de la saison qu'ils font ces achats. Dans ce cas, c'est aussi cette époque qu'il faut choisir pour acheter des ruches, car c'est le moment où les cultivateurs sont habitués à les vendre, et il s'établit alors chaque année un cours du prix des ruches.

Si l'on est dans une contrée où il n'y a pas de marchands de miel, et où l'on peut trouver à acheter des ruches à toute époque de l'année, c'est encore cette saison qu'il vaudra mieux choisir pour acheter des colonies, car on sera sûr, en les disposant soi-même comme il convient, de leur faire passer la saison d'hiver dans de bonnes conditions.

Nous allons donc supposer d'abord que l'achat des ruches sera fait dans les environs, et à l'arrière saison.

(1) Voir aussi § 229.

67. Reconnaître la valeur des ruches que l'on achète à l'arrière-saison. — Avant tout, si cela est possible, le débutant cherchera à trouver un apiculteur dans lequel il ait confiance, et qui même, pour un prix un peu plus élevé, lui céderait des ruches garnies d'abeilles et en bon état.

Si le débutant est livré à lui-même, de quelle manière devra-t-il s'y prendre pour choisir, ou, si on ne lui laisse pas le choix, pour apprécier la valeur des ruches ?

Il est évident qu'il ne devra pas faire exactement comme le marchand de miel qui recherche avant tout la lourdeur des ruches sans se préoccuper du bon état des abeilles.

Ce que doit rechercher le débutant, c'est d'acheter des ruches qui soient à la fois :

1° Bien peuplées d'abeilles ;

2° Incomplètement remplies de miel ;

3° Avec une provision suffisante pour l'hiver.

1° *La ruche à acheter doit être bien peuplée d'abeilles* parce qu'une colonie forte passera mieux l'hiver, et fournira au printemps une active population.

On reconnaîtra assez bien de la manière suivante que la ruche renferme beaucoup d'abeilles :

Si l'on examine les ruches par une belle journée de la fin de l'été, les ruches les plus fortes en abeilles sont celles qui ont le plus de butineuses rentrant dans la ruche ou en sortant.

2° *La ruche doit être incomplètement remplie de miel,* car si le miel descendait trop bas dans la ruche, les abeilles seraient obligées de passer la saison froide sur des rayons pleins de miel, ce qui est mauvais pour l'hivernage.

On reconnaîtra s'il n'y a pas trop de miel de la manière suivante, avec l'aide du vendeur :

Après avoir pris les précautions nécessaires pour ne pas être piqué, on commence par enfumer légèrement la ruche par l'entrée, puis on l'incline en continuant à enfumer jusqu'à ce que l'on entende un fort bourdonnement indiquant que les abeilles sont à l'état de bruissement (§ 58).

On regarde alors attentivement si les rayons du milieu sont vides vers la base, et à quelle distance ils commencent à contenir du miel, ce que l'on peut voir facilement en inclinant un peu les rayons avec la main (il pourra y avoir quelquefois encore un peu de couvain sur ces rayons, ce qui est toujours bon signe).

La ruche sera en bonne condition si le miel operculé (§ 24) ne commence à se trouver dans les cellules qu'à environ 15 centimètres de la base des rayons du milieu. On regardera en même temps si les bâtisses de la ruche sont trop noires, ce qui indique, comme nous le savons, qu'elles sont très vieilles (§ 30); il vaut mieux prendre une ruche dont les bâtisses sont encore jeunes pour la plupart.

3° *Il faut que la ruche ait une provision suffisante pour passer l'hiver.* On jugera de cette provision par le poids de la ruche dont on déduira le poids d'une ruche vide semblable. Cette différence qui donne le poids du contenu de la ruche ne doit jamais être inférieure à 16 kilogrammes ; un poids un peu plus fort sera préférable.

Dans la plupart des cas, si la ruche est en bois tressé ou en paille, le poids de la ruche vide est d'environ 4 à 6 kilogrammes. La ruche que l'on achète devra donc peser au moins 21 kilogrammes.

Il faut remarquer toutefois qu'il y a certaines contrées où les ruches communes sont très petites, et où il serait impossible de trouver le poids voulu ; dans ce cas, on achètera les ruches qui remplissent les deux premières conditions, mais on sera peut-être obligé de les nourrir au printemps avec du sucre (§ 87).

Ajoutons que, si l'on achète les colonies dans un rucher important, il y a souvent des ruches de différentes grandeurs ; à égalité de conditions, on choisira les plus grandes, parce qu'elles seront plus favorables au développement de la population et à la récolte (§ 246, II). De plus, il sera prudent de marquer par un signe quelconque les ruches dont on a fait l'achat.

En somme *il ne faut rien négliger pour se procurer de bonnes ruches,* dû-t-on les payer un peu cher ; c'est le point de départ de l'établissement que l'on va fonder, et tout l'avenir du rucher dépend d'un bon début.

Comme on le dit vulgairement : pour réussir, il faut commencer avec des « ruches lourdes et bien mouchées ».

68. Achat de ruches à la fin de l'hiver. — Si l'on trouve à acheter des ruches à la fin de l'hiver, et si l'on peut s'assurer qu'elles ont bien passé l'hiver, il est alors avantageux de faire leur acquisition en cette saison ; les colonies que l'on achète au premier printemps devront remplir à la fois les conditions suivantes :

1° Être bien peuplées d'abeilles ;

2° Être suffisamment pourvues de miel pour atteindre la grande récolte ;

3° Avoir bien passé la saison d'hiver.

1° On pourra reconnaître que les ruches sont bien peuplées en examinant pendant quelque temps l'entrée des ruches par une belle journée où les abeilles sont très actives. Les colonies qui montrent à l'entrée le plus grand nombre d'ouvrières sortant et rentrant sont les plus populeuses.

6.

2° On jugera de la provision de miel par le poids comme précédemment. Il faudra que le contenu de la ruche soit au moins de 10 kilogrammes, déduction faite du poids de la ruche, ce qui fait que dans la plupart des cas, la ruche garnie doit peser 13 à 16 kilogrammes.

3° En prenant toujours les précautions nécessaires pour ne pas être piqué, on enfumera la ruche par l'entrée, et, en l'inclinant, on regardera si les rayons sont moisis ; en ce cas, il serait préférable d'en choisir une autre. On regardera en même temps, en écartant les rayons, et avec l'aide du vendeur, s'il y a du couvain en masse compacte dans des cellules d'ouvrières des rayons du milieu, ce qui est une bonne condition (§ 137). Si la ruche ne renferme que du couvain de mâles soit dans les grandes cellules, soit dans les petites cellules à couvercles très bombés (§ 84), c'est que la ruche est désorganisée ; il faut se garder de l'acheter.

Lorsque l'on achète les ruches au printemps, on doit les prendre *à plus de deux kilomètres* de l'endroit où on veut les mettre ; car si on les prenait trop près, un certain nombre d'abeilles retourneraient par habitude à leur ancienne place et seraient perdues pour l'acheteur.

69. Cas où l'on ne peut acheter que des essaims. — Il y a des pays où les possesseurs d'abeilles refusent de vendre des ruches peuplées aussi bien en automne qu'au printemps, et ne consentent à vendre que des essaims (§ 39).

Dans ce cas, il vaut mieux acheter des ruches dans un autre pays et les faire transporter (§ 74).

Si cependant l'on ne peut pas se procurer des abeilles autrement qu'avec des essaims, on mettra directement ces derniers dans des ruches à cadres (§ 107). Mais organiser un rucher en prenant comme point de départ des essaims, presque toujours achetés sans garantie suffisante,

est une chose dangereuse, car bien souvent un essaim
n'a pas le temps de faire une provision de miel suffisante
pour passer l'hiver.

En tout cas, il ne faut jamais acheter que des essaims
primaires (§ 41), car les essaims secondaires ou tertiaires
seront généralement trop faibles pour faire leur provision d'hiver.

70. Prix des ruches et des essaims. — Le prix
des ruches varie naturellement suivant les régions et
suivant les années.

Une bonne ruche achetée à l'automne dans les conditions dont on a parlé plus haut vaut de 10 à 20 fr.
On peut dire d'une manière très générale qu'en Bretagne on en trouvera pour 10 à 14 fr. ; dans le centre
de la France pour 12 à 16 fr. ; en Normandie et dans
le Nord pour 15 à 20 fr. ; en Champagne et en Bourgogne pour 16 à 22 fr., aux environs de Paris pour 20
à 25 fr. etc. ; les prix sont parfois plus élevés, lorsque
la saison précédente a été très mauvaise. Dans beaucoup d'endroits, on vend les ruches au poids ; on les
paye alors de 0 fr. 50 à 1 fr. le kilogramme, déduction
faite du poids de la ruche.

Le prix des essaims peut varier de 5 à 10 francs. Si on
est obligé de prendre des essaims, il faut les acheter le
plus gros possible ; ils ne doivent pas peser moins de
2 kilogrammes et, comme on vient de le dire, il ne faut
acheter que des essaims primaires.

71. Emplacement des ruches. — Une fois les ruches achetées dans les conditions que nous venons de
dire, soit à l'automne soit au printemps, avant de les
transporter à l'endroit où elles doivent être placées, il
faut tout disposer pour les recevoir.

Et d'abord, il faut choisir dans la propriété le meilleur
emplacement.

Nous supposons que le débutant commence son exploitation avec trois ou quatre ruches; ce nombre est suffisant pour étudier le maniement des abeilles et il serait imprudent pour un novice de débuter avec un trop grand nombre de ruches.

Si cela est possible, il sera bon de placer les ruches dans les conditions suivantes :

1° Non trop près les unes des autres ;

2° A l'abri des vents ;

3° A l'ombre ;

4° Loin d'une grande étendue d'eau.

1° Lors de la sortie d'une jeune mère, il est de la plus haute importance que celle-ci, fécondée, ne se trompe pas de ruche en rentrant, sans quoi la ruche pourrait devenir orpheline. Or, la jeune mère aura beaucoup moins de chance de confondre entre elles les colonies si celles-ci ne sont pas trop près les unes des autres. En outre, les ouvrières, dans leurs sorties habituelles, retrouveront plus facilement leur ruche.

Donc, contrairement à ce que l'on voit d'habitude, il est bon d'éloigner autant que possible les ruches les unes des autres de quelques mètres, et si l'on ne peut les éloigner autant, il faut éviter de les disposer en lignes trop régulières.

2° Nous avons vu que les abeilles rentrent fatiguées de la récolte ; au moment ou presque épuisées elles arrivent près de leur demeure, le vent peut les abattre et par les temps froids elles peuvent ne plus se relever. On mettra donc les ruches, grâce à un bâtiment, un mur ou des arbres, à l'abri des vents qui dominent dans le pays.

3° Par les grandes chaleurs, il peut arriver que la cire des rayons se ramollisse et que les rayons s'affaissent.

Lorsque ce sera possible, il vaudra donc mieux installer les colonies à l'ombre qu'en plein soleil.

Les colonies se trouveront bien d'être à l'ombre des

arbres et même, si c'est possible, dans un bois, ce qui est en définitive leur station naturelle, à condition que ce soit près de la lisière du bois.

4° Il faut éviter, si l'on peut, le voisinage immédiat d'une grande rivière ou d'un lac, car les abeilles sont gênées dans leur trajet par une grande étendue d'eau et le vent peut les y noyer.

72. Support des ruches ; plateau. — Pour éviter l'humidité, il faut que les ruches soient placées à une certaine hauteur au-dessus du sol ; il est donc nécessaire de disposer d'avance, sur des supports, les *plateaux* qui doivent recevoir les ruches.

Fig. 91. — Un plateau P sur son tabouret T.

Comme nous supposons que le débutant doit installer sur ces plateaux des ruches ordinaires, qui devront être plus tard transformées sur place en ruche à cadres, il est préférable d'établir immédiatement les plateaux qui conviennent pour ces dernières ruches. D'autre part, cela sera très avantageux au moment du transvasement, car les abeilles savent parfaitement reconnaître le plateau de leur habitation, et lorsqu'on changera la ruche vulgaire en ruche à cadres, elles reviendront plus facilement dans leur nouvelle demeure dont elles reconnaîtront le plateau qui n'aura pas changé. Les supports pourront être en briques, en pierre ou mieux en bois.

La figure 91 représente un plateau P situé sur un support en bois T appelé tabouret, qui a l'avantage de pouvoir être facilement transporté.

Les supports ou tabourets doivent être placés de telle

façon que l'on puisse circuler librement autour de la ruche.

73. Abreuvoir. — Nous avons vu (§ 19), que les abeilles doivent nécessairement récolter de l'eau pour délayer le miel ou préparer la nourriture des larves ; si elles n'en trouvent pas à proximité dans les ruisselets, dans les fossés ou dans de petites mares, il est utile d'établir un *abreuvoir* pour les abeilles.

Cet abreuvoir se composera, par exemple, d'un baquet ou d'un fond de tonneau dans lequel on entretiendra de l'eau et où l'on fera flotter des morceaux de bois ou des bouchons afin que les abeilles puissent s'y poser en prenant de l'eau.

74. Transport des ruches. — Maintenant que les ruches sont achetées, et que les supports et les plateaux sont prêts à les recevoir, il s'agit de les transporter à l'endroit où l'on veut les établir.

Si les ruches ont été achetées à l'automne, non loin de la place choisie, on pourra simplement les transporter sur une brouette, de la manière suivante :

On attendra, pour faire ce transport, que les abeilles ne sortent pour ainsi dire plus journellement de leurs habitations, mais il faut éviter les temps de gelée, parce que les abeilles qui se détacheraient pendant le transport ne pourraient plus, à cause du froid, regagner le groupe d'abeilles.

Lorsqu'on se propose de transporter les ruches, on doit prendre des toiles d'emballage assez grandes pour pouvoir les envelopper complètement.

Vers le soir du jour choisi pour le transport, après avoir enfumé légèrement chaque ruche par l'entrée, on la soulève et on étend la toile sur le plateau ; on repose la ruche sur cette toile.

L'entoilage des ruches pour le transport doit se faire

après le coucher du soleil, afin d'être sûr que toutes les abeilles sont rentrées.

S'il est nécessaire, on enfume encore légèrement la ruche, puis on l'enveloppe complètement dans la toile d'emballage qui a été disposée sous la ruche. On replie cette toile en la fermant de manière à ne pas laisser les abeilles s'échapper, tout en leur permettant de respirer grâce à l'air qui circule à travers les larges mailles de la toile.

On place ensuite un coin sous l'un des côtés de la ruche entoilée (fig. 92) afin de laisser l'air circuler sous la toile.

Lorsque chaque ruche à transporter est disposée de cette manière, on met de

Fig. 92. — Ruche entoilée prête à être transportée.

la paille sur la brouette qui doit la recevoir. On dispose ensuite la ruche enveloppée sur cette paille en la maintenant par de la paille placée sur les côtés, de façon à ce que les bâtisses soient verticales et dans le sens de la brouette; on évite ainsi de laisser les rayons s'affaisser les uns sur les autres. On a eu soin de mettre deux baguettes de bois sous la ruche pour assurer le renouvellement de l'air. Pendant le transport, on évitera les chocs ou les mouvements brusques qui pourraient secouer par trop les abeilles.

Lorsque l'on est arrivé devant le plateau où la ruche doit être installée, on l'y place toute enveloppée, et on la

maintient soulevée sur une cale; on enfume un peu à travers la toile que l'on retire ensuite avec précaution ; puis on recouvre la ruche de son capuchon de paille.

S'il y a des abeilles restant accrochées sur la toile, on les détache légèrement, à l'aide d'une plume d'oie par exemple, en les faisant tomber sur le plateau où elles iront rejoindre les autres ; puis on retire la cale

La ruche est ainsi transportée et installée.

Il est bien entendu que pour ces opérations : pose des toiles, emballage et installation, le débutant fera bien de se munir d'un chapeau avec voile.

On peut aussi transporter une ruche entoilée à dos d'homme (fig. 93), au bout d'un bâton ou sur une hotte;

Fig. 93. — Transport des ruches à dos d'homme.

dans ce dernier cas on dispose la ruche enveloppée, de manière qu'elle soit à l'envers dans la hotte.

S'il s'agit d'un transport à d'assez grandes distances, ou s'il faut aller chercher à la gare du chemin de fer des colonies achetées au loin, il est alors nécessaire de les transporter en voiture (ou à l'aide de mulets dans les pays de montagnes, sans routes accessibles).

La voiture qu'on emploie doit être suspendue. Dans le fond de la voiture, on placera un épais lit de paille ; c'est sur cette paille et sur des baguettes qu'on disposera les ruches enveloppées comme on l'a dit plus haut; on les maintiendra serrées les unes à côté des autres et solidement fixées dans la paille au moyen de cordes afin de les mettre à l'abri des cahots de la route.

Pour les transports à assez grande distance, on trouve dans le commerce, des toiles avec un grillage métallique au milieu, disposées de façon à permettre plus facilement aux abeilles de respirer.

S'il faisait chaud, il serait très dangereux d'exécuter ce transport dans la journée, et de toute manière, il sera plus prudent de le faire pendant la nuit.

Si la ruche qu'on a achetée a des rayons très récemment bâtis, et par conséquent très fragiles, on prendra les plus grandes précautions pendant le transport, pour éviter les chocs qui pourraient briser les rayons.

75. Transport des essaims. — Dans le cas où l'on a été obligé d'acheter des essaims, si c'est à très petite distance, on les transporte simplement, le soir, dans la ruche vulgaire où on les a recueillis, en entoilant la ruche avec précaution.

Si l'on a acheté des essaims à une assez grande distance, on donnera d'avance à celui qui doit les fournir, des caisses construites spécialement dans ce but.

Une caisse pour ce transport a son fond remplacé par une toile métallique à mailles assez rapprochées pour empêcher les abeilles de passer, et garnie d'un couvercle ayant également une toile métallique

Le vendeur recueille un essaim dans cette caisse comme il le recueillerait dans une ruche vulgaire ; quand toutes les abeilles y sont entrées, il ferme la boîte et peut l'apporter à destination.

Nous avons dit que lorsqu'on est forcé d'acheter un essaim, on l'installera directement dans une ruche à cadres (§ 107).

76. Hivernage des ruches vulgaires achetées. — Supposons que l'on ait fait l'acquisition de colonies à

7

l'automne ; une fois qu'elles sont transportées et installées, il s'agit maintenant de les disposer pour l'hivernage.

Disons tout de suite qu'*un bon hivernage est un point
capital pour réussir en apiculture.*

Trop souvent, les apiculteurs ne savent pas hiverner
les ruches, et c'est l'une des causes des mécomptes que
présente pour beaucoup d'entre eux la culture des
abeilles.

Fig. 94. — Ruche vulgaire en hivernage.

L'hivernage étant un
point capital, le débu-
tant ne saurait trop
donner d'attention à
cette première opéra-
tion, d'où dépend, pour
ainsi dire, l'avenir des
ruches qu'il vient d'a-
cheter.

Ce qu'il faut bien
comprendre avant tout
dans cette question,
c'est que les abeilles
groupées dans leur
ruche craignent moins
le froid que l'humidité ;
à tout prendre, il vaut
mieux qu'une ruche,
pendant l'hiver, soit trop exposée aux courants d'air
intérieurs, que d'être trop hermétiquement close et
calfeutrée. Si, craignant avant tout le froid pour ses
abeilles, on ferme la ruche de tous les côtés, ne laissant
qu'une entrée très petite, de façon que l'air ne puisse
pas se renouveler facilement dans la ruche, on courra
risque de trouver au printemps les rayons moisis et les
abeilles malades, quelquefois beaucoup d'abeilles mortes :
on hivernera mal ses abeilles.

Voici comment on devra faire l'hivernage, à la fois de la manière la plus simple et la meilleure :

Le soir, après avoir enlevé le capuchon, on soulève la ruche doucement, et on place dessous trois cales d'environ 5 millimètres d'épaisseur, par exemple des morceaux d'ardoise, une à droite, une à gauche et une derrière. De cette façon, le renouvellement de l'air se fera parfaitement dans la ruche pendant la mauvaise saison.

Mais la ruche présente, du côté de l'entrée, un espace par lequel les mulots pourraient s'introduire pendant l'hiver. Pour les empêcher de pénétrer dans la ruche, on coupe une bande d'un grillage (fig. 94) qui permet aux abeilles de sortir, tout en empêchant leurs ennemis d'entrer. On fixe cette bande de grillage avec du fil de fer de manière à ce qu'elle touche le plateau par en bas, et à ce qu'elle soit appliquée contre la partie inférieure de la ruche. Ce grillage peut d'ailleurs être remplacé par une série de clous longs et minces fixés dans le plateau devant l'entrée.

On remet ensuite le capuchon, qu'on fera bien de faire descendre plus bas que le plateau si c'est possible ; puis on maintient la paille du capuchon contre la ruche au moyen d'un cercle de tonneau, par exemple.

Ainsi aménagée, la ruche est prête pour l'hivernage : elle ne craindra ni le manque d'air, ni l'humidité, ni les mulots ; la ruche se trouve d'ailleurs garantie contre le froid et la pluie par le capuchon de paille.

Une fois ces dispositions prises, on laissera les ruches sans y toucher pendant tout l'hiver.

Dans les pays où les tourmentes de neige sont à craindre, il est prudent de ne pas hiverner, comme on vient de le dire, car la neige fine s'insinuant sous la ruche pourrait s'y accumuler.

On peut laisser la ruche sans cales, en se contentant

de mettre devant l'entrée un morceau du grillage dont
il vient d'être question ; et c'est d'une autre manière que
l'on donne de l'air. Le plus simple est alors de remplacer
le plateau par un autre dans lequel on aura percé un
trou carré de 15 centimètres de côté ; ce trou sera fermé
par un grillage.

RÉSUMÉ.

Précautions contre les piqûres. — Pour les premières
opérations à faire, le débutant doit se munir de voile et de
gants pour se garantir des piqûres, et il faut qu'il apprenne
à faire manœuvrer l'enfumoir, qui sert à maîtriser les abeilles.

Achat de ruches. — Lorsqu'on débute en apiculture, il
est prudent de ne commencer qu'avec un petit nombre de ruches. Quand on a choisi leur emplacement, à l'abri des vents
et à l'ombre si c'est possible, le meilleur est d'acheter des
ruches peuplées, plutôt que d'acheter des essaims. On fera de
préférence cet achat à l'arrière-saison.

Une ruche que l'on achète à cette époque doit être à la fois
bien peuplée d'abeilles, incomplètement remplie de miel et
ayant cependant une provision suffisante pour l'hiver.

Avant d'installer les ruches, on dispose, à l'endroit choisi, des
plateaux supportés par des tabourets. On transporte alors les
ruches achetées, après les avoir entoilées, et avec toutes les
précautions nécessaires.

Hivernage. — Les ruches étant transportées et installées,
on les dispose pour un bon hivernage, opération capitale
pour réussir en apiculture. Les ruches sont aménagées de
façon à ne craindre ni le manque d'air, ni l'humidité, ni les
rongeurs. Elles sont garanties contre la pluie et le froid par
leur capuchon de paille, et on les laisse ainsi pendant tout
l'hiver sans y toucher.

CHAPITRE VI

OPÉRATIONS DU PRINTEMPS DE LA PREMIÈRE ANNÉE.

77. Apprentissage du débutant. — Celui qui débute en apiculture doit apprendre avant tout à savoir manipuler les abeilles; il faut qu'il trouve le temps de consacrer de nombreux instants pendant la première année aux diverses opérations; il faut qu'il visite souvent les ruches aux époques les plus variées de l'année; en un mot, il doit acquérir cette habitude des abeilles absolument nécessaire à tout apiculteur. C'est grâce à cet apprentissage, pour lequel il ne ménagera ni son temps, ni son travail, qu'il saura plus tard gouverner ses abeilles avec sécurité en y consacrant le moins de temps et de travail possibles.

Il ne faut pas oublier que nulle connaissance sérieuse ne peut s'acquérir sans effort, et que dans cette branche de l'agriculture, comme dans les autres, on ne saurait établir sans peine une source durable de revenu.

Le débutant qui veut créer son rucher à l'aide de ruches à cadres mobiles se trouve presque toujours forcé de commencer avec des ruches vulgaires. Comme dans bien des cas, même lorsque ses abeilles seront installées dans des ruches à cadres, il aura encore à manier des ruches vulgaires, il fera bien de faire avec ces ruches son premier apprentissage en apiculture; de la sorte, on peut presque dire que pour se préparer à devenir

bon apiculteur mobiliste, il est très utile de savoir se
servir des ruches fixes.

78. Fin de l'hivernage des ruches achetées à l'automne précédent.

— Lorsque viennent à s'é-
panouir les premières fleurs après la saison d'hiver,
c'est-à-dire à l'époque où commencent à fleurir Saules,
Peupliers, Abricotiers, Violettes, Giroflées ou Anémones,
c'est le moment d'aller sortir de l'hivernage les ruches
que l'on a achetées à l'automne précédent et de passer
leur inspection.

On commencera par enlever les cales qui sont entre
les ruches et le plateau, ainsi que les bandes de grillage qui étaient fixées avec du fil de fer. S'il s'agit d'une
ruche placée sur un plateau à trou grillagé, on remplacera ce plateau par un plateau ordinaire.

L'intervalle que nous avons laissé pour aérer la ruche en hiver, n'est plus utile maintenant que les abeilles
sortent journellement, et de plus, une grande chaleur va
être nécessaire dans la ruche pour favoriser le développement du couvain.

On attendra pour visiter les colonies qu'on ait vu les
abeilles sortir activement pour aller récolter le miel, le
pollen ou l'eau depuis une huitaine de jours, et cela
dans le but de leur laisser le temps de se réorganiser
régulièrement pour la saison qui commence (1).

Supposons que, par une belle journée, quand les
abeilles sont très actives, nous fassions la visite des
ruches, nous examinerons successivement chacune
d'elles ; cette visite du printemps est indispensable, car il
faut connaître exactement l'état de chaque colonie pour
les opérations à faire.

---

(1) Dans une visite trop précoce, la ruche n'étant pas encore
réorganisée pour le travail, on a vu quelquefois les abeilles tuer
leur mère.

Nous allons supposer successivement tous les cas qui peuvent se présenter.

79. Ruche en excellent état après l'hivernage; visite d'une ruche vulgaire (1). — La ruche étant posée sur le plateau, enfumons les abeilles à l'entrée

Fig. 95. — Couteau droit.

(fig. 97); puis soulevons la ruche sur une cale de quelques centimères d'épaisseur et continuons à enfumer doucement jusqu'à ce que les abeilles soient à l'état de bruissement (§ 58). Retournons alors la ruche et plaçons-

Fig. 96. — Couteau recourbé.

la à l'envers sur un escabeau renversé. Raclons le plateau avec un couteau et débarrassons-le de tous les débris ou abeilles mortes qui peuvent s'y trouver. De temps en temps, n'oublions pas de projeter un peu de fumée dans la ruche pour y maintenir l'état de bruissement.

En repoussant la masse des abeilles avec de la fumée (ce que le débutant prendra l'habitude de faire très facilement), nous mettons à nu les bâtisses, de façon à pouvoir les examiner avec soin. Nous constatons d'abord que les gâteaux de cire ne sont pas moisis; en continuant à écarter les abeilles avec de la fumée, portons maintenant

(1) Il est nécessaire, pour cette visite, d'avoir les objets suivants : 1° un chapeau avec voile et un enfumoir prêt à fonctionner; 2° un long couteau de cuisine ou mieux le couteau droit et le couteau recourbé que représentent les figures 95 et 96; 3° un tabouret ou escabeau; 4° une plume d'oie ou une brosse à abeilles (fig. 129), une vrille et un long morceau de fort fil de fer; 5° un carnet et un crayon.

notre attention vers le centre des rayons du milieu, pour
voir s'il y a du couvain operculé (*c*, fig. 36). Si nous n'en
voyons pas, n'hésitons pas à couper profondément l'un
de ces rayons du milieu au moyen d'un long couteau de
cuisine pour en enlever un morceau (fig. 98); puis, à
l'aide d'une plume d'oie, faisons tomber dans la ruche
renversée, les abeilles qui peuvent être sur ce rayon.

Fig. 97. — Enfumage d'une ruche vulgaire.

En examinant ce morceau de rayon, nous y remarquons généralement du couvain operculé d'ouvrières
(§ 26), ou au moins des œufs et des larves de tout âge
dans des cellules d'ouvrières. Ceci nous prouve que la
ruche a une mère, et la masse des abeilles qui était
répandue dans quatre ou cinq intervalles des rayons
nous montre que la population est forte. Remettons la
ruche sur son plateau. Quant à la provision de miel restant dans la ruche, nous avons déjà pu juger par le poids

total qu'elle est probablement suffisante ; si nous voulons nous en assurer d'une manière plus certaine, nous n'avons qu'à percer un trou à l'aide d'une vrille vers le tiers supérieur de la ruche, introduisons par ce trou un fort fil de fer ; retirons-le, il est enduit de miel.

Revenons le lendemain matin examiner l'entrée de la ruche ainsi installée, et si le temps est encore favorable, comme la veille, nous verrons entrer et sortir un très

Fig. 98. — Visite d'une ruche vulgaire.

grand nombre d'ouvrières. Beaucoup d'entre elles rapportent du pollen.

Si le résultat de la visite de cette ruche est tel que nous venons de le décrire, on peut dire que l'état de la colonie est excellent. Nous le notons sur un carnet en regard du numéro correspondant à cette ruche.

80 Ruche faible mais bien hivernée. — En visitant une ruche comme on vient de le dire, il peut se faire qu'on ne la trouve pas aussi forte que la précédente, mais les abeilles y forment un groupe bien serré vers le milieu de la ruche et l'on y reconnaît du couvain

7.

d'ouvrières. On s'assure, comme pour le cas précédent, que les rayons, ne sont pas moisis et que la provision de miel est suffisante. Regardons les abeilles à l'entrée de cette ruche par une belle journée de printemps; nous y voyons un allée et venue d'abeilles peu nombreuses, aussi actives toutefois que celles d'une plus forte ruche.

Cette colonie est faible, mais elle a bien hiverné ; il peut se faire qu'elle ait une bonne mère, et que sa population augmente considérablement pendant la saison et la mette au niveau des plus fortes.

81. Ruche forte ayant mal hiverné. — Si, en visitant la ruche, nous y trouvons un grand nombre d'abeilles mortes tombées sur le plateau, et d'autres cadavres d'abeilles accumulés entre les rayons, dont l'agglomération nuit au passage de l'air ; si en outre, il y a beaucoup de rayons moisis, la ruche a mal hiverné. Sans doute, on n'aura pas pris les précautions d'aération indiquées plus haut, ou, par suite d'une circonstance quelconque, l'espace libre au-dessous de la ruche se sera trouvé obstrué.

Toutefois, nous trouvons dans la ruche un groupe important d'abeilles et nous constatons qu'il y a du couvain d'ouvrières.

Enlevons les rayons moisis en les coupant ; détachons avec une plume d'oie tous les cadavres d'abeilles qui bouchent l'intervalle des rayons, raclons le plateau et réinstallons la ruche comme les autres. Cette colonie est encore forte, mais à en juger par l'énorme quantité d'abeilles mortes et par l'humidité qui s'y trouvait, la population a souffert pendant l'hiver et il est probable que beaucoup d'ouvrières sont encore malades. La colonie peut se relever ; mais il est possible que cette forte ruche reste assez médiocre.

82. Ruche qui n'a plus de miel. — Un autre cas

plus funeste peut se présenter. Voici une ruche dont on ne voit pas sortir d'abeilles · en enlevant le grillage et les cales d'hiver, et en soulevant la ruche qui pèse rès peu, nous trouvons une masse d'abeilles qui semblent mortes sur le plateau; les abeilles qui sont entre les rayons sont aussi sans mouvement, beaucoup d'entre elles ont le corps plongé dans les alvéoles vides; c'est que la ruche n'a plus de miel.

Sont-elles mortes ou simplement engourdies ? Si en essayant d'en réchauffer quelques-unes avec l'haleine, on voit quelque mouvement se produire, on a l'espoir de sauver, au moins en partie, la colonie.

Dans ce but, on reverse dans la ruche retournée les abeilles du plateau, car elles pourraient être vivantes; on enveloppe soigneusement avec une toile d'emballage la ruche maintenue retournée, et on la transporte ainsi dans une chambre chaude.

On prépare alors du sirop de sucre tiède, moitié sucre, moitié eau, et on en verse un verre sur la surface de la toile, en haut de la ruche retournée. Si la plupart des abeilles ne sont qu'engourdies, la chaleur de la pièce et le sirop de sucre qu'elles reçoivent à travers la toile les raniment. Vers le soir, on transporte la ruche au rucher, puis on la retourne et on la pose sur le plateau, sans enlever la toile, en mettant une cale d'un côté afin de permettre le renouvellement de l'air. Le lendemain matin, on enfume légèrement la ruche, puis on enlève la toile et la cale. Les jours suivants on la nourrira (Voy. § 87 et suivants).

83. Ruche morte. — Si, dans le cas précédent, les abeilles ne sont pas ranimées, la colonie est morte faute de nourriture. Mais il peut arriver aussi qu'on trouve une colonie morte dans une ruche contenant encore beaucoup de miel. Cela peut tenir à ce que la ruche est devenue orpheline au commencement de l'hiver, ou à toute autre cause accidentelle. Dans ce cas, nous trouverons le groupe d'abeilles mortes sur des rayons complètement vides de miel, et cependant non loin de là nous voyons des rayons de miel operculé sur les côtés de la ruche. Comment s'expliquer ce fait, qui au premier abord semble assez étrange ?

C'est que les abeilles n'avaient pas au-dessus d'elles dans les rayons qu'elles occupent, une provision de miel suffisante, de façon à pouvoir monter progressivement le long de ces mêmes rayons pendant une période de froid continu ; elles n'ont eu, pendant ce temps, aucun jour assez chaud pour leur permettre de changer de rayons afin de gagner une autre partie de la ruche pleine de miel. Ayant absorbé tout ce qu'elles pouvaient prendre dans l'intervalle où elles se trouvaient, elles meurent d'inanition, faute de pouvoir se transporter là où il y a du miel. On verra que c'est une des raisons pour lesquelles on conseille d'avoir des ruches où les rayons soient à la fois très grands et plus haut que larges.

Nous allons dire ce que l'on doit faire de cette ruche morte (§ 85).

84. Ruche désorganisée (orpheline ou bourdonneuse). — Il peut se faire que la ruche que nous visitons montre par rapport aux autres une faible activité, et que, de plus, les quelques abeilles qui entrent et sortent semblent peu pressées ou inquiètes. De temps en temps, on voit une ouvrière qui, au lieu de sortir affairée pour aller vivement vers une direction déterminée, semble ne pas savoir où elle va se diriger ; de même, une abeille qui rentre paraît hésitante, au lieu de franchir rapidement l'entrée ; il arrive même parfois, chose tout à fait singulière, qu'on voit *sortir* une abeille avec du pollen. On ne voit jamais les abeilles faire leur « soleil d'arti-

fice » (§ 11). Cependant, la ruche contient encore une
provision de miel. D'où vient ce manque d'activité ?

Enfumons et visitons. Même en cherchant très haut
dans les rayons, nous ne trouvons pas de couvain ou, si
nous en trouvons, c'est uniquement du couvain de mâles
(§ 27), soit dans les cellules de mâles, soit même dans
celles d'ouvrières, dont le couvercle est alors beaucoup plus bombé (*m*, fig. 52).

A tous les signes que nous venons de constater, il est à
présumer que la ruche est désorganisée. Elle est sans
doute orpheline (c'est-à-dire sans mère) ou bourdonneuse (§ 35).

Cependant, il pourrait se faire à la rigueur que les
œufs ou les larves qui sont dans les petites cellules puissent être des œufs ou des larves d'ouvrières ; il nous est
impossible de le savoir actuellement. Par prudence,
notons simplement cet état de la ruche et revenons la
visiter quinze jours après. Si alors nous ne voyons pas de
couvain d'ouvrières operculé, la ruche est définitivement
jugée : elle est *désorganisée*, c'est-à-dire orpheline ou
bourdonneuse.

**85. Que fait-t-on d'une ruche morte ou désor-
ganisée ?** — Il n'y a aucun espoir, en laissant une ruche
désorganisée dans le rucher, de la voir se rétablir, car
ou bien elle ne possède pas de mère, ou bien elle en a
une qui est désormais incapable de pondre des œufs
d'ouvrières. Faut-t-il la laisser à sa place ? Non, car elle
pourrait être pillée ; d'ailleurs, les abeilles qui y sont
encore peuvent rendre quelques services dans les autres
ruches. Or, rien n'est plus facile que de les faire admettre
par les autres colonies.

On choisit une belle journée où les abeilles sont très
actives ; on soulève la ruche désorganisée, après l'avoir
légèrement enfumée et on la frappe sur le sol pour en

faire tomber les abeilles qui, ne retrouvant pas leur ancienne demeure, se feront recevoir par les ruches voisines.

Cette ruche sans abeilles, ou la ruche morte dont nous venons de parler, seront emportées dans la maison, en attendant qu'on puisse utiliser le contenu (1).

86. Soufrage des rayons. — Lorsqu'une ruche d'abeilles est ainsi enlevée du rucher, il faut y faire brûler une mèche de soufre afin de tuer les germes de fausse teigne (§ 290) qui pourraient s'y trouver, s'y développer et détruire les rayons. Voici comment nous allons nous y prendre pour cette opération :

On fait un trou en terre, un peu plus petit que la largeur de la ruche, et d'environ 15 centimètres de profondeur ; on attache au bout d'un morceau de fil de fer un fragment de mèche de soufre, on pique le fil de fer au milieu du trou, on allume le soufre, et on recouvre le tout avec la ruche en relevant la terre tout autour. Au bout d'une demi-heure, l'opération est terminée ; on enlève la ruche, et on la met dans un endroit bien clos, et on en démolit les rayons

Pour cela, avec le couteau recourbé, on détache successivement chaque rayon ; on met de côté les rayons contenant du miel, on supprime des rayons ayant des cellules de mâles et du couvain, que l'on met ensemble dans de l'eau bouillante pour en faire des boules qui serviront à la fonte de la cire (§ 277). Il ne reste donc que

---

(1) *Remarque.* — La visite des colonies au printemps telle que nous venons de la décrire pour les ruches vulgaires, est beaucoup plus facile à faire lorsqu'on a des ruches à cadres. En effet, rien n'est plus simple avec les rayons mobiles que d'inspecter le couvain de chaque ruche, de juger de la quantité de miel contenu, et en général de déterminer l'état dans lequel se trouvent les colonies. Les différentes situations dans lesquelles peuvent être les ruches à cadres, à cette visite du printemps, sont les mêmes que celles que nous venons d'examiner pour les ruches vulgaires.

des rayons vides bâtis en cellules d'ouvrières qui seront
utilisés pour amorcer les cadres (§ 100).

**87. Nourrissement des ruches qui manquent
de provisions**. — Si les ruches ont été achetées rigou-
reusement dans les conditions que nous avons indiquées, elles auront assez de miel pour atteindre la
bonne saison, et il n'y aura pas lieu de s'en occuper à
ce point de vue. Ce n'est que dans le cas où l'on se sera
trouvé réduit à acheter en automne des ruches trop petites ou trop mal approvisionnées, qu'on sera obligé de
leur venir en aide au printemps en les nourrissant avec
du sirop de sucre.

88. Reconnaître si la ruche doit être nourrie. —
La première chose à faire dans ce cas sera de déterminer quelles sont les ruches qu'il est nécessaire de nourrir.

On peut le voir de deux manières : 1° par le poids de
la ruche ; 2° en sondant avec un fil de fer.

1° *Par le poids de la ruche.* — On pèse la ruche, on en
déduit le poids d'une ruche semblable vide, poids que
l'on a dû déterminer lorsqu'on a acheté la ruche. On en
retranche encore, pour une ruche de 30 litres environ (1),
1 kilogramme 500, pour le poids de la cire, 1 kilogramme
500 pour le poids des abeilles et du couvain. Avec les
ruches vulgaires de grandeur ordinaire, s'il reste moins
de 5 kilogrammes, représentant le poids du miel, il sera
prudent de nourrir cette ruche avant la saison de la récolte.

Exemple : Nous savions que la ruche entièrement vide
pèse environ 4 kilogrammes, nous trouvons que la ruche

(1) Si la ruche avait une capacité plus grande, on retrancherait
un poids proportionnellement plus grand, pour le poids de la cire et
pour le poids des abeilles et du couvain.

avec son contenu pèse 10 kilogrammes ; donc cela fait
10 kilogrammes dont il faut retrancher : 4 kilogrammes
pour le poids de la ruche vide, 1 kilog. 500 pour le poids
de la cire et 1 kilog. 500 par le poids des abeilles et du
couvain ; reste 3 kilogrammes qui représentent le poids du
miel. Le poids est inférieur à 5 kilogrammes ; il est insuffisant : la ruche devra être nourrie.

2° *Par le sondage*. — On peut aussi employer les son-
dages, de temps en temps, à l'aide d'un fil de fer (§ 79),
Quand le sondage indique qu'il n'y a plus de miel que
tout à fait vers le haut, c'est qu'il va falloir nourrir.
Cette méthode est plus facile que la précédente.

89. Manière de nourrir les ruches vulgaires.

Fig. 99. — Nourrissement d'une ruche vulgaire.

— La manière la plus simple pour nourrir les ruches
vulgaires est la suivante :

Faisons du sirop renfermant moitié sucre moitié eau ; en chauffant, le sucre fondra plus vite. Prenons une assiette creuse, pas trop large pour qu'elle puisse être recouverte par la ruche. Le soir, enfumons la ruche à nourrir, inclinons-la et essayons de placer l'assiette sous les rayons (fig. 99). En général, de deux choses l'une, ou bien en rabaissant la ruche elle ne peut plus s'appliquer sur le plateau parce que les bâtisses descendent trop ;

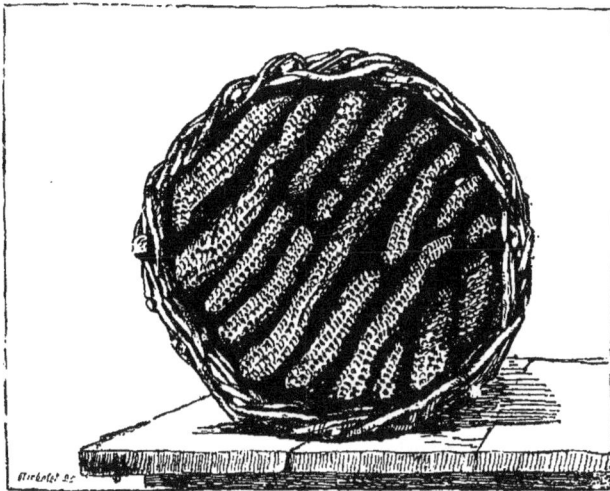

Fig. 100. — Ruche vulgaire complètement bâtie, vue par-dessous.

l'assiette alors soulève un peu la ruche au-dessus du plateau ; ou bien la ruche rabaissée touche le plateau partout, mais alors la base des rayons n'est pas juste contre les bords de l'assiette.

1° Dans le cas où les rayons descendent jusqu'en bas (fig. 100), on pose la ruche sur l'assiette.

2° Dans le cas où les rayons ne descendent pas assez bas, on soulève l'assiette sur des cales, de façon à ce que ses bords touchent les rayons.

On verse ensuite dans l'assiette 500 grammes de sirop tiède, ou même 1 kilogramme si la ruche est forte, on place dessus des rondelles de liège taillées dans des bouchons ordinaires (chaque bouchon pouvant fournir quatre ou cinq rondelles), ou, à leur défaut, beaucoup de brins de paille, afin que les abeilles puissent facilement prendre le sirop sans s'y engluer.

Cette opération doit être faite vers la tombée de la nuit, lorsque toutes les abeilles viennent de rentrer, afin d'éviter le pillage, c'est-à-dire l'attaque, par les abeilles des autres colonies, de la ruche nourrie (voyez plus loin, § 92).

Le pillage est en effet ce qu'il y a de plus à craindre dans le nourrissement et, lorsqu'il se produit, il peut entraîner des batailles entre toutes les populations des ruches, ce qui décourage bien souvent le débutant. On ne saurait donc trop insister sur les précautions à prendre contre le pillage possible, et c'est même pour éviter ce danger que nous avons conseillé l'achat de ruches bien pourvues de miel afin d'éviter au printemps le nourrissement et les soucis qui en résultent.

C'est encore pour se mettre à l'abri du pillage qu'il est indispensable, le lendemain de très bonne heure, avant que les abeilles sortent, d'aller retirer les assiettes que l'on a mises la veille dans les ruches. *On les enlèvera quand bien même il y resterait du sirop et des abeilles.*

On emportera l'assiette dans une chambre, et les abeilles qui restent s'envoleront peu à peu par la fenêtre pour regagner leur ruche.

90. Comment les abeilles prennent le sirop.
— Lorsque l'assiette renfermant le sirop se trouve à proximité du groupe d'abeilles, celles-ci viennent ordinairement très vite sur les rondelles de liège, et la nourriture est rapidement absorbée par la population de la colonie.

Les abeilles se figurent alors qu'il y a du miel dans les fleurs ; plusieurs sortent de la ruche comme pour aller à la récolte, mais voyant qu'il fait nuit, elles rentrent et se remettent à absorber le sirop avec les autres.

Cependant, il peut se faire que les abeilles ne prennent pas le liquide sucré contenu dans l'assiette.

S'il fait trop froid, ou si la ruche est trop faible, lès abeilles massées en haut de la ruche, ne descendent pas pour prendre le sirop ; on s'en aperçoit en soulevant la ruche le lendemain matin au moment de retirer l'assiette ; on enlève cependant cette assiette, mais en la remettant le soir du même jour, on a soin, avant de la replacer, de retourner la ruche, et d'arroser les abeilles en versant entre les rayons quelques cuillerées de sirop. Ce moyen réussit le plus souvent pour les faire descendre.

Dans le cas où les ruches qu'on a achetées possèdent une ouverture en haut, comme les ruches à calotte par exemple, le nourrissement peut se faire plus facilement au-dessus de la ruche, par cette ouverture, de la manière suivante :

On met le sirop dans un pot de confitures en verre qu'on entoure d'une toile à mailles peu serrées ; on débouche l'ouverture supérieure de la ruche et on renverse le pot rempli de sirop sur cette ouverture, puis on recouvre la ruche de son capuchon. Le lendemain, on enlèvera le pot, comme on enlevait l'assiette (1).

91. Quand doit-on cesser de nourrir ? — On donne ainsi aux abeilles de 500 grammes à 800 grammes de sirop par semaine, suivant la force de la population.

On continue à nourrir de la sorte jusqu'au moment

(1) Ce que nous venons de dire pour le nourrissement avec les ruches vulgaires est simplifié considérablement lorsqu'on a des ruches à cadres. En effet, on a qu'à donner aux ruches faibles des cadres plein de miel, pris dans les ruches qui en ont trop.

de la première grande récolte des abeilles sur les fleurs,
c'est-à-dire jusqu'à la saison des essaims.

92. Pillage. — Nous venons de voir que le pillage
d'une ruche nourrie est toujours à craindre. Si l'on n'a pas
pris les précautions que nous venons de recommander,
si par exemple on a oublié d'enlever l'assiette assez tôt
le matin, les ruches nourries peuvent être pillées. Les
abeilles des autres colonies, voyant les ouvrières de
cette ruche sortir activement comme pour aller chercher
du miel, se figurent que ces abeilles récoltent du nectar
alors qu'elles-mêmes n'en récoltent pas.

Si alors, une abeille étrangère à la ruche nourrie
réussit à pénétrer dans cette dernière, elle s'y gorge de
sirop de sucre, et va ensuite avertir ses compagnes de
la même colonie. On voit les abeilles de cette colonie
arriver plus nombreuses vers la ruche nourrie dont les
gardiennes commencent à s'inquiéter.

Les abeilles assiégées viennent vers l'entrée et le
combat commence. Les ouvrières luttent corps à corps
et cherchent à se percer réciproquement avec leur aiguillon.

Si on laissait ce combat continuer, que ce soit les
pillardes ou les pillées qui aient le dessus, il peut en
résulter pour le rucher les plus graves conséquences.
Ce combat peut exciter les abeilles des autres colonies
et amener une bataille dans le rucher.

Ce n'est pas seulement quand on nourrit une ruche
qu'il y a danger de pillage. Les abeilles cherchent aussi
à s'introduire dans les ruches orphelines ou très faibles.
Du miel laissé à la portée des abeilles ou dans une
chambre mal close peut provoquer un pillage général.
Enfin, si l'on prolonge par trop une opération apicole,
telle que la visite d'une ruche, le pillage est encore à
craindre.

Nous venons de voir, dans la circonstance précédente, que c'est par suite d'un oubli ou d'une précaution mal prise que le pillage avec combat a pu se produire; nous verrons, à mesure que nous apprendrons l'apiculture pratique, que *le pillage peut toujours être prévenu par l'apiculteur*.

93. Comment on arrête le pillage. — Il faut à tout prix arrêter ce combat entre les abeilles; la première mesure de prudence consiste à rétrécir les portes de toutes les ruches, de façon à ne permettre que le passage de deux abeilles de front; on s'oppose ainsi à ce que les abeilles pillardes essaient de s'introduire dans les autres ruches.

Quant à la ruche pillée, le plus simple et le plus sûr, est de l'enfumer, de l'entourer d'une toile d'emballage et de la porter à la cave en l'installant sur une cale, de façon qu'elle ne manque pas d'air; on la laissera dans la cave, et le lendemain soir quand toutes les abeilles sont rentrées, on la reportera à sa place; on en maintiendra l'entrée rétrécie pendant quelques jours, et on ne recommencera à la nourrir que lorsque le calme sera rétabli dans le rucher.

On réussit quelquefois à arrêter le pillage sans enlever la ruche, de la manière suivante : après avoir rétréci toutes les entrées, on asperge avec de l'eau les abeilles des ruches qui sont très agitées, puis on répand du pétrole à la surface de la ruche pillée, et sur son plateau.

94. Pollen artificiel. — Nous venons de voir que les ruches peuvent manquer de miel au printemps. Il arrive quelquefois, dans certaines contrées, qu'elles ne trouvent pas le pollen dont elles ont besoin pour nourrir leur couvain. Dans ce cas. on pourra y suppléer de la manière suivante :

On met à la portée des abeilles de la farine qui peut remplacer le pollen ; la farine de seigle est celle qu'elles préfèrent. On la met à l'abri du vent, au fond de petites caisses. Pour que les abeilles ne se noient pas dans la farine, on a soin de clouer des lattes au fond des caisses, et on verse de la farine dans les rainures placées dans l'intervalle des lattes. On aura soin d'enlever les caisses tous les soirs, afin que l'humidité de la nuit ne mette pas la farine en grumeaux.

D'ailleurs ce procédé n'est jamais absolument nécessaire, et il pourrait présenter des inconvénients si la farine était avariée ou de mauvaise qualité.

RÉSUMÉ.

Travaux du débutant. — Le débutant doit avant tout s'habituer au maniement des abeilles ; il est bon qu'il fasse, dès la première année, le plus grand nombre d'opérations variées avec les colonies dont il dispose. C'est seulement lorsqu'il aura acquis l'expérience nécessaire qu'il pourra simplifier la conduite de ses ruches et y consacrer le moins de temps possible.

Visite des ruches vulgaires au printemps. — La première chose à faire, au printemps, c'est la visite des colonies hivernées. Muni de quelques outils très simples, le débutant apprendra à reconnaître l'état de chaque ruche et le notera sur son carnet ; il aura ainsi établi la composition de son rucher après l'hivernage, notant suivant les cas : les ruches en excellent état, les ruches faibles mais bien hivernées, les ruches fortes ayant mal hiverné, les ruches qui n'ont plus de miel, les ruches mortes ou celles qui sont désorganisées. Pour celles de ces deux dernières catégories, après avoir soufré les rayons, on mettra dans un endroit bien clos les bâtisses ou le miel que l'on doit utiliser.

Nourrissement des ruches vulgaires. — Si les ruches n'ont pas été achetées à l'automne précédent, dans les conditions indiquées, elles pourront avoir trop peu de miel au printemps et l'on sera obligé de les nourrir.

Le nourrissement des ruches vulgaires ordinaires se fait en

plaçant convenablement sous la ruche, à la tombée de la nuit, une assiette de sirop que l'on enlève le lendemain matin au lever du jour.

Pillage. — Si on n'a pas pris cette dernière précaution on doit craindre le pillage, qui est un des principaux obstacles que peut rencontrer le débutant, mais qui aura toujours été amené par sa faute.

Si le pillage se produit, il faut l'arrêter immédiatement. On rétrécit la porte de toutes les ruches ; on enfume, on entoile et on transporte à la cave la ruche pillée ; puis on la remet à sa place le lendemain matin en maintenant sa porte rétrécie, jusqu'à ce que tout soit rentré dans l'ordre.

CHAPITRE VII

INSTALLATION DES ESSAIMS DANS LES RUCHES A CADRES.

95. Saison où les abeilles récoltent du miel. — On ne peut rien dire d'absolu sur l'époque de la grande récolte du miel ; cette époque dépend du temps qu'il fait et des plantes mellifères de la contrée.

En général, si beaucoup de plantes mellifères sont en fleurs, et qu'on ait une suite de journées belles et chaudes après un temps pluvieux, les abeilles récolteront beaucoup de miel.

Il suffira d'ailleurs de regarder les ruches pour s'apercevoir qu'on est au moment de la forte récolte. Les abeilles beaucoup plus nombreuses entrent et sortent à l'entrée de chaque ruche, et l'on voit beaucoup d'ouvrières tomber sur le plateau devant la ruche, avant de rentrer, ce qui, comme nous le savons, indique qu'elles sont gorgées de miel.

96. Différentes manières de juger de la marche de la récolte. — Il est intéressant de pouvoir suivre la variation de la récolte du miel, et cela peut se faire de plusieurs manières : 1° par l'activité générale des abeilles ; 2° par le nombre des ventileuses ; 3° par le nombre des abeilles qui vont chercher de l'eau ; 4° par le poids de la ruche.

1° *Par l'activité générale des abeilles.* — En regardant attentivement sortir les abeilles d'une ruche, et en notant, par exemple, le nombre d'abeilles très chargées de miel qui rentrent par minute, on peut se rendre compte approximativement de la plus ou moins grande récolte aux différentes heures du jour. C'est ainsi que par une belle journée de miellée, on verra les abeilles très actives dès le premier matin, un peu moins nombreuses a la récolte vers midi, et reprenant une assez grande activité dans l'après-midi jusqu'à la nuit.

2° *Par le nombre des ventileuses.* — Nous avons regardé (§ 6) à l'entrée d'une ruche, les abeilles ventileuses qui, après une forte récolte, battent des ailes pour établir un courant d'air dans la ruche ; il n'y a de ventileuses que quand les abeilles viennent de récolter du miel ; le courant d'air qu'elles établissent a pour but d'évaporer la trop grande quantité d'eau que contient le nectar qui vient d'être déposé dans les cellules. Or, plus il y aura de miel fraîchement récolté, plus ce courant d'air devra être fort dans les mêmes conditions. Il s'ensuit que si l'on compte le nombre des ventileuses, toujours à la même heure, le soir quand les abeilles sont rentrées ou le matin avant leur sortie, on pourra avoir une idée de la marche de la récolte.

Le nombre des ventileuses peut aussi servir à reconnaître quelles sont les ruches qui récoltent le plus de miel (1).

3° *Par le nombre des abeilles qui vont chercher de l'eau.* — Si l'on a installé un abreuvoir pour les abeilles (§ 73), on peut encore avoir une indication sur la récolte, par le nombre des abeilles qui vont chercher de l'eau. Si la ré-

(1) Voir G. de Layens, *Étude sur la ventilation des abeilles* (*L Apiculteur*, janvier 1896).

8

colte est presque nulle, il y aura beaucoup d'abeilles à l'abreuvoir et si la récolte est très forte on n'en verra plus allant chercher de l'eau. Cela s'explique très bien, car nous savons que le miel fraîchement récolté renferme toujours un excès d'eau. Cet excès d'eau remplaçant l'eau qu'elles sont obligées d'aller chercher au dehors lorsqu'il n'y a pas de récolte, on ne voit presque plus d'abeilles à l'abreuvoir au moment d'une forte récolte.

4° *Par le poids de la ruche.* — Si l'on installe une ruche sur une bascule (§ 219) on peut encore juger de la récolte dans les moments de forte miellée par le poids de la ruche, le soir, alors que toutes les abeilles viennent de rentrer (1).

97. Préparation des ruches à cadres pour y installer les essaims. — Au moment de la saison de la récolte il faut se préoccuper des essaims qui peuvent sortir des ruches. Or, ce sont ces essaims naturels que le débutant va recueillir pour les installer dans des ruches à cadres (2).

Il faut donc: 1° préparer les ruches à cadres pour re-

(1) Il ne faut pas prendre l'augmentation de poids dans la journée comme correspondant à l'augmentation du poids de miel operculé; en effet, cette augmentation de poids est due à du miel fraîchement récolté dont l'excès d'eau est évaporé grâce au courant d'air provoqué par les ventileuses. C'est ainsi que par une forte récolte, on pourra trouver que la ruche a beaucoup diminué de poids pendant la nuit; elle pèsera moins le lendemain matin que la veille au soir.

(2) A moins, bien entendu, que les ruches n'aient été transvasées au printemps, c'est-à-dire changées de ruche : par transvasement direct (§ 144), par superposition (§ 230, 1°), par renversement (§ 143), ou par essaim artificiel (§ 230, 2°). Le transvasement le plus simple de tous est le transvasement par renversement, mais il ne réussit généralement qu'avec les ruches fortes et par une saison très mellifère. Le transvasement le plus expéditif est le transvasement direct, mais il est assez difficile pour un débutant.

cevoir les essaims ; 2° se disposer à recueillir ces essaims lorsqu'ils sortiront naturellement des ruches.

98. Description de la ruche à cadres. — Nous avons dit plus haut (§ 46) de quoi se compose en général une ruche à cadres, mais maintenant qu'il s'agit de nous en servir pratiquement, il faut adopter un modèle, il faut le connaître dans tous ses détails.

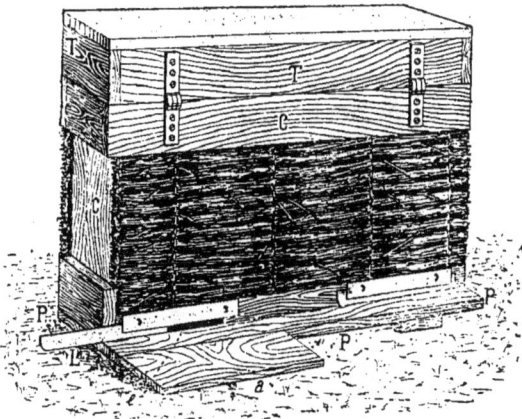

Fig. 101. — Ruche à cadres horizontale à toit plat et à charnières. — T,T, toit; C,C, corps de ruches ; P,P,P, plateau; a, planchette; e, entrée; L, languette de métal permettant d'ouvrir plus ou moins l'entrée.

Il existe un grand nombre de systèmes de ruches à cadres (§ 211); la ruche que nous allons décrire est l'une de celles qui se prêtent le mieux à une culture à la fois simplifiée et productive (1).

Cette ruche (fig. 101) se compose d'une caisse en bois sans fond dont le couvercle formant le toit de la ruche (T,T, fig. 101) est relié à la caisse par deux charnières que

(1) Cette ruche, du type horizontal (§ 171) que l'on appelle quelquefois *ruche française*, est connue dans le commerce sous le nom de *ruche Layens*, nom qui est moins bien choisi que le précédent.

l'on voit sur la figure. Les deux faces les plus grandes
de la caisse constituent ce qu'on appelle : le *devant* et
le *derrière* de la ruche ; les deux faces les plus petites

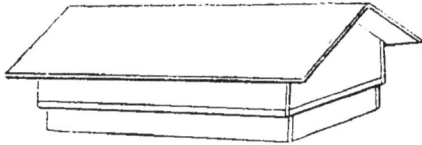

Fig. 102. — Toit à deux versants sans charnières, pouvant remplacer le toit plat.

sont appelées les *côtés* de la ruche, et la caisse tout
entière forme le *corps* de la ruche (C,C, fig. 101). La
figure 103 représente ce corps de la ruche isolé. Une
grande partie du devant et du derrière de la ruche est

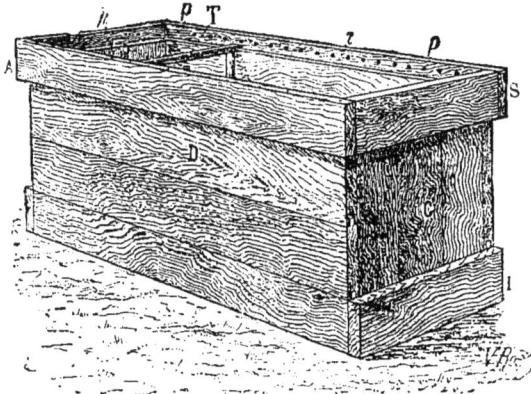

Fig. 103. — Corps de la ruche à cadres. — D, face de derrière ; C, un des côtés ;
A, S, I, traverse ; T, un des vingt cadres en place ; *p.p*, points de repère ;
r,r, rebord.

recouverte de paille comme on le voit sur la figure 101.
C'est dans le corps de la ruche que sont renfermés des
cadres en bois tels que celui que représente la figure 104.
Ces cadres, au nombre de vingt, sont placés parallèle-

ment aux côtés de la ruche. On voit l'un de ces cadres
en place dans le corps de la ruche, en T sur la figure 103.

Enfin, cette caisse sans fond repose simplement sur
une planche qui déborde sur le devant et qui est le *plateau* de la ruche (P, P, P, fig. 101); une petite planchette *a*,
sur laquelle arrivent les abeilles, est fixée à gauche et
en avant du plateau.

On peut remplacer le toit
plat à charnières par un toit
à deux versants soit à charnières (voyez plus haut la figure 66,
§ 46), soit sans charnières (fig.
101).

Nous allons maintenant décrire chacune des parties principales de la ruche.

Le devant et le derrière de la
ruche sont formés chacun par
une planche qui porte en haut
une traverse faisant saillie (A,
fig. 103). Les deux côtés de la

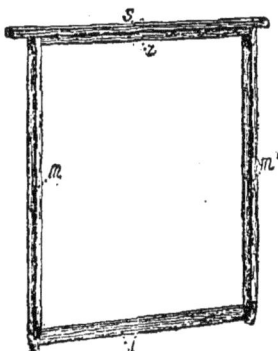

Fig. 101. — Un cadre de la ruche.
— *s*, traverse supérieure ; *r*, traverse de renforcement ; *m*, *m*,
montants ; *i*, traverse inférieure.

ruche ont deux traverses, l'une supérieure (S, fig. 103) et
l'autre inférieure I.

C'est sur le devant de la ruche qu'est fixé un paillasson ; le paillasson recouvre le devant de la ruche sauf
la traverse du haut et sauf une hauteur de 10 centimètres en bas (fig. 101). Sur le derrière de la ruche il y
a aussi un autre paillasson qui descend presque
jusqu'en bas. Cette paille sert à protéger la ruche
contre les variations de température ; elle est inutile sur
les côtés qui sont protégés intérieurement par les rayons.
Une ruche ainsi paillée coûte moins cher qu'une ruche à
double paroi en bois, et est aussi bien protégée.

En bas du devant de la ruche, à gauche de la partie
sans paille, se trouve l'*entrée* de la ruche *e* (fig. 101) qui

8.

peut être plus ou moins fermée par une bande de métal
appelée languette de la porte (L, fig. 101). A droite, se
trouve une autre entrée semblable, qui peut remplacer
la première (1).

Si l'on regarde maintenant dans l'intérieur de la ruche
en la couchant sur le devant (fig. 105) on voit en bas de
la ruche deux lignes de petits crochets *cc* à égale distance
les uns des autres. L'une de ces séries de crochets est

Fig. 105. — Corps de ruche à cadres, couché sur le devant. — *r, r*, rebord ;
p, p, points de repère ; T, cadre dont la traverse est entre deux points de repère
et dont la base est entre deux des crochets *c, c*. Ces crochets *c* correspondent
aux intervalles des points de repère *p*.

clouée à l'intérieur du bas du devant de la ruche ; l'autre série de crochets est clouée à l'intérieur de la face
opposée.

En dedans, le haut du corps de la ruche porte un rebord
intérieur tout autour (*r,r*, fig. 103 et 105) ; au-dessus de
ce rebord et à l'intérieur du corps de la ruche se trou-

(1) En fait, il n'y a donc jamais qu'une seule entrée qui fonc-
tionne, sauf en hiver. La seconde entrée n'est utile que lorsque
l'apiculteur désire reporter le groupe d'abeilles de l'autre côté de
la ruche. Il ouvre alors cette seconde porte et ferme la première.

vent deux lignes de points de repère (*p*, fig. 103 et 105)
qui correspondent exactement chacun au milieu des
crochets du bas.

Gràce à ces crochets et à ces points de repère, la position des 20 cadres de la ruche se trouve nettement indiquée. On place chaque cadre de façon que sa base
vienne se placer de chaque côté entre deux crochets
tandis que la traverse supérieure du cadre (T, fig. 105)

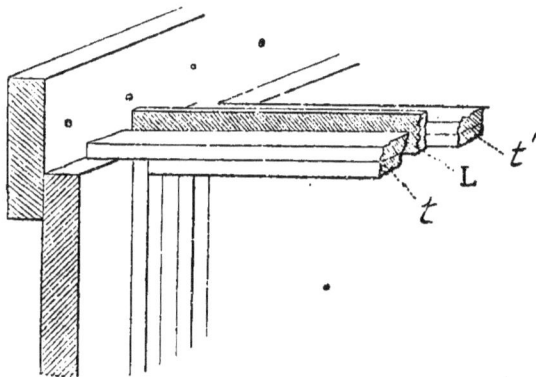

Fig. 106. — Figure montrant la position des lattes placées entre les cadres. —
t,t', traverses supérieures de deux cadres en place ; L, latte figurée en gris,
placée de champ, entre les cadres.

prend position de chaque côté entre deux points de
repère correspondants. On voit sur la figure 103 un cadre
ainsi placé dans sa position naturelle.

Quand les cadres sont posés, il reste entre leurs traverses supérieures un intervalle qu'on ferme par des
lattes de bois placées sur champ (voyez fig. 106). Sur
le tout, on met de vieilles couvertures de laine ou un
paillasson.

Le toit de la ruche est formé de quatre lames de bois
assemblées, et recouvertes d'une feuille de tôle mince
galvanisée, figurée par une teinte grise sur la figure 101.

La hauteur de ce toit permet de placer facilement des nourrisseurs (§ 220) et des sections pour le miel en rayon (§ 194).

Nous supposons que le débutant s'est procuré ou a construit lui-même (1) un certain nombre de ruches semblables à celles que nous venons de décrire (2).

Il s'agit maintenant de disposer ces ruches de façon que l'on puisse y installer un essaim s'il y a lieu.

99. Pose de la cire gaufrée. — Nous avons vu (§ 48) quels sont les avantages de la cire gaufrée Le débutant, qui n'a pas ordinairement de vieilles bâtisses de cire à sa disposition, fera donc bien de placer des feuilles

(1) Voy. G. de Layens, *Construction économique des ruches à cadres* (Paul Dupont, éditeur ; 0 fr. 60).

(2) On peut modifier légèrement la construction de cette ruche de façon à rendre les cadres moins susceptibles d'être fortement collés dans le haut par la propolis ; mais alors on ne peut pas mettre de lattes entre les cadres, et les abeilles peuvent bâtir entre les traverses supérieures des cadres, ce qui n'est qu'un léger inconvénient.

Dans la ruche disposée pour éviter la propolisation (fig. 107), au-dessous du rebord *r* se trouve une lame de tôle *l* portant des crans *e* dans lesquels viennent se poser des clous assez longs *c* qui remplacent les deux parties de la traverse supérieure, dépassant à droite et à gauche (voyez la figure 109 qui représente un cadre avec ses deux clous). Il n'y a pas de lattes.

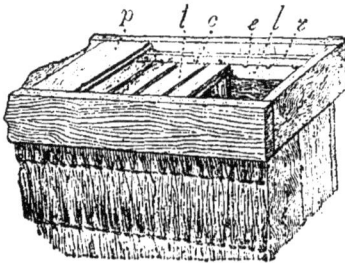

Fig. 107. — Modification de la ruche à cadres pour empêcher la propolisation — *t*, traverses supérieures des cadres : *l*, lame de tôle à crans *e* ; *c*, clou d'une traverse logé dans un cran de la lame , *r*, rebord sur lequel on met les planchettes *p*.

En dehors des deux bandes de tôle, à un niveau un peu plus élevé, se trouve le rebord *r*, plus haut que dans la ruche précédente. Sur ce rebord reposent, non plus les cadres, mais des planchettes *p* (fig. 107) d'environ 0m,10 de largeur et qui ferment complètement la ruche un peu au-dessus des cadres.

de cire gaufrée (ou au moins des lames de cire, § 102)
sur les vingt cadres dans chaque ruche. D'ailleurs, comme
le prix de la pose de ces feuilles est insignifiant, il aura
pu acheter les ruches chez le fabricant avec de la cire
gaufrée toute posée (1).

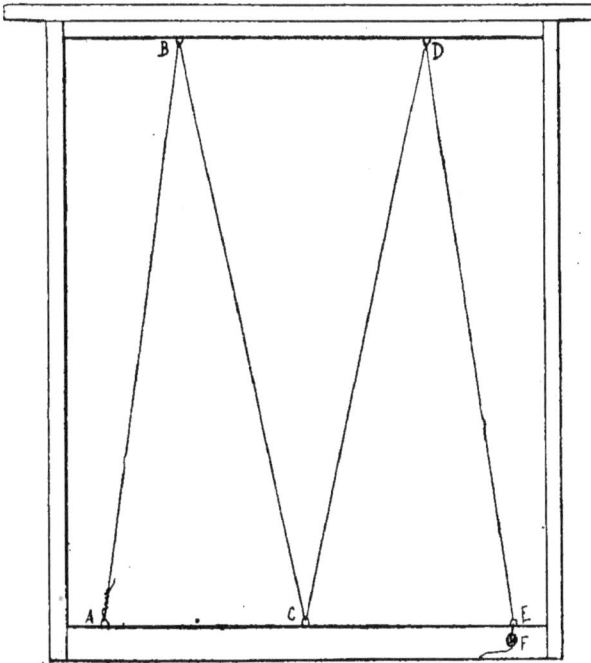

Fig. 108. — Cadre avec fils de fer pour maintenir la cire gaufrée.

Dans le cas où l'on désirerait les poser soi-même,
voici comment il faudrait s'y prendre (2) : On commande

(1) On trouve souvent dans le commerce, à un prix inférieur, de
la cire gaufrée impure ou falsifiée. Il vaut mieux la payer un peu
plus cher et être sûr d'avoir de la cire pure (voy. § 156).
(2) Les objets nécessaires pour cette opération sont : des feuilles
gaufrées de la dimension voulue, des agrafes, une cuiller, un peu
de cire à fondre, du feu, un éperon Woiblet ou un sou à rainure.

des plaques de cire gaufrée qui aient des dimensions un peu moindres que celles de l'intérieur du cadre (dans le cas actuel, ce seraient des plaques de 30 centimètres sur 36). On les prend ainsi un peu plus petites que le cadre, afin d'éviter qu'elles ne gondolent en se dilatant (1).

Fig. 109. — Manière de tendre les fils de fer sur un cadre.

Pour fixer une telle plaque sur un cadre, on commence par clouer ces agrafes à l'intérieur du cadre et au milieu des lattes, sans les enfoncer tout à fait jusqu'au bout, aux points marqués A, B, C, D, E (fig. 108); ces agrafes se trouvent partout dans le commerce. Afin que les agrafes tiennent bien on aura soin de les mettre dans de l'eau avec un peu de sel pour les faire rouiller.

On s'est procuré du fil de fer étamé d'environ un demi millimètre d'épaisseur; on l'attache en A (fig. 108), puis on le passe en B, en C, en D et en E. Après l'avoir tendu, on le fait tourner autour d'une pointe de tapissier F que l'on fixe avec un marteau. Pour tendre les fils de fer, on emploie une pince que l'on place comme l'indique la figure 109, la mâchoire supérieure de la pince reposant sur l'agrafe. En serrant la pince, l'agrafe s'enfonce dans le bois et tend le fil de fer.

Fig. 110. — Éperon Woiblet.

Le fil étant ainsi disposé et fixé, on met le cadre à plat sur une feuille de cire gaufrée qui est elle-même

(1) Les plaques de cire gaufrée que l'on achète ne doivent pas être trop minces. Il faut demander des feuilles épaisses; les feuilles trop minces peuvent se détacher ou se gondoler par la chaleur de la ruche.

placée sur une planche ayant les dimensions intérieures
du cadre. Le cadre tendu de fils est placé sur la plaque
de cire de façon que celle-ci touche exactement le
haut du cadre par un de ses bords, tandis que les trois
autres bords de la plaque doivent laisser un petit intervalle libre entre la feuille et les lattes.

Il s'agit maintenant de faire adhérer le fil de fer à la
feuille gaufrée. On peut se servir pour cela d'une rou-

Fig. 111. — Apiculteur fixant le fil de fer sur la cire gaufrée avec l'éperon.

lette (fig. 110) appelée *éperon* (1) que l'on chauffe légèrement et que l'on fait rouler le long du fil de fer en
appuyant un peu (fig. 111). Plus simplement, on peut se
servir d'une pièce de cinq centimes sur la tranche de
laquelle on a fait une rainure en long à l'aide d'un tire-
point ; on la chauffe et la fait glisser sur le fil en la
tenant avec une pince.

Le fil étant ainsi noyé dans la feuille gaufrée on incline

(1) Cet éperon a été imaginé par M. Woiblet.

le cadre de manière à ce qu'il repose sur sa traverse supérieure, et avec une cuiller chauffée dans laquelle on a fait fondre de la cire, on verse cette cire à la jonction de la feuille gaufrée et de la latte du haut. De cette manière, la cire gaufrée se trouve complètement soudée au cadre par le haut.

100. Cadres amorcés. — Si l'on a pu se procurer des bâtisses de cire provenant de ruches vulgaires, sou-

Fig. 112. — Un cadre amorcé au sommet avec des bâtisses.

Fig. 113. — Apiculteur amorçant les cadres avec des bâtisses.

frées, sans couvain et sans cellules de mâles, on peut s'en servir au lieu d'employer de la cire gaufrée ; ces morceaux de bâtisse, collés au sommet des cadres, serviront d'indicateurs aux abeilles pour les diriger dans leurs constructions (fig. 112). Si le débutant a eu après l'hivernage des ruches mortes ou désorganisées qui ont été soufrées (§ 86), il en utilisera les bâtisses dans ce but.

101. Utilisation des bâtisses. — Les rayons se-

ront posés à plat sur une table; avec un couteau à lame
mince, on en supprimera toutes les parties qui contiennent des cellules de mâles, et on taillera les morceaux
de façon qu'ils soient droits d'un côté, afin de pouvoir
les coller par ce côté à la partie supérieure d'un cadre
vide (fig. 112).

On emploie pour cela de la bonne colle forte, faite de
la manière suivante : on place les plaques de colle forte
dans un vase dans lequel on a versé quatre ou cinq fois
plus d'eau que de colle ; le vase est lui-même dans de
l'eau que l'on fait bouillir.

Lorsque toute la colle est bien fondue, elle doit avoir
une consistance huileuse. A l'aide d'un pinceau, on
imbibe de colle la partie du morceau de rayon qui a
été coupée droit et on applique cette partie à l'intérieur
de la latte supérieure, après avoir renversé le cadre
(fig. 113). On colle ainsi des morceaux sur toute la longueur de cette latte.

Il faut se garder de coller entre eux les morceaux de
rayons, car les abeilles seraient obligées de détruire ces
parties collées pour refaire les cellules.

Souvent, on peut se procurer à bas prix des bâtisses
provenant de ruches où l'on a mis des essaims l'année
d'avant, et qui sont mortes pendant l'hiver. En ce cas,
il y aura avantage à coller au haut des cadres de grands
morceaux de rayons, au lieu de simples bandes comme
on le voit figure 112 ; cela permettra à l'essaim de récolter plus de miel dans les premiers jours.

**102. Amorce des cadres avec des lames de
cire.** — Si l'on ne possède pas de vieux rayons, et si l'on
ne peut pas acheter de cire gaufrée, on s'y prendra
autrement pour diriger la construction des abeilles dans
les cadres : on amorcera le haut des cadres avec des
lames de cire. Afin de fixer une lame de cire bien au

9

milieu de la traverse du cadre, on fait faire une règle
en forme d'équerre comme celle indiquée en A (fig. 114);
cette règle a une lon-
gueur égale à la dimen-
sion interne du cadre
et on peut l'appuyer
sur l'intérieur de la
traverse du cadre ren-
versé B.

Dans cette position,
elle s'applique en des-
sus, jusqu'au milieu de
la traverse. On a eu
soin d'enduire de suif
les parties de la règle
qui seront en contact
avec la cire, afin de
l'empêcher d'adhérer.
On verse ensuite de la
cire fondue dans l'an-
gle formé par la règle
et la traverse, à l'aide
d'un pot à bec (fig. 116)
ou d'une burette (voyez
aussi § 221).

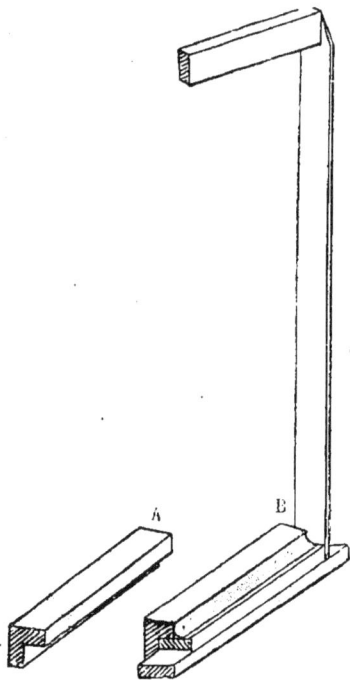

Fig. 114 et 115. — Manière de placer la lame
de cire amorce. — A, règle en équerre
pour la pose de la lame de cire amorce; B,
cadre (supposé coupé) montrant la disposition à prendre pour y couler une lame de
cire comme amorce.

Dès que la cire est
refroidie, on enlève la
règle, et le cadre étant
remis dans sa position
ordinaire se trouve muni à son sommet d'une arête de cire
qui servira à guider les abeilles dans leur construction.

**103. Derniers préparatifs pour l'installation
de l'essaim.** — On place, dans une ruche, 20 cadres
garnis de cire gaufrée ou portant des bâtisses collées ou

encore des lames de cire. On met ces cadres à côté les uns des autres, à partir de l'un des côtés de la ruche, en ayant soin que chaque cadre se trouve exactement entre les points de repère, l'intervalle des cadres étant fermé en haut par des lattes mises de champ.

Fig. 116. — Apiculteur versant de la cire sur la traverse supérieure d'un cadre renversé pour mettre une lame de cire amorce.

Si on emploie la cire gaufrée, on peut l'économiser en alternant des cadres simplement amorcés avec des cadres munis de cire gaufrée.

La ruche est ainsi prête à recevoir l'essaim.

Comme la ruche d'où partira l'essaim devra être déplacée, il faut disposer d'avance, à l'endroit où l'on désire mettre cette ruche, un tabouret sur lequel on posera un plateau de ruche à cadres.

104. Comment on recueille un essaim naturel.
— Nous avons vu (§ 39 et 40) comment se produit un essaim naturel et comment il sort de la ruche.

Rappelons-nous que ce n'est guère que par une température de 20°, et de dix heures du matin à trois heures du soir, que les essaims partent généralement.

Lorsqu'un essaim est signalé, il s'agit maintenant de le recueillir (1). Muni du voile et de l'enfumoir, on prend

Fig. 117. — Apiculteur récoltant un essaim suspendu à une branche.

une ruche ordinaire complètement vide et bien nettoyée à l'intérieur.

Si l'essaim paraît vouloir s'éloigner du rucher, on lui jettera du sable, des cendres ou on lui lancera de l'eau avec une seringue de jardinier. On peut encore tirer sur lui un coup de fusil, ou lui renvoyer la lumière du soleil avec un miroir. Quant au charivari que l'on fait souvent

(1) Les objets nécessaires pour cette opération sont : un chapeau avec voile, un enfumoir, une ruche vulgaire vide, un drap, et parfois un petit balai, une gaule et une échelle.

dans les campagnes en frappant sur des instruments de cuisine, il n'est d'aucune utilité.

Supposons d'abord que l'essaim soit accroché au-dessous d'une branche ; d'une main, on tient la ruche renversée juste au-dessous de l'essaim, lorsque les abeilles y sont bien groupées ; de l'autre main, on prend la branche et on la secoue brusquement (fig. 117). L'essaim tout entier se détache et tombe dans la ruche.

On a eu soin de disposer un drap sur le sol ; on retourne la ruche doucement sur ce drap de manière

Fig. 118. — Abeilles battant le rappel.

qu'elle se trouve dans sa position ordinaire ; mais en ayant soin de la soulever un peu d'un côté à l'aide d'une petite cale. L'essaim recueilli retombe alors sur le drap tout en restant d'abord à l'intérieur de la ruche ; on voit quelques abeilles s'envoler tandis que d'autres en grand nombre sortent par le dessous de la ruche comme pour repartir en masse ; mais subitement, elles s'arrêtent et reviennent vers la ruche.

On voit alors les abeilles qui, comme l'on dit, « battent le rappel ». En effet à ce signal donné par le battement d'ailes général, on aperçoit toutes les ouvrières qui se rallient pour rentrer dans la ruche. Les ouvrières qui battent le rappel (fig. 118) dressent leur abdomen en l'air au lieu de l'abaisser comme le font les ventileuses

(comparez la figure 118 à 2, fig. 2). On lance alors de la
fumée sur les abeilles qui ont pu demeurer encore sur
la branche, pour les engager à rejoindre les autres. Peu
de temps après, le plus grand nombre des abeilles est
réunie dans la ruche. Afin d'empêcher l'essaim de repartir, il faudra recouvrir de quelques toiles la ruche
qui le contient, et l'arroser de temps en temps. On le
laisse ainsi jusqu'au coucher du soleil avant de l'installer
dans la ruche à cadres.

105. Cas où l'essaim est mal placé.

1° L'essaim est suspendu à une branche très élevée. — Il

Fig. 119. — Apiculteur recueillant un essaim mal placé.

faut alors deux personnes, l'une monte sur l'arbre directement ou au moyen d'une échelle, l'autre présente par
dessous la ruche vide, destinée à recevoir l'essaim ;
cette ruche est attachée à l'envers à l'éxtrémité d'une
fourche ou d'une gaule. La personne qui est sur l'arbre

secoue la branche de manière à faire tomber l'essaim
dans la ruche ; puis on opère comme précédemment.

2° *L'essaim s'est installé au-dessus de la bifurcation de
deux grosses branches ou bien s'étale le long d'une branche
sur un tronc d'arbre, ou sur un mur.* — Comme alors on
ne peut pas secouer l'essaim, il faut opérer autrement.
On attache la ruche avec de la ficelle au-dessus du
groupe des abeilles, puis à l'aide d'un enfumage modéré,
on dirige peu à peu les abeilles vers l'intérieur de la
ruche (fig. 119); lorsqu'elles y sont presque toutes, on
opère comme précédemment. On peut aussi, en plaçant
sous l'essaim la ruche renversée, y faire tomber les
abeilles à l'aide d'un petit balai.

3° *L'essaim se pose simplement sur le sol ou sur un
buisson.* — On le coiffe en ce cas avec la ruche vide, et
l'on y fait rentrer les abeilles à l'aide d'un peu de fumée;
puis on opère comme précédemment.

**106. Reconnaître de quelle ruche l'essaim est
sorti.** — Nous savons qu'on va mettre l'essaim dans une
ruche à cadres, et qu'on posera cette ruche à cadres contenant l'essaim à la place de la ruche qui l'a donné.

Pour faire cette opération, il est donc absolument
nécessaire de noter de quelle ruche l'essaim est sorti.
Dans le cas où on ne l'aurait pas vu sortir, on tâchera
de savoir quelle est la ruche qui l'a fourni, de la manière
suivante.

Le lendemain, on peut chercher quelle est la ruche
qui est devenue beaucoup moins active que la veille, c'est
naturellement celle qui a essaimé.

Immédiatement après la sortie de l'essaim, on remarque quelquefois de jeunes abeilles de couleur blan-
châtre, qui sont tombées sur le sol, n'ayant pu suivre

les autres. La ruche devant laquelle se trouvent ces jeunes abeilles est celle qui a essaimé.

107. Mise de l'essaim dans la ruche à cadres (1). — Un peu avant le coucher du soleil, on pose par terre un drap sur lequel on met la ruche à cadres préparée comme on l'a indiqué (§ 103), et on la soulève au moyen d'un coin; puis on apporte la ruche contenant l'essaim et, d'un coup sec, on fait tomber l'essaim sur le drap de-

Fig. 120. — Apiculteur introduisant un essaim, par-dessous, dans une ruche à cadres.

vant la ruche à cadres (fig. 120), et on enlève la ruche vide qui contenait l'essaim. Les abeilles se dirigent vers leur nouvelle demeure, y entrent, et montent au sommet des cadres; on peut les y aider en enfumant légèrement. Pendant que les abeilles montent, on transporte sur le nouveau plateau, que l'on a disposé, la ruche vulgaire qui a donné l'essaim.

Lorsqu'au bout d'un certain temps, on voit qu'il n'y a plus d'abeilles sur le drap, on transporte doucement

_____

(1) Les objets nécessaires pour cette opération sont : un drap, un coin en bois, une pierre au bout d'une ficelle ou un fil à plomb, un enfumoir, une plume d'oie.

la ruche à cadres, contenant l'essaim, sur le plateau que vient de quitter la ruche mère.

On aura soin que cette ruche soit *bien d'aplomb ;* il suffit d'une pierre au bout d'une ficelle servant de fil à plomb pour vérifier que les côtés de la ruche sont verticaux. C'est une condition très importante à remplir, car si la ruche n'est pas bien d'aplomb, les rayons, et surtout ceux des cadres amorcés, s'inclineront d'un cadre sur l'autre, comme le représente la figure 121, et, plus tard, en visitant les ruches, il serait difficile de retirer les cadres.

Le lendemain, ou visitera la ruche pour regarder de quel côté est placé l'essaim ; on ouvrira la porte qui est de ce côté et on fermera l'autre complètement ; on retirera les cadres qui ne sont pas occupés par le groupe d'abeilles et on mettra des planchettes sur l'espace vide ainsi formé.

Les choses étant ainsi disposées, les abeilles qui le lendemain sortiront de la ruche déplacée, retournant naturellement à leur ancienne place,

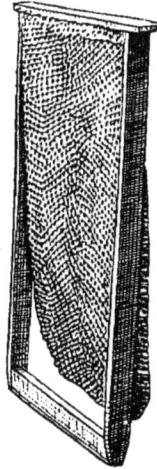

Fig. 121. — Rayon mal construit, quand la ruche n'a pas été mise d'aplomb.

viendront renforcer la population de l'essaim logé dans la ruche à cadres.

Nous avons ainsi par cette opération :

1° Une ruche à cadres garnie d'un grand nombre d'abeilles ayant déjà à leur disposition, si on a mis de la cire gaufrée ou de grandes amorces, des bâtisses presque prêtes pour la récolte ;

2° Une ruche déplacée dont la population est diminuée, mais renfermant une bonne provision de miel, ayant une jeune mère, et possédant beaucoup de couvain pour remplacer les abeilles qui manquent.

9.

L'opération que nous venons de faire a encore un avantage, c'est que la ruche mère ainsi déplacée donnera beaucoup moins souvent un essaim secondaire (§ 41), ce qu'il est toujours préférable d'éviter (§ 111).

Il faut cependant avoir soin de noter sur un carnet le jour ou l'on a fait cette opération en prévision d'un essaim secondaire possible (1).

Fig. 122. — Apiculteur introduisant un essaim, par-dessus, dans une ruche à cadres.

Introduction de l'essaim par le haut de la ruche à cadres.
— On peut aussi introduire l'essaim par le haut de la ruche. On opère alors de la manière suivante.

On ne met dans la ruche que dix à douze cadres, et d'un coup sec, on fait tomber les abeilles du panier dans

(1) Si on fait cette opération, alors que l'on a déjà des ruches a cadres peuplées, on fera bien d'ajouter à l'essaim un cadre de couvain pris dans une ruche forte; on empêchera ainsi l'essaim de repartir, ce qui, d'ailleurs, arrive rarement.

la partie vide de la ruche (fig. 122). On recouvre ensuite
la ruche avec une toile pour empêcher les abeilles de
s'envoler; puis, à l'aide de l'enfumoir, on lance de la
fumée sous la toile, en se plaçant du côté de l'espace vide
dans lequel on a fait tomber les abeilles ; on oblige ainsi
ces dernières à aller dans les cadres. On ouvre ensuite
la porte qui se trouve du côté des cadres et on laisse
l'autre fermée. Le lendemain on s'assure que les cadres
n'ont pas été dérangés pendant l'opération.

**108. Cas où l'on n'a pas su reconnaître la
ruche qui a essaimé.** — Il peut arriver que l'on
n'ait pas su reconnaître la ruche qui a donné l'essaim ;
dans ce cas, on renonce à mettre la ruche à cadres contenant l'essaim à la place d'une ruche vulgaire ; on se
contente de la transporter tout simplement sur le plateau disposé d'avance et qui était destiné à mettre la
ruche qui a donné l'essaim.

**109. Nourrir l'essaim en cas de mauvais
temps.** — Nous savons (voir la fin du § 40) que les abeilles de l'essaim sont gorgées de miel et que leurs glandes
cirières, prêtes à fonctionner, produisent de nombreuses
lamelles de cire qui vont être façonnées par les
abeilles.

Aussi, dès que l'essaim est à sa place dans la ruche à
cadres, les abeilles commencent-elles à achever la construction des feuilles gaufrées ou à continuer à bâtir des
alvéoles sur les amorces collées.

Mais, s'il faisait mauvais temps, le miel dont les ouvrières sont gorgées ne pourrait pas leur suffire pendant
un grand nombre de jours; il est alors nécessaire de
venir en aide à l'essaim en lui donnant du sirop de sucre
pour attendre le beau temps.

Si l'on n'a pas de nourrisseur (§ 220) on peut simplement mettre le soir au fond de la ruche à cadres, du côté vide, une assiette creuse pleine de sirop (§ 89) sur lequel on a mis des rondelles de bouchons ou des brins de paille. On pousse cette assiette jusqu'à ce qu'elle touche le premier cadre, et à l'aide d'une plume d'oie on fait tomber quelques abeilles de l'essaim sur le sirop. On a soin d'enlever l'assiette le lendemain matin.

Ajoutons que, même par le beau temps, l'essaim se trouvera bien d'un pareil nourrissement pendant les premiers jours.

110. Cas où il se produit un essaim secondaire. — On a noté le jour de la sortie de l'essaim primaire. Si le beau temps continue, c'est en général huit ou neuf jours après, comme nous l'avons vu, qu'il pourra se produire un essaim secondaire. L'apiculteur en est prévenu un ou deux jours avant par le chant des mères (§ 41). A partir du cinquième jour, il sera bon d'écouter le soir si les mères chantent dans cette ruche.

Si jusqu'au dixième jour il ne se produit pas de chant, la ruche ne donnera pas d'essaim secondaire.

Supposons que l'on ait entendu le chant des mères, il y aura un essaim secondaire, et il sortira sans doute le lendemain ou le surlendemain, s'il fait beau.

111. Recueillir l'essaim secondaire. — La sortie de l'essaim secondaire est signalée ; il faut se disposer à le recueillir, non pas pour l'installer dans une ruche nouvelle, mais bien pour le rendre à la ruche qui l'a produit. En effet, cet essaim est beaucoup moins volumineux que l'essaim primaire, et n'aurait guère le temps de récolter sa provision d'hiver ; de plus, la ruche d'où il est sorti ne se trouve plus avoir une suffisante population. Or, nous verrons qu'une des règles de conduite en apiculture, est d'*avoir toujours de très fortes populations*.

Aussi, l'essaim secondaire devra être rendu à la ruche qui l'a produit.

Il est en général plus difficile de recueillir un essaim secondaire qu'un essaim primaire, car la mère étant jeune vole plus facilement ; l'essaim peut aller plus loin ou plus haut. On le recueillera comme l'essaim primaire (§ 104).

L'essaim recueilli dans la ruche vide sera renfermé dans une toile d'emballage, et on le transportera à la cave en le soulevant d'un côté sur une cale ; on ne le rendra à la ruche mère que le lendemain soir, afin de l'empêcher, autant que possible, de ressortir de nouveau.

112. Reconnaître d'où est sorti l'essaim secondaire. — De même que pour l'essaim primaire, il faut savoir de quelle ruche est sorti l'essaim secondaire afin de connaître la ruche à laquelle il faut le rendre. Il pourrait se faire en effet que plusieurs essaims primaires soient partis coup sur coup, et que plusieurs ruches soient susceptibles de donner des essaims secondaires ; c'est alors que se pose la question de savoir de quelle ruche déplacée est sorti l'essaim secondaire. Une ruche qui a essaimé et qui n'a pas été déplacée donnera plus souvent encore un essaim secondaire.

1° Si l'on a écouté le chant des mères de toutes les ruches, on n'aura qu'à chercher à l'entendre le soir même, et celle où on n'entend plus rien sera la ruche qui aura donné l'essaim secondaire. C'est donc à cette ruche qu'il faut le rendre.

2° Si l'on n'a pas écouté le chant des mères, il y a encore un moyen pour reconnaître d'où est sorti l'essaim secondaire. Le lendemain matin, on enfume légèrement l'essaim recueilli dans la ruche vide, on y prend à l'aide d'une cuiller à pot quelques cuillerées d'abeilles et on les jette dans une petite terrine pleine de farine. On transporte à quelques pas les abeilles blanchies de farine, et on les laisse s'envoler. On se met en observation près de l'entrée des ruches parmi lesquelles on suppose que l'une a essaimé ; la ruche où nous verrons entrer les abeilles blanchies de farine est celle qui a donné l'essaim secondaire.

113. Rendre l'essaim secondaire à la ruche qui l'a produit (1). — Le soir du lendemain, on transporte près de la ruche qui l'a produit l'essaim qui est dans la cave ; on enfume légèrement la ruche mère, on enlève la toile d'emballage et après avoir disposé deux baguettes de bois sur un drap, on y jette d'un coup sec les abeilles de l'essaim, entre les deux baguettes ; puis enfin, on pose doucement la ruche mère sur les baguettes, au-dessus du groupe d'abeilles, et on enfume tout autour pour engager les abeilles à se réunir.

L'opération que nous venons de faire en rendant l'essaim secondaire à la ruche mère a un double avantage :

1° Ne pas conserver un essaim qui est toujours trop faible, et ne pas diminuer la population de la ruche mère ;

2° Supprimer la possibilité d'un nouveau départ de l'essaim secondaire. En effet, il est presque certain que l'essaim ne sortira plus lorsqu'on a réuni l'essaim secondaire à la ruche mère.

114. Différents cas qui peuvent se présenter lors de la sortie des essaims.

1°. *Cas où l'essaim rentre dans la ruche qui l'a produit.* — Il arrive quelquefois, par un changement de temps, que l'essaim rentre en masse dans la ruche d'où il est sorti ; il faut s'attendre alors à le voir sortir de nouveau au premier jour de beau temps.

(1) Voir aussi § 233.

2°. *Cas où l'essaim entre dans une autre ruche.* — Il peut arriver que l'essaim qui était sorti se précipite dans une autre ruche ; on voit alors une bataille s'engager entre la population de cette ruche et celle de l'essaim ; dans ce cas, si l'on peut, on change de place la ruche assaillie avec celle qui a fourni l'essaim ; la tranquillité finit par se rétablir. S'il est trop tard pour faire ce changement on lance de la fumée au milieu du combat, jusqu'à ce que le calme soit revenu.

3°. *Cas où la mère de l'essaim est égarée.* — On peut voir quelquefois sortir un essaim dont les abeilles volent très longtemps de tous les côtés sans se réunir en une grappe compacte, c'est qu'il a perdu sa mère. Il peut arriver que l'on trouve cette mère tombée sur le sol devant la ruche, souvent au milieu d'un petit groupe d'ouvrières ; on peut alors la prendre et la mettre sous un verre. On enlève la ruche qui a fourni l'essaim pour la placer sur le plateau vide qui lui était destiné. Puis on met le verre au-dessous duquel est la mère, sur le plateau qui est devenu libre. Au-dessus de la mère on place la ruche vide ordinaire qui était destinée à recevoir l'essaim, après avoir retiré doucement le verre.

Toutes les abeilles sorties rentrent alors bientôt dans cette ruche. Le soir, on transvase l'essaim dans la ruche à cadres, comme on l'a indiqué (§ 107).

4°. *Deux ou trois essaims sortent à la fois.* — Il peut arriver que plusieurs essaims sortent à la fois ; souvent alors deux ou trois essaims peuvent se réunir au même point de façon à ne plus former qu'un groupe, ou plus rarement un second essaim va se réunir à un essaim déjà recueilli.

Le plus simple est de ne pas chercher à les séparer, il ne restera en définitive qu'une seule mère avec une

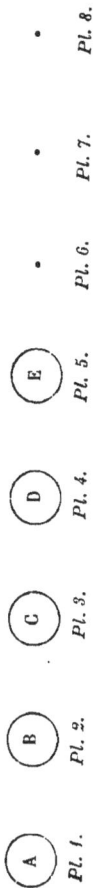

Fig. 123. — État, au printemps, d'un rucher composé de 5 ruches vulgaires A, B, C, D, E, occupant les places *1, 2, 3, 4, 5*. On a disposé à l'avance, un certain nombre de plateaux sans ruches, à des places libres telles que *Pl. 6, Pl. 7, Pl. 8*, etc.

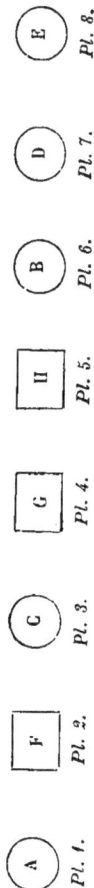

Fig. 124. — État du même rucher, après la saison des essaims, si trois des ruches vulgaires ont essaimé.

A, ruche vulgaire qui n'a pas essaimé, et qui est restée à la place 1.

B, ruche vulgaire qui a essaimé, et qu'on a transportée à une nouvelle place 6.

F, ruche à cadres ayant reçu l'essaim de la ruche B, et qu'on a installée à la place 2 qui était occupée par la ruche B.

C, ruche vulgaire qui n'a pas essaimé, et qui est restée à la place 3.

D, ruche vulgaire qui a essaimé et qu'on a transportée à une nouvelle place 7.

G, ruche à cadres ayant reçu l'essaim de la ruche D, et qu'on a installée à la place 4 qui était occupée par la ruche D.

E, ruche vulgaire qui a essaimé, et qu'on a transportée à une nouvelle place 8.

H, ruche à cadres ayant reçu l'essaim de la ruche E, et qu'on a installée à la place 5 qui était occupée par la ruche D.

Par suite, le rucher à l'automne se compose de 3 ruches à cadres et de 5 ruches vulgaires dont 3 ont été déplacées.

très forte population formée par les essaims réunis, on transvasera cet ensemble d'abeilles dans une ruche à cadres (1).

5° *Essaim d'essaim*. — Lorsque la saison de l'essaimage est prolongée, il arrive quelquefois qu'un essaim logé dans une ruche vulgaire donne lui-même un essaim avant la fin de la saison (2) ; mais cela ne se produira presque jamais dans une ruche à cadres.

115. État du rucher après la saison des essaims. — Voyons de quoi se compose le rucher après la saison de l'essaimage.

Supposons que nous ayons débuté avec cinq ruches (A, B, C, D, E, fig. 123) et que trois de ces ruches aient donné chacune un essaim primaire. Si nous avons traité chacune des ruches qui a essaimé de la manière indiquée plus haut (§ 107), le rucher se compose actuellement de :

1° Deux ruches vulgaires (A et C, fig. 124) qui n'ont pas donné d'essaims et sont restées à leur place primitive.

2° Trois ruches vulgaires (B, D, E, fig. 124) qui ont essaimé, qui n'ont pas donné d'essaims secondaires ou auxquelles on a rendu ces essaims. Les ruches ont été déplacées, et occupent une place nouvelle (*Pl. 6, Pl. 7* et *Pl. 8*, fig. 124).

3° Trois ruches à cadres (F, G, H, fig. 124) renfermant les trois essaims primaires ; ces trois ruches occupent les places où se trouvaient les trois ruches précédentes.

_____

(1) Si on a déjà des ruches à cadres peuplées, il sera très utile de donner à ces essaims réunis un cadre contenant du couvain, ce qui les empêche de repartir.

(2) C'est ce qu'on appelle un reparon, un rejeton, un essaim de vierge ou une virginie.

RÉSUMÉ.

Préparation des ruches à cadres. — Au moment où les abeilles commencent à récolter le nectar en grande quantité, on doit avoir préparé les ruches à cadres pour y installer les essaims. Dans chaque ruche, on disposera vingt cadres garnis soit de cire gaufrée alternant avec des cadres amorcés, soit tous amorcés par des bâtisses de cire.

Essaimage. — Lorsqu'il se produit un essaim naturel primaire, on recueille cet essaim dans une ruche vulgaire vide que l'on arrose de temps en temps, et qu'on laisse ainsi jusqu'au soir.

Si l'on a reconnu de quelle ruche l'essaim est sorti, un peu avant le coucher du soleil, on installe l'essaim dans la ruche à cadres ainsi préparée, on transporte la ruche qui a donné l'essaim sur un nouveau plateau qui a été disposé à l'avance, et on place la ruche à cadres qui a reçu l'essaim sur le plateau que vient de quitter la ruche mère.

S'il fait mauvais temps au moment où l'essaim vient de s'installer dans la ruche à cadres, il est nécessaire de lui donner du sirop de sucre.

Environ huit jours après la sortie de l'essaim primaire, la même ruche peut donner un essaim secondaire, ce dont on est averti par le chant des mères.

Lorsque cet essaim secondaire se produit, on le recueille et on le rend à la ruche qui l'a donné.

État du rucher après l'essaimage. — Si le débutant avait cinq ruches, par exemple, et que trois de ces ruches aient donné chacune un essaim primaire, il possédera, à la fin de la saison des essaims :

Deux ruches vulgaires qui n'ont pas essaimé ;

Trois ruches vulgaires qui ont essaimé et qui sont déplacées ;

Trois ruches à cadres renfermant trois essaims primaires, et qui sont à la place des trois ruches précédentes.

CHAPITRE VIII

OPÉRATIONS D'ÉTÉ DE LA PREMIÈRE ANNÉE

116. Maniement d'une ruche à cadres vide. —
Avant de visiter une ruche à cadres qui contient des
abeilles, le débutant fera bien de s'exercer simplement
à manier les cadres mobiles dans une ruche vide. Il y
placera une dizaine de cadres de façon que leur base
soit entre les crochets et que leurs traverses supérieures soient exactement entre les points de repère
correspondants.

Les dix cadres étant ainsi
placés d'un côté de la ruche, le
débutant prendra le premier
cadre qui est du côté de l'espace vide, et s'exercera à le déplacer en le mettant à un ou
deux rangs plus loin ; ou bien
encore, un cadre étant à sa
place, il s'habituera à l'incliner
en laissant sa base entre les
mêmes crochets et en déplaçant
la partie supérieure du cadre.

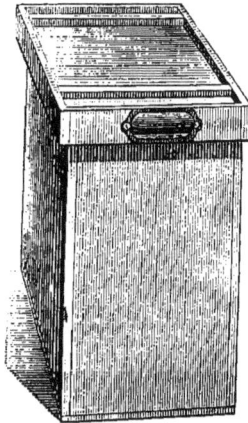

Fig. 125. — Boîte à cadres.

117. Boîte à cadres. —
Lorsqu'on devra visiter une
ruche à cadres, on aura souvent besoin d'y ajouter

des cadres ou d'en retirer ; pour cela, on transportera
sur une brouette, outre les outils nécessaires, une boîte
pouvant contenir un certain nombre de cadres (fig. 125).
Cette *boîte à cadres* doit fermer hermétiquement pour que
les abeilles ne puissent y pénétrer lorsqu'elle contient
des cadres. Au fond de la boîte, se trouve un plateau
à rebords, en fer blanc, destiné à recevoir le miel qui
pourraient couler des rayons.

118. Visite des ruches à cadres (1). — Visitons
par une belle journée et vers le soir, une ruche à cadres,
environ dix jours après qu'on y a installé un essaim.

Fig. 126. — Apiculteur enfumant une ruche à cadres.

Ouvrons la ruche après avoir légèrement enfumé à l'entrée pour refouler les gardiennes, et l'enfumoir à la
main (fig. 126), enlevons successivement les lattes ou les

(1) Les objets nécessaires pour cette visite sont : un enfumoir,
un couteau, des plumes d'oie ou une brosse à abeilles (voyez fig. 128),
un voile, une boîte à cadres. Un aide sera utile pour cette opération.

planchettes qui recouvrent le corps de la ruche, et qui se
trouvent du côté opposé à la porte ouverte, c'est-à-dire
du côté où·il n'y a pas de cadres ; à mesure que nous
retirons ces lattes ou ces planchettes, nous enfumons
pendant quelque temps de haut en bas dans l'espace
vide de cadres. Nous voici arrivé au premier cadre qui
sera en général, à cette époque,
peu ou pas construit.

En le laissant en bas dans les
mêmes crochets, après avoir enlevé
la latte qui le sépare du suivant,
inclinons-le un peu dans la partie
supérieure, du côté de l'espace vide.

On peut se servir avec avantage
pour avoir plus de force de ce qu'on
appelle un *lève-cadre* (fig. 127).
C'est une sorte de pince qui prend
le haut du cadre et qui se manœu-
vre avec les mains d'une façon très
simple. Dans la visite de ruches à
cadres habitées depuis longtemps,
ce lève-cadre permettra aussi de
détacher le rayon collé par la propolis (§ 18).

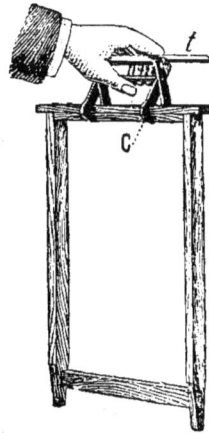

Fig. 127. — Cadre qu'on
soulève à l'aide d'un lève-
cadres *t* C ; C, un des crochets ; *t*, levier.

Lorsque nous inclinons le premier cadre, enfumons
les abeilles pendant quelque temps, toujours de haut en
bas, en faisant pénétrer la fumée dans l'intervalle ainsi
agrandi qui se trouve entre les deux premiers cadres, et
continuons à enfumer jusqu'à ce que les abeilles soient
en état de bruissement (§ 58), et fassent entendre un
fort bourdonnement.

Levons doucement ce second rayon (fig. 128), après
avoir enlevé la latte qui le sépare du troisième, en l'inclinant un peu du côté du premier de manière à ne pas
froisser les abeilles. Si les ouvrières ont commencé à

travailler au-dessous des amorces (ou si c'est une plaque
de cire gaufrée, à construire sur les empreintes qui
indiquent la forme des cellules), nous y verrons du miel
liquide dans les cellules supérieures. Remettons ce cadre
en place, puis inclinons sa partie supérieure vers le premier cadre, afin de pouvoir visiter le troisième. Enfumons
encore dans le nouvel intervalle et aussi dans le premier.

Fig. 128. — Apiculteur examinant un rayon d'une ruche à cadres.

Visitons ce troisième cadre comme le précédent, ce qui
peut se faire même sans le retirer complètement.

Il peut arriver, surtout lorsqu'on a mis des cadres
amorcés, que deux rayons successifs soient en quelques
points réunis entre eux par les bâtisses nouvelles; il
ne faut pas s'en effrayer, et, avec le couteau, on coupera délicatement ces soudures de cire avant de retirer
le rayon pour le visiter.

Dans cette visite, nous aurons soin de vérifier si tous
les rayons sont bâtis bien droits dans les cadres, point
important pour le maniement des rayons mobiles.

Si les cadres ont tous été garnis de cire gaufrée, suffisamment épaisse et bien fixée, nous n'aurons en général
qu'à constater la régularité des bâtisses dans les cadres.

Fig. 129. — Brosse à abeilles.

Si les rayons ont été simplement amorcés ou si l'on y
a mis de la cire gaufrée trop mince, il pourra se faire
qu'un ou plusieurs rayons ne soient pas bien droits
dans les cadres; les bâtisses d'un cadre peuvent être

Fig. 130. — Apiculteur chassant, à l'aide d'une brosse, les abeilles qui recouvrent
un cadre.

alors plus ou moins gondolées, présentant des bosses
ou des parties irrégulières.

Dans ce cas, enlevons complètement le rayon irrégulièrement construit et plaçons-le dans la partie vide
de cadres, puis remettons la couverture sur les cadres.

Chassons alors les abeilles du rayon en les faisant

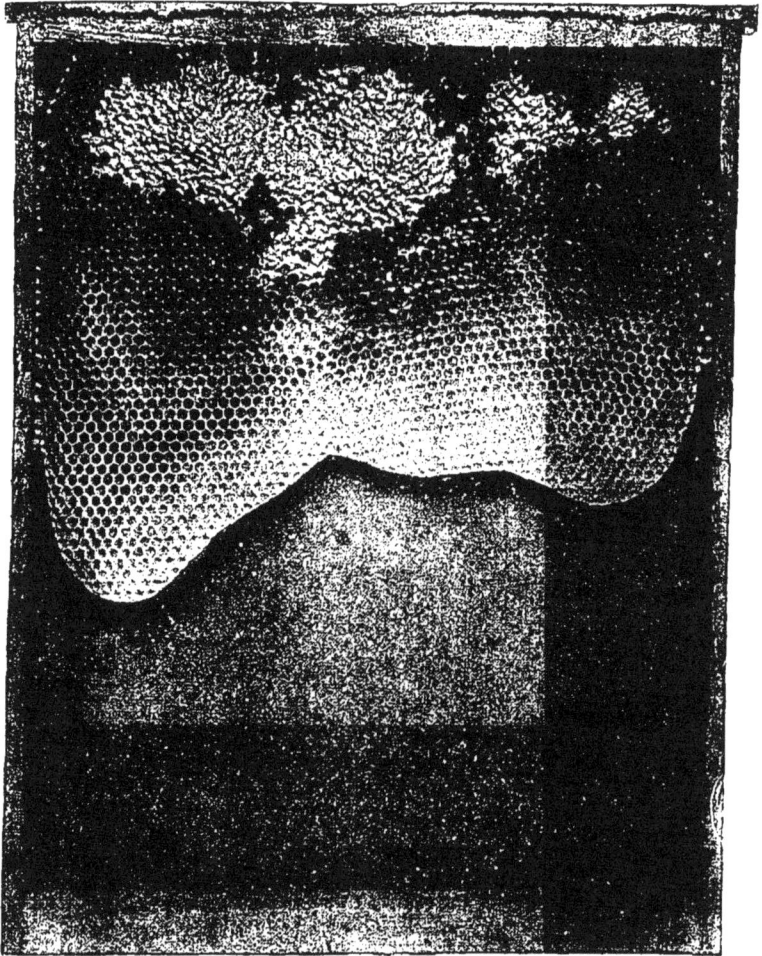

Fig. 131. — Bâtisses en voie de construction sur un cadre amorcé avec des morceaux de vieux rayons collés au sommet du cadre. On voit de la cire nouvelle et blanche dans le bas du rayon, et, dans le haut, une partie des cellules occupées par du miel déjà en partie operculé.

tomber dans le fond de la ruche à l'aide d'une plume

d'oie ou d'une brosse à abeilles (fig. 129 et fig. 130) ; ensuite, redressons à la main et avec précaution les parties bosselées du rayon et servons-nous du couteau si cela est nécessaire. Nous remettons le rayon à sa place et nous continuons la visite.

En examinant les divers rayons pendant cette opération, nous aurons pu reconnaître facilement du jeune couvain, c'est-à-dire des œufs et de jeunes larves (o et *jl*, fig. 36), et presque toujours du miel dans la partie supérieure.

On trouve aussi du miel dans le haut des cadres dont les bâtisses n'ont pas de couvain (fig. 131).

Dans les cas où le premier rayon examiné, c'est-à-dire celui qui est du côté de la partie vide de cadres, serait déjà assez avancé dans sa construction et renfermerait du miel, il serait nécessaire d'ajouter à la suite deux ou trois cadres garnis de cire gaufrée, ou, à leur défaut, des cadres amorcés.

On remarquera parfois, que les abeilles ont ébauché quelques constructions sous les planchettes qui sont au dessus de la partie vide de la ruche ; c'est là un signe *certain* que la colonie n'a pas assez de cadres et qu'il faut en ajouter.

Nous aurons soin, en terminant cette première visite, d'avoir remis exactement tous les cadres et les lattes à leur place, et de refermer la ruche.

119. Avantage des rayons gaufrés quand un essaim est logé dans une ruche à cadres. — On peut remarquer que dans un cas comme celui-ci, les essaims ayant été logés dans une ruche à cadres au moment d'une forte récolte, on trouvera plus de miel dans les ruches munies de cire gaufrée ou de très grandes amorces que dans celles qui n'auraient que des lames de cire au sommet des cadres.

Cela tient à ce que les abeilles construisent plus rapidement dans le premier cas que dans le second.

120. Surveillance des ruches vulgaires restant. — Si, après la saison des essaims, les abeilles récoltent encore du miel, il sera utile de voir si les ruches vulgaires qui n'ont pas essaimé ne sont pas devenues trop petites pour leur population.

Fig. 132. — Apiculteur plaçant une hausse au-dessous d'une ruche vulgaire.

Dans ce cas, après avoir enfumé par la porte une ruche vulgaire, on l'incline pour l'examiner par dessous ; on reconnaîtra que la place est insuffisante si l'on voit un grand nombre d'abeilles agglomérées sur le plateau, et, si en examinant les bâtisses, on trouve du couvain qui descend jusqu'au bas des rayons.

Lorsqu'on a reconnu ainsi que la ruche est devenue trop petite pour sa population, on l'agrandit de la manière suivante : on se sert pour cela d'une sorte de cylindre en paille ou en osier appelé *hausse*, que l'on

place au-dessous de la ruche (fig. 132) en l'y rattachant
par des crochets en fer.

La pose d'une hausse sous une ruche vulgaire a encore cet avantage que, dans les contrées où il y a une
récolte d'arrière-saison, elle empêche généralement la
ruche de donner un essaim tardif, qui récolterait difficilement ses provisions pour l'hiver.

121. Surveillance des ruches à cadres. — Si
les abeilles continuent à récolter, ou si l'on est dans
une contrée de Bruyère ou de Sarrasin, il sera bon de
visiter de nouveau les ruches à cadres qui ont reçu des
essaims ; on verra alors s'il n'y pas lieu d'y ajouter encore des cadres amorcés ou munis de cire gaufrée.

122. Fin de la saison mellifère. — A mesure que
les abeilles récoltent de moins en moins de nectar dans
les fleurs de l'arrière-saison, la mère pond de moins en
moins. Beaucoup d'abeilles meurent et ne sont pas
remplacées par des abeilles nouvelles. Aussi, la population diminue-t-elle dans les ruches ; le groupe des
abeilles se resserre et occupe un moins grand nombre de
rayons.

La fin de la saison est marquée pas les signes suivants :

1° L'activité des abeilles à l'entrée des ruches diminue,
même lorsque le temps est beau ;

2° Les faux-bourdons sont renvoyés par les abeilles
qui les pourchassent ou les tuent ;

3° Si on pèse les ruches on constate que leur poids
n'augmente plus, et même commence à diminuer ;

4° On ne voit plus de ventileuses à la porte des
ruches ;

5° On voit par-ci par-là, des abeilles qui rôdent autour
des ruches et cherchent à s'y introduire ; ce sont des

abeilles pillardes toujours en plus grand nombre dans cette saison.

RÉSUMÉ.

Visite des ruches à cadres. — Après s'être exercé au maniement d'une ruche à cadres vide, le débutant, environ dix jours après l'installation des essaims dans les ruches à cadres, fera la visite de ces ruches ;

Dans cette visite :

1° Il regardera si tous les rayons sont bâtis bien droit dans les cadres ; en cas contraire, il les redressera ou en enlèvera les parties irrégulières ;

2° Il constatera que chaque ruche possède du couvain de tout âge ;

3° Il verra si les bâtisses sont très avancées dans les cadres et s'il y a déjà lieu d'ajouter des cadres amorcés ou garnis de cire gaufrée.

Surveillance du rucher. — Ensuite, il inspectera les ruches vulgaires qui restent encore dans le rucher, et s'il en est, parmi celles qui n'ont pas essaimé, qui soient devenues trop petites pour leur population, il leur ajoutera une hausse par dessous.

Plus tard, il continuera à surveiller les ruches à cadres ; et dans le cas où il y aurait une récolte d'automne, le débutant fera bien de les visiter de nouveau pour voir s'il ne faut pas encore leur ajouter des cadres.

CHAPITRE IX

OPÉRATIONS D'AUTOMNE DE LA PREMIÈRE ANNÉE

123. Récolte du miel par l'apiculteur. — C'est avant de voir tous les signes qui indiquent la fin de la saison mellifère que l'apiculteur doit faire la récolte du miel à prélever dans les ruches. S'il tardait trop, les abeilles deviendraient d'un maniement un peu moins facile, car nous savons qu'elles sont plus irritables, lorsqu'il n'y a plus de miel dans les fleurs. Si le rucher est dans l'état que nous avons supposé, le débutant n'aura pas à faire une récolte importante à la fin de cette première année.

Comme il doit transformer les ruches vulgaires qui restent en ruches à cadres au printemps suivant, il sera plus simple de ne pas y prendre de miel.

Quant aux ruches à cadres qui contiennent, d'après ce que nous avons supposé des essaims de l'année, ce n'est guère que dans une saison très mellifère qu'ils pourront fournir une récolte.

Quoi qu'il en soit, et à moins d'une saison exceptionnellement mauvaise, le débutant pourra en retirer quelques rayons de miel, au moins deux, afin d'apprendre pratiquement comment on récolte le miel des ruches à cadres.

124. Visite des ruches à l'arrière-saison ; éva-

10.

luation du poids de miel d'un rayon. — Le débutant, en même temps qu'il récoltera quelques cadres de miel pour apprendre à l'extraire, visitera complètement ses ruches à cadres pour se rendre compte de leur état, en arrière-saison, et pour savoir quelle quantité de miel elles contiennent, afin de laisser à chacune la provision suffisante pour l'hiver (1).

Afin d'éviter le pillage qui pourrait se produire, on fera cette visite le soir avant la tombée de la nuit, et on aura soin de rétrécir les portes de toutes les ruches, y compris celle des ruches vulgaires, en ne laissant à chaque porte que la largeur de deux ou trois abeilles.

Commençons par visiter la ruche à cadres la plus forte et la plus active. Nous opérerons comme il est dit au § 118, mais il sera nécessaire d'enfumer très fortement, surtout s'il est très tard en saison, car alors les abeilles sont plus irritables (2).

Nous inclinons les cadres, en commençant par celui qui est du côté de la partie vide. En général, les cadres seront plus ou moins remplis de miel; si nous en trouvons un complètement operculé, il sera facile d'évaluer son poids approximatif, sans se servir d'une balance. En effet, comme trois décimètres carrés de miel operculé (en comprenant les deux côtés) contiennent environ un kilogramme de miel, il s'ensuit qu'un rayon complet de la ruche que nous avons adoptée contiendra environ 4 kilogrammes de miel (3).

---

(1) Les instruments nécessaires pour cette visite sont : une boîte à cadres, un couteau, un enfumoir, un voile, une plume ou une brosse à abeilles. Il est utile d'avoir un aide pour cette opération.

(2) Il arrive quelquefois que les abeilles d'une colonie sont particulièrement irritables. Dans ce cas il ne faut pas craindre d'enfumer longtemps et fortement; de plus, on peut verser entre les cadres, avec une burette, de l'eau sucrée, ce qui les calme beaucoup.

(3) Ce poids est plus faible si les rayons sont très vieux, car alors les bâtisses vides sont plus lourdes (§ 30).

125. Quantité de miel qu'on doit laisser pour la provision d'hiver. — Un point très important à considérer en apiculture, c'est la quantité de miel qu'on doit laisser dans une ruche pour l'hivernage. Si on ne laisse pas aux ruches une provision suffisante, elles pourront périr pendant l'hiver faute de miel, et si les colonies sont encore vivantes à la fin de l'hiver, on sera toujours obligé de les nourrir au printemps.

Il faut donc résister à la tentation de récolter une trop grande quantité de miel et *laisser toujours aux abeilles une provision plus que suffisante*.

Comme il peut se faire que l'année suivante, par suite d'un printemps tardif, les abeilles ne puissent pas faire de récolte sur les fleurs avant la fin de mai, la prudence exige que nous laissions au moins 16 kilogrammes de miel dans chaque ruche.

Il suit de là, qu'avant de retirer quelques cadres de miel des ruches que nous visitons, il faut évaluer au préalable la quantité totale de miel qu'elles contiennent.

On acquerra vite l'habitude d'estimer ce poids approché pour chaque rayon, en prenant pour point de départ le poids de 4 kilogrammes pour un rayon dont l'épaisseur dépasse celle du cadre, et qui est complètement rempli. A la simple vue, nous évaluerons la surface occupée par le miel dans chaque rayon, et par suite son poids approximatif.

Nous profitons de cette visite de tous les rayons pour constater que quelques-uns d'entre eux contiennent encore du couvain, ce qui nous indique que la colonie a conservé sa mère et est en bon état.

On verra au § 131 ce qu'il faut faire si l'on ne trouve pas de couvain ce qui indiquerait, s'il n'est pas encore tard en saison, que la colonie est devenue orpheline.

Le total du poids de miel étant déterminé, nous saurons combien on peut récolter de cadres de miel. Nous aurons

soin, bien entendu, de ne prendre que des cadres contenant uniquement du miel, sans couvain. Nous procéde-
rons de la manière suivante :

Tout en continuant à enfumer fortement, nous retirons
complètement les cadres de miel que nous voulons récolter ; nous les transportons avec les abeilles qui les recouvrent dans la partie de la ruche qui est vide de cadres ;
ensuite, nous repoussons tous les cadres non récoltés,
de manière qu'il n'y ait pas d'interruption dans la suite
des cadres, puis nous remettons les lattes entre tous les
cadres restants. A l'aide de la plume d'oie, nous brossons
les abeilles, et, tout en enfumant, nous les faisons tomber
au fond de la partie vide. Nous enlevons ainsi successivement chaque rayon de miel que nous mettons dans la
boîte à cadres, et nous refermons la ruche.

Nous visiterons de la même manière les autres ruches
à cadres.

S'il s'en trouve une dont le total du miel évalué est
inférieur à 16 kilogrammes au lieu d'y prendre du miel
nous en ajouterons. Cela se fera d'une manière bien simple, grâce aux cadres mobiles, car nous n'avons qu'à
ajouter à cette ruche insuffisamment pourvue, un ou plusieurs des cadres récoltés dans une ruche forte pour lui
compléter sa provision d'hiver.

**126. Cas où les ruches à cadres ont une pro-
vision insuffisante.** — Il peut se faire que par suite
d'une mauvaise année, nous ne trouvions dans nos
ruches à cadres, non seulement assez de miel pour en
récolter, mais même pas la quantité de miel complètement suffisante pour les laisser hiverner sans danger.

Dans ce cas, il sera prudent de donner aux ruches
insuffisamment pourvues, sous forme de sirop de sucre,
les quelques kilogrammes de provision qui leur manquent pour avoir 16 kilogrammes de miel.

Il est très important de faire cette opération le plus tôt possible, car si l'on attend trop tard dans la saison, il peut se faire que l'abaissement de la température extérieure ne permette pas aux abeilles d'operculer le sirop, ce qui serait la cause d'un mauvais hivernage.

127. Nourrissement des ruches à cadres (1). — Nous pourrons opérer comme on l'a indiqué (§ 109) ou

Fig. 133. — Apiculteur versant du sirop dans les cellules d'un rayon vide.

mieux encore de la manière suivante, qui est la meilleure à cette époque de l'année.

On prépare un sirop en faisant fondre à chaud du sucre dans de l'eau, dans la proportion de 5 kilogrammes de sucre pour 3 litres d'eau. Quand l'eau aura commencé

(1) Voir aussi § 220 et § 232.

à bouillir on laissera refroidir le sirop et on en remplira une burette.

Lorsqu'on nourrit les colonies, il y a toujours une certaine quantité de sirop dépensée par les abeilles, à cause de l'excitation que produit le nourrissement. Les abeilles agissent en effet, à l'intérieur de la ruche, pendant le nourrissement, comme s'il y avait une récolte; d'où chaleur plus grande, élevage de nouveau couvain, etc.

On a calculé qu'en général, il est nécessaire d'augmenter d'un quart la quantité de sucre qu'on désire donner aux abeilles.

Dans le cas où nous aurons trouvé, en visitant une ruche à cadres, qu'il est nécessaire de la nourrir pour compléter ses provisions, nous aurons eu soin d'enlever quelques cadres construits ne contenant pas de miel ou n'en ayant qu'assez peu.

Ces cadres vides ou à peu près vides, auront été transportés dans une chambre close, à l'abri des abeilles, et nous les remplirons de sirop de la manière suivante : Nous posons un cadre à plat sur une toile cirée placée sur une table, et à l'aide de la burette nous versons du sirop dans toute les cellules vides, puis nous mettons une feuille de papier sur le cadre, dont la première face a été remplie de sirop et nous retournons le tout sur la toile cirée. Nous remplissons de la même manière l'autre face du cadre, et après avoir enlevé le papier nous remettons le rayon ainsi chargé de sirop dans la boîte à cadres. Cela se fait facilement presque sans faire écouler le sirop qui est dans les cellules; car avec les proportions de sucre et d'eau indiqués plus haut, le sirop est assez épais pour ne pas couler dans ces conditions.

Les rayons pleins de sirop seront donnés en nombre voulu à chaque ruche. On ne les y placera que le soir, à la tombée de la nuit, afin d'éviter le pillage.

Dans les ruches fortes en population, on peut donner

jusqu'à cinq ou six kilogrammes de sirop en une seule fois.

128. Ce qu'il faut faire quand un commencement de pillage se produit. — Nous avons dit ce qu'on doit faire avec des ruches vulgaires quand le pillage commence à se produire, par suite d'une négligence du débutant.

Fig. 134. — Disposition de l'enfumoir devant une ruche à cadres lorsqu'il y a un commencement de pillage.

On pourrait agir de même avec les ruches à cadres si le pillage est très fort.

Mais, au début du pillage, avec les ruches à cadres, il serait plus simple d'opérer de la manière suivante :

On place l'enfumoir devant la porte d'entrée de la ruche qui commence à être pillée (fig. 134), ce qui empêche les abeilles d'entrer dans la ruche. Les pillardes sortent peu à peu sans pouvoir rentrer; une demi-heure après, on retire l'enfumoir et on rétrécit la porte pour le passage d'une seule abeille. On peut ensuite asperger extérieurement la ruche, avec un peu de pétrole, sauf l'en-

trée. Ces précautions suffisent généralement pour arrêter
un commencement de pillage.

**129. Outillage nécessaire pour la récolte du
miel dans les ruches à cadres.** — Nous avons vu
(§ 47) de quoi se compose l'extracteur qui est l'instrument
principal pour récolter le miel des cadres sans détruire
les bâtisses (1).

Fig. 135. — Couteau à désoperculer, à un seul manche.

Mais une difficulté se présente ; nous savons que le
miel à son état de concentration définitive, c'est-à-dire
dans l'état où il pourra se conserver sans fermenter, se
trouve dans les cellules operculées par les abeilles ; on
doit donc récolter de préférence les rayons dont toutes
les cellules sont operculées, ou à la rigueur, ceux qui
ont au moins les deux tiers des cellules operculées. Il

Fig. 136. — Couteau à désoperculer, à deux manches.

est par conséquent nécessaire d'enlever ces opercules
avant de mettre les cadres dans l'extracteur.

Dans ce but, on se sert d'un *chevalet* pour poser le
cadre qu'on va désoperculer et d'un couteau spécial pour
enlever les opercules.

Le *chevalet à désoperculer* est un assemblage de pièces
de bois convenablement disposées pour recevoir le ca-

(1) On n'oubliera pas de mettre d'avance de l'huile pour bicyclettes
dans les diverses parties de l'extracteur sujettes à frottement.

dre sous l'inclinaison la plus commode (voyez fig. 137).

En haut du chevalet, se trouvent deux clous à crochet, dans lesquels on peut placer les deux bouts de la traverse supérieure du cadre.

Le cadre plein de miel, fixé ainsi par le haut, repose sur le chevalet et c'est dans cette position qu'on le désoperculera.

Fig. 137. — Apiculteur désoperculant un rayon qui est suspendu à deux crochets Arrivé en bas du rayon, il nettoie le couteau, et le remplace par un autre qui chauffe sur le fourneau.

Le meilleur *couteau à désoperculer* est un couteau à deux manches (fig. 136) dont la lame est un peu courbe et tranchante par le bas; grâce à cette disposition, la masse des opercules détachés est enlevée sans venir se recoller sur les parties coupées (1).

Au-dessous, un peu en avant et entre les deux montants du chevalet, se place un récipient (fig. 137) (par exemple une bassine en fer-blanc) recouvert d'un tamis

(1) On peut se servir aussi d'un couteau à un seul manche (fig. 135), mais l'opération est plus longue.

sur lequel tombera la masse des opercules et le miel
qu'elle entraîne avec elle.

A côté du chevalet, se trouve un fourneau quelconque
sur lequel on chauffera légèrement la lame du couteau à
désoperculer, afin de faciliter
l'opération (fig. 137).

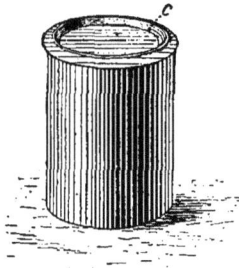

Le miel que l'on retirera par le
robinet qui est en bas de l'extracteur contiendra toujours plus ou
moins de débris de cire ; il sera
nécessaire de l'*épurer*.

Un *épurateur à miel* est tout
simplement un vase beaucoup
plus haut que large, percé à la
base d'un trou qui peut se fermer
par un bouchon ou un robinet.

Fig. 138. — Boîte à miel :
.*c*, couvercle.

Il faut enfin être muni de vases pour mettre le miel
de la récolte. Les meilleurs et les plus légers, sont des
boîtes en fer-blanc à fermeture hermétique telle que
celle représentée par la figure 138. On en trouve dans le
commerce, de toutes dimensions.

130. Extraction du miel. — Si le débutant a
récolté au moins deux cadres, il pourra s'exercer à en
retirer le miel au moyen de l'extracteur. Cet instrument
est placé dans une chambre qui est à l'abri des abeilles, et
où l'on a apporté les cadres de miel retirés des ruches.
Nous prenons l'un de ces cadres, et nous le plaçons
sur le chevalet qui a été préparé à cet effet, nous chauf-
fons le couteau à désoperculer jusqu'à ce qu'on ne
puisse plus le toucher avec les doigts. La lame de ce
couteau est un peu moins longue que l'intérieur des
cadres, afin que son maniement soit plus facile. Lorsque
le couteau est à la température voulue, nous nous en ser-
vons pour enlever de haut en bas toute la partie des bâ-

lisses qui dépasse les montants du cadre. La masse
des opercules avec le miel vient tomber sur le tamis qui
est au-dessous du chevalet. Nous raclons avec une cuiller
la lame du couteau que nous plaçons sur le fourneau
pour le faire chauffer de nouveau.

Si les bâtisses sont çà et là creusées ou un peu irrégulières, nous achevons, avec la pointe d'un couteau
ordinaire, de désoperculer les quelques cellules qui n'ont
pas été atteintes. Nous retournons ensuite le cadre sur
le chevalet, et nous opérons de même pour l'autre côté.

Comme nous pouvons avoir des rayons sans cire gaufrée qui viennent d'être construits sur amorces et sont
fragiles, il sera prudent alors de placer sur chaque face
des rayons un grillage à mailles de 5 ou 6 centimètres ;
les deux grillages d'un rayon ne sont pas attachés au
cadre, mais sont simplement réunis par-dessus au moyen
de deux ficelles. Le cadre étant ainsi disposé, nous le
plaçons derrière la grille de l'extracteur (fig. 138). Nous
faisons de même pour l'autre cadre de miel et nous avons
soin que les deux cadres choisis et placés sur deux côtés
opposés de l'extracteur aient à peu près le même poids.
Cette dernière précaution a pour but d'empêcher la tré-
pidation de l'instrument pendant la marche.

Les choses étant ainsi préparées, nous faisons tourner
la manivelle de l'extracteur, en allant d'abord assez
doucement afin de ne pas briser les rayons; le miel
projeté par la force centrifuge vient s'appliquer sur les
parois de l'extracteur, d'où il coule jusqu'au fond (1).
Nous entendons un bruit de pluie ; quelques instants
après que ce bruit a cessé, nous retournons les cadres,
pour extraire le miel du côté opposé. Cette fois nous
pouvons tourner un peu plus vite et assez longtemps

(1) Dans le cas où ces rayons seraient remplis de miel de bruyère,
on ne pourrait pas les extraire directement avec l'extracteur. En ce
cas voir le § 167.

pour extraire complètement le miel de ces faces. Enfin nous retournons encore une fois chaque cadre et nous faisons manœuvrer rapidement l'appareil, afin d'achever l'extraction du miel des premières faces.

Nous retirons alors les rayons dont on a extrait le miel, et nous les pla-çons dans la boîte à cadres, afin de les met-tre dans une ruche le soir d'un des jours sui-vants, pour les faire nettoyer par les abeil-les.

Bien entendu, si l'on a un nombre de rayons suffisants à récolter, on en met quatre à la fois dans l'extracteur.

Au moyen du robi-net de l'extracteur, nous recueillons le miel et nous le versons dans l'épurateur en y joignant celui qui est dans la bassine placée au-dessous du chevalet. Quant à la masse d'opercules enduits de miel qui est restée sur le tamis, après l'avoir remuée avec la cuiller pour en faire écouler le miel à travers le tamis, on la jettera dans un baquet, et s'il y en a une quantité suffisante, on l'utilisera comme il est dit plus loin au § 264.

Fig. 139. — Apiculteur plaçant dans l'extrac-teur un rayon désoperculé protégé par un grillage.

Quand les pellicules de cires seront montées à la sur-face du miel qui est dans l'épurateur, ce qui demandera un certain temps, on pourra soutirer le miel et le mettre dans les vases où il doit être conservé.

Comme le miel absorbe facilement l'humidité, les

pots qui le contiennent, s'ils ne sont pas fermés hermétiquement comme dans la figure 138, devront être
placés dans un endroit sec et aéré.

131. Ruches presque sans miel ou orphelines.

— Il peut arriver que certaines ruches à cadres, ne donnent après la visite d'arrière-saison qu'un total de miel
tout à fait insuffisant, par exemple moins de 8 kilogrammes et qu'on n'ait pas de cadres de miel à leur
ajouter. En ce cas, il sera prudent de réunir ces ruches
entre elles surtout si la colonie paraît être trop faible
pour emmagasiner et operculer la très grande quantité
de sirop qu'il faudrait lui donner.

Il en sera de même si on trouve une ruche à cadres
orpheline ; on devra la réunir à une autre.

132. Réunion des ruches à cadres (1). — Lors-
qu'on veut réunir une colonie à une autre, on opère de la
manière suivante, et toujours vers le soir :

Après avoir ouvert la ruche à réunir, et après avoir
légèrement enfumé dans l'intervalle des cadres, nous
retirons successivement chaque cadre garni d'abeilles ;
nous versons sur les deux faces des cadres un peu d'eau
sucrée aromatisée et nous les mettons dans la boîte à
cadres. Les abeilles se gorgeront de cette eau sucrée, et
prendront l'odeur que nous allons donner tout à l'heure
à la ruche qui doit les recevoir ; cet artifice très simple
facilitera la réunion et empêchera les abeilles de se battre.

Tous les rayons étant ainsi transportés dans la boîte

---

(1) Les instruments nécessaires pour cette opération sont les suivants : Une burette pouvant contenir environ deux verres d'eau très
sucrée et aromatisée avec une goutte d'essence, d'anis, de menthe
ou de tout autre parfum ; une boîte à cadres assez grande pour
pouvoir contenir tous les cadres de la ruche à réunir ; une plume
d'oie ou la brosse à abeilles ; un enfumoir et un voile. (Voir aussi
un autre procédé § 235.)

avec les abeilles qui les recouvrent encore, nous refermons la boîte à cadres, et nous nous transportons près de la ruche qui doit recevoir la colonie à réunir.

Enlevons le toit de cette ruche, enfumons successivement dans l'intervalle des cadres en retirant les lattes et en les replaçant tour à tour, puis versons dans ces intervalles, de l'eau sucrée aromatisée, environ la valeur d'un verre pour toute la ruche.

Déplaçons les rayons de cette ruche, jusqu'au premier rayon qui a du couvain. Ouvrons la boîte à cadres ; prenons-y les rayons de couvain de la ruche à réunir, et plaçons-les à la suite des rayons de couvain de la ruche qui les reçoit. Mettons à la suite les rayons qui ont le plus de miel, puis ceux qui ont moins de miel. Quant à ceux qui n'en ont pas, brossons-en les abeilles dans la ruche et remettons-les dans la boîte à cadres.

Enfin retournons vers la ruche à réunir, dans laquelle se trouvent encore quelques poignées d'abeilles.

Enlevons le corps de cette ruche, en faisant tomber les abeilles sur le plateau et transportons le plateau au-dessus de la ruche qui a reçu les cadres ; faisons tomber les abeilles dans la ruche ; refermons la ruche, et enfumons-la fortement par la porte ; nous rétrécirons ensuite cette porte.

On fera bien cependant de surveiller les abeilles à la porte de la ruche, et si par hasard on voyait quelques abeilles en train de se battre, on enfumerait fortement de nouveau (1).

133. Examen à l'automne des ruches vulgaires restant. — Après avoir visité les ruches à cadres

---

(1) A propos de la réunion des ruches à cadres, on peut faire remarquer qu'il y a très rarement utilité à réunir entre elles des colonies au printemps. (Pour plus de détails, voir G. de Layens *Nouvelles expériences pratiques d'Apiculture*, p. 13, Paul Dupont, édit.)

comme on vient de le faire, il faut aussi visiter les ruches vulgaires du rucher. On opérera comme il a été dit § 79 et suivants. S'il y a des ruches orphelines ou trop faibles, on les réunira comme il est dit plus loin § 204. Nous avons vu que, comme ces ruches vulgaires sont destinées à être transvasées l'année prochaine dans les ruches à cadres, il vaut mieux ne pas y récolter du miel.

134. Hivernage des ruches à cadres et des ruches vulgaires. — A la fin de l'arrière-saison, et avant l'apparition des premiers froids, on doit disposer toutes les ruches pour l'hivernage qui, comme nous le savons, est un point capital en apiculture ; on a traité § 76 de l'hivernage des ruches vulgaires.

Disons, en quelques mots, comment devra se faire l'hivernage des ruches à cadres, de la manière la plus simple.

Pour obtenir un bon hivernage nous savons qu'il faut remplir les trois conditions suivantes :

1° Faciliter le renouvellement de l'air par le bas de la ruche (1);

2° Empêcher l'entrée des mulots ou autres rongeurs;

3° Éviter une trop grande déperdition de chaleur.

1° On établira un léger courant d'air sous la ruche en la soulevant de quatre ou cinq millimètres à l'aide de deux petites cales glissées entre le plateau et la ruche, par derrière (on voit en *a*, fig. 140 une de ces deux petites cales).

_____

(1) On peut aussi hiverner les ruches à cadres en renouvelant l'air par le haut. Dans ce cas, on enlève les lattes ou les planchettes ; on place sur toute la longueur de la ruche trois ou quatre baguettes d'un centimètre d'épaisseur et on recouvre le tout d'un coussin bourré de mousse, par exemple. L'air humide traverse le coussin et, grâce à l'enlèvement des lattes ou des planchettes, l'humidité du coussin s'échappe constamment.

De plus, pour que l'eau du plateau puisse s'écouler on soulève aussi le plateau au moyen de deux gros coins, qu'on intercale entre le plateau et le tabouret (on voit l'un de ces coins en C sur la figure 140).

Fig. 140. — Une ruche à cadres préparée pour l'hivernage : C, un des deux gros coins placés entre le plateau et le tabouret ; a, une des deux petites cales placées entre la ruche et le plateau ; g, une des deux grilles d'hiver.

2° Pour empêcher les rongeurs d'entrer tout en permettant à l'air de circuler facilement par le bas du devant de la ruche, on retire les deux languettes métalliques des portes ; on remplace ces deux languettes par deux languettes perforées appelées *grilles d'hiver*; ce sont des lames métalliques, percées de trous assez grands pour permettre aux abeilles de passer et assez étroits pour empêcher l'entrée des plus petits mulots. Ce seront par exemple des trous rectangulaires, de 7 millimètres de hauteur sur 12 millimètres de largeur.

3° Pour éviter la déperdition de chaleur, on disposera

un paillasson ou un coussin de mousse sur les planchettes ou sur les cadres.

L'hivernage étant ainsi disposé pour les ruches vulgaires, et pour les ruches à cadres, on laissera les choses en état, sans toucher aux ruches jusqu'au printemps suivant. En effet, *il est essentiel de ne pas déranger les abeilles pendant l'hiver*, car on courrait risque en les visitant. par le froid, de faire perdre à la colonie un grand nombre d'abeilles qui ne pourraient plus rejoindre le groupe.

RÉSUMÉ.

Récolte du miel par l'apiculteur. — Lorsque la saison mellifère commence à prendre fin, et si la récolte a été suffisante, le débutant s'exercera à extraire le surplus de miel qui se trouve dans les ruches à cadres. Quant aux ruches vulgaires, il n'y prendra pas de miel, car elles sont destinées à être transvasées l'année suivante dans les ruches à cadres.

Visite des ruches à l'arrière-saison. — En même temps que le débutant ira prendre dans les ruches à cadres le miel disponible, il fera la visite complète de ces ruches à l'arrière-saison.

Dans cette visite :

1° Il verra s'il y a du couvain dans chaque ruche ; dans le cas où une ruche n'a pas de couvain d'ouvrières, il la notera comme devant être réunie ;

2° Il mettra dans les ruches qui ont le moins de miel, des rayons de miel pris dans celles qui en ont trop, de manière que chaque colonie ait au moins 16 kilogrammes de miel comme provisions d'hiver ;

3° Il enlèvera les rayons de miel qui sont en trop et il en récoltera le miel au moyen de l'extrateur.

Le débutant fera aussi la visite des ruches vulgaires qui lui restent, et s'il en trouve d'orphelines ou de trop faibles, il les réunira à d'autres ruches vulgaires.

Nourrissement et réunion des ruches à cadres. — Si la saison a été assez mauvaise pour qu'il n'y ait pas de miel de surplus, et que même les provisions fassent défaut

11.

dans plusieurs ruches, le débutant complétera les provisions de ces ruches avec du sirop de sucre.

Enfin, si la récolte a été très mauvaise, s'il a des ruches qui, par exemple, ont moins de 8 kilogrammes de miel, il sera prudent de les réunir entre elles.

Hivernage. — A la fin de l'arrière-saison et avant les premiers froids, il disposera les ruches à cadres et les ruches vulgaires pour l'hivernage et laissera toutes ses ruches sans les visiter et sans y toucher jusqu'au printemps suivant.

CHAPITRE X

OPÉRATIONS DU PRINTEMPS DE LA SECONDE ANNÉE

135. Fin de l'hivernage. — Lorsque les abeilles commencent à aller assez activement sur les premières fleurs, on enlève toutes les cales et tous les coins.

On supprime aussi toutes les grilles d'hiver. Dans les ruches à cadres, on les remplacera par les languettes métalliques qui servent pour les portes; on fermera complètement au moyen de la lame métallique la porte qui n'est pas en face du groupe d'abeilles, et on laissera l'autre porte plus ou moins ouverte suivant la force des colonies (1).

136. Visite des ruches au premier printemps de la seconde année. — Comme nous l'avons déjà dit, on fera cette visite par une belle journée, quand les abeilles sont très actives, et quand elles ont déjà travaillé depuis une huitaine de jours. Nous avons vu (§ 79) comment se fait la visite des ruches vulgaires; parlons de la visite des ruches à cadres.

Cette visite se fera comme il a été dit § 118, et on établira l'état de chaque ruche à cadres comme nous

(1) Si les ruches ont été ventilées par le haut (note du § 134) on replacera les planchettes qui sont au-dessus des cadres ou les lattes qui sont entre les cadres, de la même manière qu'avant l'hivernage.

l'avons fait pour les ruches vulgaires §§ 80 à 85, mais avec beaucoup plus de facilité, grâce aux cadres mobiles. On pourra ainsi définir l'état de chaque ruche, et noter sur le carnet si la ruche est en excellent état, faible mais bien hivernée, forte ayant mal hiverné, morte ou désorganisée.

De plus, avec les ruches à cadres, comme le maniement des rayons est facile et que les bâtisses sont régulières, le débutant apprendra aisément à *reconnaître les divers aspects du couvain*, ce qui est d'une grande importance dans la pratique apicole.

137. Différents aspects du couvain. — 1° Si le couvain operculé est compact (*C 1*, fig. 141) ou en couronne (*C 2*, fig. 141), cela indique que la colonie possède une bonne mère, car c'est le signe d'une ponte régulière et continue.

2° Si le couvain est éparpillé, comme le représente la fig. 142 (ce qui est assez rare), cela indique généralement que la ruche contient une mauvaise mère (1), car sa ponte ne suit plus sa marche régulière ; ou encore que la ruche est atteinte de la maladie de la loque (§ 284).

3° On peut voir facilement dans cette visite les différents autres cas qui peuvent se présenter et dont nous avons parlé, pour une ruche désorganisée (§ 84) : ruche sans couvain, ruche n'ayant que du couvain de mâles, soit dans les alvéoles de mâles soit dans les cellules d'ouvrières.

138. Que doit-on faire d'une ruche à cadres désorganisée? — Une ruche à cadres désorgani-

(1) Dans ce cas, on devra noter à côté du n° de la ruche, sur le carnet, que cette colonie est à surveiller ; elle peut par elle-même acquérir une meilleure mère, ce que l'on reconnaîtra plus tard si on y trouve du couvain compact ou en cercle ; si non, on devra la réunir à une autre dans le courant de la saison (voy. § 132).

sée aura généralement, à cette époque de l'année, une
faible population et ne contiendra que quelques poignées
de vieilles abeilles.

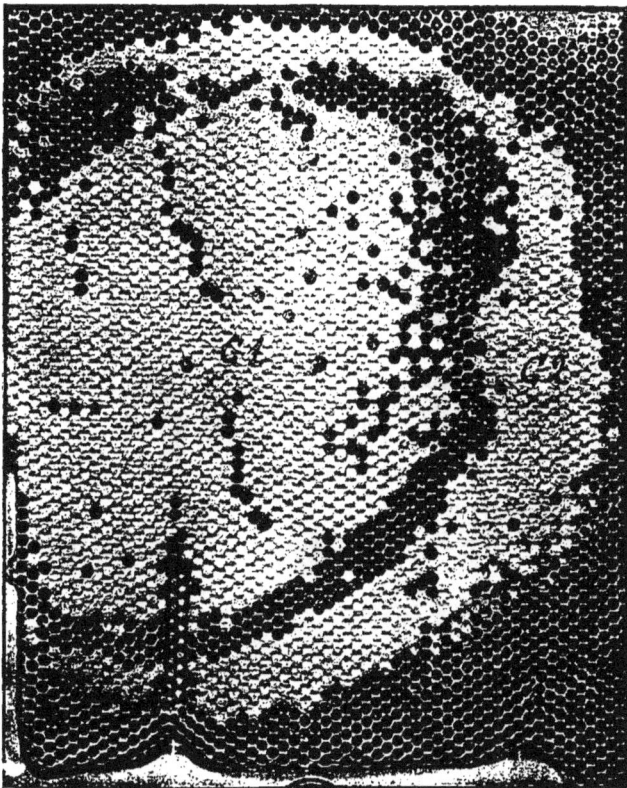

Fig. 141. — Fragment de rayon, montrant du couvain compact *C 1* et en couronne *C 2*, ce qui indique que la ruche a une bonne mère.

Si on la laissait ainsi, elle courrait le risque d'être
pillée (§ 92), ou d'avoir ses rayons envahis par la fausse-
teigne (§ 290). On la supprimera de la manière suivante :

On opère par une belle journée alors que les abeilles

sont très actives, On transporte la ruche à une certaine
distance : on en retire successivement tous les rayons et
on en brosse les abeilles sur une planche placée par terre
au soleil; les abeilles ne retrouvant plus leur ruche

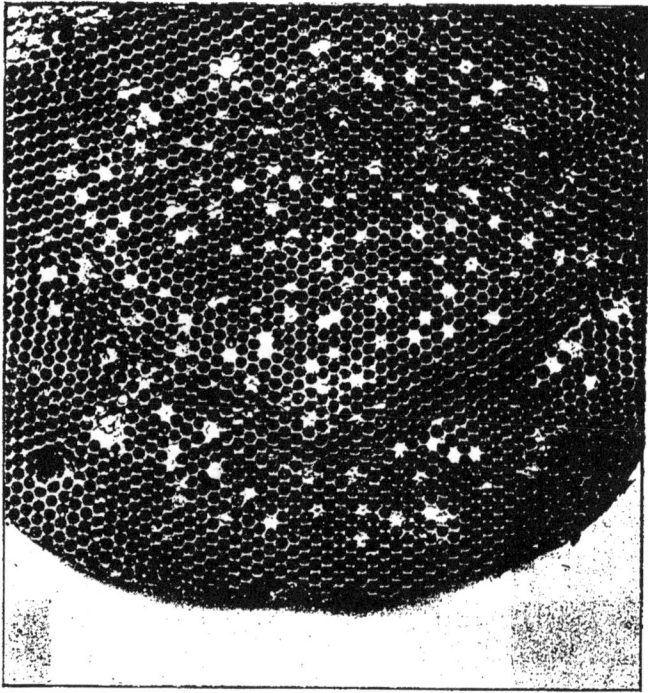

Fig. 142. — Fragment de rayon, montrant du couvain éparpillé, ce qui indique
que la ruche a une mauvaise mère.

iront demander l'hospitalité aux ruches voisines, qui les
recevront parce que c'est un jour de miellée.

Quant aux cadres que renfermait cette ruche et qui
peuvent contenir plus ou moins de miel, on les transportera dans le laboratoire (§ 254).

139. Arrangement des cadres pendant la visite du printemps de la seconde année. — On doit profiter de cette visite des ruches à cadres, au premier printemps, pour disposer dans chacune d'elles les différents rayons de la ruche, de manière à favoriser le meilleur développement de la ponte pour la saison qui vient.

Comme dans cette seconde année on n'a pas encore à sa disposition un nombre suffisant de cadres construits, on arrangera simplement les rayons dans chaque ruche à cadres dans l'ordre suivant :

1° Un cadre sans couvain contre la paroi de la ruche qui est du côté de la porte ouverte ;

2° A la suite de ce cadre, tous les cadres de couvain dans l'ordre même où on les trouve ;

3° Tous les autres cadres, en mettant ceux qui ont le moins de miel à la suite des rayons de couvain précédents ;

4° Si on a un nombre suffisant de cadres garnis de cire gaufrée, ou au moins amorcés soit avec de vieux rayons soit avec des lames de cire, on pourra sans inconvénient achever de remplir dès maintenant chaque ruche avec ces cadres ; sans quoi, on sera obligé de les ajouter successivement pendant la saison, ce qui nécessitera une surveillance plus grande.

En tout cas, on ne devra pas intercaler des cadres garnis de cire gaufrée entre deux cadres tout construits et vides. En effet, il peut arriver que les abeilles rallongent demesurément les alvéoles des bâtisses sur les cadres déjà construits et travaillent peu sur la cire gaufrée. Cela a deux inconvénients : 1° les rayons dont les cellules ont été ainsi rallongées deviennent trop épais pour être facilement changés de place ; 2° les rayons de cire gaufrés nouvellement construits sont trop peu épais surtout dans le haut.

**140. Nourrissement des ruches en cas d'insuf-
fisance de provisions.** — Si l'on n'a pas suivi exactement, à l'automne précédent, toutes les prescriptions
qui ont été données au sujet des provisions d'hiver, il
peut se faire qu'un certain nombre de ruches aient
besoin d'être nourries au printemps.

Pour les ruches vulgaires, on a dit (§ 88) de quelle
manière on reconnaît si elles ont besoin d'être nourries,
et comment on fait le nourrissement.

Pour les ruches à cadres, comme en faisant la visite du
printemps le débutant a noté l'état de chaque ruche, il
sait à peu près ce qui reste de miel en provision, à cette
époque, dans chacune d'elles.

Or, on a calculé que si le printemps n'est pas mellifère,
il faut environ 10 kilogrammes de miel pour la dépense
d'une forte ruche à cadres depuis cette époque jusqu'à
la grande récolte, c'est-à-dire, pour les régions tempé-
rées, depuis le commencement de mars jusqu'à la fin
de mai.

Si une ruche n'a presque plus de miel lors de cette
première visite, faut-il pour cela lui donner immédiatement la provision qui lui manque, comme on a fait à
l'automne dans le même cas ?

Il n'en est rien, car une partie de cette dépense serait
inutile dans le cas d'un printemps mellifère.

On ne devra pas non plus les nourrir à petites doses
successives, car la mère croyant à une forte récolte du
printemps, pourrait donner à sa ponte une extension
trop grande et trop précoce ; on aurait alors les inconvénients de ce que l'on appelle le nourrissement spéculatif
(§ 231).

En somme voici donc ce qu'il faudra faire :

A chaque ruche n'ayant plus que très peu de miel
operculé, on ajoutera environ deux kilogrammes de
sirop de sucre, soit dans une assiette (§ 109), soit, ce qui

est préférable, par le procédé du sirop versé dans les bâtisses (§ 127), soit par divers nourrisseurs (§ 220).

Si l'on constate dans la suite que cette nourriture n'est pas suffisante, on ajoutera encore un ou deux kilogrammes de sirop à chaque ruche qui manque de provisions, et cela jusqu'à la grande récolte.

141. Inconvénients du nourrissement (1). — On voit par ce qui précède quels ennuis présente le nourrissement du printemps. On aura éliminé toutes ces difficultés si on a laissé à chaque ruche la quantité de miel nécessaire pour atteindre la grande récolte (§ 125).

Plus tard, on évitera d'une autre manière tous les inconvénients du nourrissement, soit d'automne, soit de printemps, lorsqu'on aura assez de ruches à cadres pour constituer dans le laboratoire *une réserve suffisante de cadres remplis de miel operculé* (§ 168).

142. Transvasement des ruches vulgaires dans des ruches à cadres. — Il s'agit maintenant de transformer en ruches à cadres les ruches vulgaires qui restent dans le rucher.

Quel que soit le système que l'on emploie, ce système s'appelle le *transvasement*.

En opérant dès maintenant le transvasement de toutes les ruches vulgaires, nous aurons l'avantage d'éviter autant que possible la production des essaims naturels.

Or, nous avons vu que la surveillance et la récolte des essaims offrent des difficultés qu'on évite par la suppression de l'essaimage naturel. On comprend, d'ailleurs, qu'il serait très difficile de conduire un rucher avec une méthode déterminée et régulière si chaque ruche pouvait donner tous les ans beaucoup d'essaims.

(1) Voir aussi § 231.

C'est donc un principe de l'apiculture moderne de *savoir conduire les ruches en réduisant autant que possible l'essaimage naturel.*

On pourra faire le transvasement des ruches de deux façons, suivant que la ruche vulgaire sera forte ou relativement faible, ou employer encore d'autres modes de transvasement (voyez § 152).

143. Transvasement par renversement. — Une ruche forte peut être transvasée directement dans une ruche à cadres, par la méthode qui est donnée plus loin (§ 144), mais comme cette opération est assez difficile pour les débutants, surtout pour une ruche populeuse, il pourra employer le procédé suivant qui est très simple, et que l'on appelle *transvasement par renversement.*

On devra faire cette opération environ dix à quinze jours avant l'époque de la grande récolte, ce que l'on peut juger à peu près par l'état de la végétation des plantes les plus mellifères de la contrée.

Si l'on transvasait trop tôt, au mois de mars, par exemple, les abeilles seraient trop exposées aux froids qui pourraient survenir ensuite.

Si on transvasait trop tard, les abeilles auraient déjà pu préparer leur essaimage et donner des essaims naturels que l'on serait obligé de recueillir et de rendre à la ruche.

On commence par enfumer la ruche vulgaire à transvaser, et on la porte provisoirement quelques pas plus loin avec son plateau et son tabouret. Ensuite, à l'endroit même où était le tabouret, on creuse dans la terre un trou assez grand pour recevoir environ la moitié de la ruche vulgaire renversée.

Après avoir enfumé de nouveau assez fortement la ruche vulgaire déplacée, on la retourne de façon à mettre son sommet au fond du trou creusé en terre.

On a préparé d'avance une planche ou un plateau percé
d'une ouverture carrée dont le côté est un peu plus
petit que le diamètre de la ruche vulgaire.

Après avoir renversé la ruche vulgaire comme on vient
de le dire (V, fig. 143), on place l'ouverture du plateau sur
l'ouverture de la ruche renversée, et, au moyen de briques
par exemple, on
soutient les bords
du plateau du côté
opposé à la ruche,
de façon à ce qu'il
soit bien horizon-
tal ; on pose ensuite
(C, fig. 143) une ru-
che à cadres garnie
d'une dizaine de
cadres de cire gau-
frée, ou à la rigueur
largement amorcés
avec des morceaux
de rayons. On la
dispose, bien en-
tendu, de telle fa-
çon que l'ensemble
des cadres soit au-

Fig. 143. — Transvasement par superposition. —
C, ruche à cadres placée sur une ruche vulgaire
V, renversée.

dessus de l'ouverture du plateau. On ouvre la porte de
la ruche à cadres qui se trouve du côté de la ruche renversée, l'autre porte restant toujours fermée.

Enfin, on mastique d'une manière quelconque (avec des
chiffons ou de la bouse de vache, etc.), la jonction entre
la ruche vulgaire renversée et le dessous du plateau.
On oblige ainsi les abeilles à ne plus passer que par la
porte de la ruche à cadres.

Si la ruche renversée est assez forte, et si la saison
est suffisamment mellifère, les abeilles seront montées

dans la ruche à cadres à l'automne, et se seront installées naturellement dans leur nouveau domicile, ce que
l'on constatera facilement par la présence de couvain
dans les cadres : le transvasement par renversement
aura réussi.

Il suffira alors de placer devant la ruche un tabouret
portant un plateau ordinaire ; puis, après avoir enfumé
la ruche, de la transporter du plateau percé sur le
plateau nouveau. On retirera alors la ruche vulgaire de
son trou ; on rebouchera le trou avec de la terre et on
transportera la ruche avec son tabouret juste au-dessus
du trou rebouché, en la mettant bien d'aplomb.

On utilisera plus tard les bâtisses de la ruche vulgaire
supprimée, comme on l'a dit aux §§ 85 et 86.

Dans le cas où une saison peu favorable aurait
empêché les abeilles de monter dans la ruche et de
s'y installer complètement, on sera obligé, à l'automne,
d'enlever la ruche à cadres, et de retourner la ruche
vulgaire en la remettant pour l'hivernage, sur un plateau, dans sa position naturelle.

144. Transvasement direct. — Le transvasement
précédent réussit souvent avec les ruches fortes, il ne
réussit presque jamais avec les ruches relativement faibles ; aussi, pour ces dernières, on opérera autrement.

Le moyen le plus expéditif est le *transvasement direct ;*
mais ce transvasement est assez difficile, et pour le
réussir à coup sûr, le débutant fera bien de se faire
aider par un apiculteur (1).

Dans le transvasement direct, on se propose d'extraire
de la ruche vulgaire à transvaser, toutes les bâtisses
contenant du couvain d'ouvrières et des cellules d'ouvrières vides ou pleines de miel, de les découper et de

(1) Voir § 230 d'autres méthodes de transvasement.

les disposer convenablement dans des cadres où ils seront maintenus avec des ficelles ; enfin de mettre ces cadres ainsi garnis dans une ruche à rayons mobiles où l'on réintroduit les abeilles de la ruche vulgaire.

On fera cette opération dans le courant d'avril (en mars le Midi). Si on la faisait par trop tôt, la colonie pourrait, par des temps froids prolongés, ne pas s'organiser facilement dans sa nouvelle demeure ; si on la faisait trop tard, on serait gêné pour le transvasement par la grande quantité de miel nouveau non operculé qui se trouverait dans les ruches.

Voici comment se fait le transvasement direct.

145. Préparation des cadres qui doivent recevoir les rayons de la ruche vulgaire. — Afin de pouvoir fixer ultérieurement les morceaux de bâtisse dans les cadres, on pique, en les enfonçant à moitié, des pointes de tapissier sur les montants des cadres aux points marqués H, G, F, E, D, C, B, A (fig. 144).

On enroule l'extrémité d'une ficelle fine autour de la pointe H qu'on achève de clouer

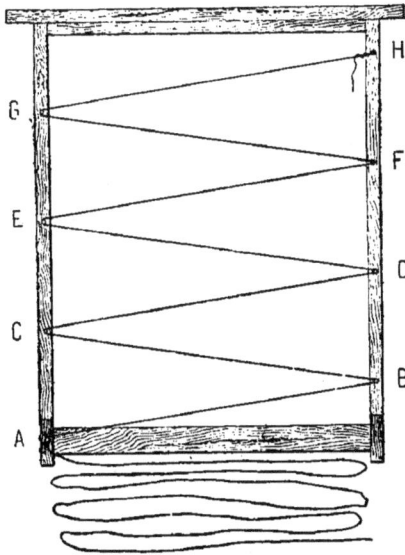

Fig. 144. — Préparation d'un cadre pour le transvasement direct.

sur la ficelle ; on passe ensuite la ficelle en G et on cloue ;

en F et on cloue ; en E, et ainsi de suite jusqu'en A.
Lorsqu'on en est à cette dernière pointe, on laisse une
longueur de ficelle en plus (fig. 144), égale à la longueur
déjà employée. On retourne le cadre, et on cloue à
moitié des pointes sur les deux montants, de la même
manière que précédemment, sans y passer la ficelle.

On dispose ainsi dans le laboratoire cinq à six cadres,
pour la première ruche à transvaser.

**146. Chasse des abeilles de la ruche vulgaire
à transvaser** (1). — Cette opération ne doit se faire
que par un temps assez chaud (par une température de
15° à 20°) et lorsque les abeilles sont actives.

Commençons par enfumer légèrement la ruche vulgaire par la porte ; décollons-la de son plateau au moyen
du ciseau, puis soulevons-la à l'aide du coin, et enfumons encore un peu par le dessous de la ruche.

Après cet enfumage, nous renversons la ruche et nous
la transportons à l'ombre à quelque distance, sur l'escabeau renversé ou sur une hausse, en l'y disposant solidement. A la place qu'occupait cette ruche on mettra
une ruche vulgaire vide dans laquelle se rendront les
abeilles revenant de la récolte.

Pendant que l'aide enfume légèrement la ruche renversée, afin d'empêcher les abeilles de s'irriter, nous.
plaçons une autre ruche vulgaire vide au-dessus de l'autre ; nous la fixons au moyen des crochets en fil de fer,

(1) Les objets nécessaires pour cette opération sont : 1° un drap
ou une toile ; 2° un morceau d'étoffe noire, au moins de la grandeur de la ruche ; 3° deux ruches vulgaires vides et sans bâtisses,
à peu près semblables à celle que l'on veut transvaser ; 4° une
hausse de ruche vulgaire ou un escabeau ; 5° un enfumoir ; 6° un
voile ; 7° deux baguettes de bois de 30 à 40 centimètres de longueur sur 1 à 2 centimètres d'épaisseur ; 8° quelques morceaux de
gros fil de fer pliés à angle droit aux deux bouts ; 9° un ciseau ou
un couteau ; 10° un coin. — Un aide sera utile pour cette opération.

de manière à ce qu'elle touche la ruche renversée du
côté de sa porte, et à ce qu'elle soit soulevée de l'autre
côté ; de cette façon, on ménage entre les deux ruches
une partie entre-bâillée, qui permettra de voir passer les
abeilles d'une ruche dans l'autre. On cesse alors d'enfumer, et on frappe avec la baguette les deux côtés de la
ruche renversée (fig. 145).

Nous commençons par donner, dans le bas, des coups

Fig. 145. — Apiculteur faisant passer les abeilles de la ruche à transvaser dans un
panier de ruche vulgaire vide.

successifs rapides mais modérés, et cela pendant plus
de cinq minutes, puis nous continuons à tambouriner,
peu à peu, de bas en haut. C'est ce qu'on appelle le
tapotement.

Inquiétées par ce bruit continuel, les abeilles se gorgent de miel, et finissent par se décider à monter en
masse dans la ruche vide supérieure ; c'est alors que
nous pouvons les surveiller par l'entre-bâillement qui est
entre les deux ruches (fig. 145), et même, avec une habi-

tude suffisante des abeilles, nous saurons reconnaître le
moment où la mère passe dans la partie supérieure, car
elle passe généralement par-dessus les abeilles en train
de monter.

Quoi qu'il en soit de ce dernier point, lorsque nous
jugeons que la plus grande partie de la masse bourdon-
nante des abeilles s'est installée dans la ruche vide, nous
enlevons les crochets en fer et nous posons doucement
la ruche vide, avec les abeilles qu'elle contient, sur

Fig. 146. — Apiculteur examinant le morceau de drap noir qui était sous le panier
plein d'abeilles, et y découvrant des œufs.

une étoffe noire placée sur le drap par terre à l'ombre,
en la soulevant par un petit coin en bois

Il reste toujours des abeilles en plus ou moins grand
nombre dans la ruche renversée. Nous enlevons alors
cette ruche renversée pour la remettre dans sa position
naturelle, puis nous la secouons en la frappant légèrement par le bord, sur le drap, non loin de la ruche qui
contient la majeure partie des abeilles. Nous pouvons la
secouer ainsi plusieurs fois en différentes places ; les
abeilles qui en tombent vont naturellement rejoindre
les autres dans la ruche qui se trouve sur l'étoffe noire.

Si, au bout d'une demi-heure, les abeilles restent

tranquilles dans la ruche vide, on est à peu près sûr
que la mère est avec elles. Nous pouvons le vérifier
en soulevant la ruche qui contient les abeilles, et en
examinant l'étoffe noire placée au-dessous. Si, au milieu de petits débris, nous voyons des œufs qui sont
tombées sur cette étoffe (fig. 146) et qui, quoique très
petits, s'en détachent par leur couleur blanche, nous
avons la preuve de la présence de la mère.

Dans le cas où on ne trouverait pas d'œufs, voir § 150.

**147. Découpage des bâtisses de la ruche vul-
gaire et leur mise en place dans les cadres
préparés (1).** — Transportons la ruche contenant les
bâtisses sur une table dans le laboratoire ; nous enlevons avec des tenailles les baguettes de la ruche qui
soutenaient les rayons (2) ; puis, avec un couteau recourbé, nous détachons successivement et avec soin
tous les rayons de la ruche vulgaire et nous les mettons
sur une table. S'il y en a qui sont encore occupés par des
abeilles, nous allons les brosser au dehors à côté de la
ruche qui est sur l'étoffe noire. Il peut rester aussi des
abeilles au fond de la ruche, dont on a découpé les
rayons, on les secoura aussi sur l'étoffe noire.

Ensuite nous mettons à plat sur la table un cadre ordinaire sans aucune bâtisse. Prenant alors chaque rayon
de la ruche vulgaire, nous y coupons des morceaux que
nous disposons dans le cadre qui sert de calibre, de

---

(1) Les objets utiles pour cette opération sont   1º un vase plein
d'eau ou l'on pourra de temps en temps laver ses mains ou laver
les instruments ; 2º un couteau recourbé à angle droit (fig. 96) ;
3º des tenailles.

(2) Si la ruche vulgaire est une ruche en bois, on la décloue d'un
côté afin d'en enlever plus facilement les rayons. Si c'est une
ruche en paille dont l'enveloppe n'a pas de valeur, on peut la scier
en long ou la couper avec un sécateur, ce qui rend l'opération
beaucoup plus facile.

manière que ces morceaux se touchent tous et qu'ils
remplissent complètement le cadre. Nous avons soin de
disposer le couvain vers le milieu du cadre, de façon
que les morceaux de couvain se touchent les uns les
autres ; nous complétons le cadre, tout autour et surtout vers le bas, avec des morceaux de rayons d'ouvrières vides (c'est la disposition qu'on voit sur la
figure 147).

Dans cette opération, on coupe et l'on retranche toutes
les parties de bâtisses contenant des cellules de mâles,
que ces cellules soient vides, contiennent du miel ou du
couvain de mâles. Nous les laissons sur la table avec tous
les petits fragments qui n'ont pas pu être utilisés.

Les morceaux sont ainsi disposés exactement dans
le cadre qui sert de calibre ; on a eu soin de couper
chaque morceau au couteau sur tous ses bords, parce
que les abeilles les resouderont alors plus rapidement
entre eux. Nous prenons alors un cadre garni de ficelles
comme nous l'avons dit plus haut (fig. 144); nous le
plaçons de manière à ce que le cadre garni de la ficelle
en zigzag soit en dessous, puis nous transportons dans
ce cadre à ficelle, tous les morceaux disposés dans le
cadre calibré, en leur faisant occuper exactement la
même position. Nous prenons alors la partie de ficelle
qui n'a pas encore été dans les pointes (c'est la partie
de la ficelle représentée en bas de la figure 144), et
nous la faisons passer en zigzag sur la face supérieure du
cadre par les pointes qui ne sont encore qu'à moitié
clouées (§ 145), en la tendant bien, à mesure qu'on la
cloue.

Le cadre est ainsi disposé pour être placé tel quel dans
la ruche à cadres (fig. 147).

Nous le soulevons avec précautions, nous remettons
bien droit les morceaux qui pourraient s'être dérangés
les uns par rapport aux autres, et nous plaçons délicate-

ment dans la boîte à cadres le rayon ainsi préparé.

Supposons que nous ayons trouvé dans les bâtisses de la ruche vulgaire de quoi arranger ainsi trois cadres contenant du couvain et complétés avec des rayons vides. Avec les autres bâtisses, nous opérerons de même pour arranger les rayons contenant du miel et le reste des rayons d'ouvrières vides, mais nous aurons soin de placer vers le haut des cadres les parties contenant du miel.

Si l'on suppose que nous avons eu de quoi préparer trois cadres à couvain et deux cadres contenant plus ou moins de miel, nous

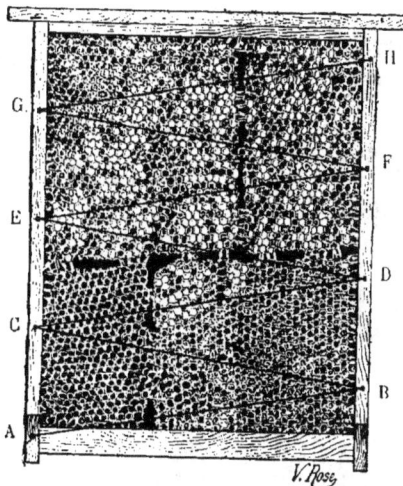

Fig. 147. — Un cadre rempli avec des morceaux de rayons retirés de la ruche à transvaser, prêt à être mis dans la ruche à cadres.

disposerons ces cadres dans la ruche à cadres, qui est dans le laboratoire; on les placera de la façon suivante :

1° Un cadre contenant du miel contre la paroi;

2° Les trois cadres contenant du couvain ;

3° Les deux autres cadres contenant du miel ;

4° Trois ou quatre rayons de cire gaufrée ou au moins amorcée.

148. Faire passer les abeilles dans leur nouvelle ruche. — La ruche à cadres étant ainsi disposée dans le laboratoire, sur un drap, et soulevée sur une cale, on transporte délicatement près d'elle la ruche

qui est sur l'étoffe noire et qui contient les abeilles, puis
d'un coup sec, on fait tomber les abeilles devant la ruche
à cadres, comme on a fait pour introduire un essaim dans
une ruche à cadres (§ 107).

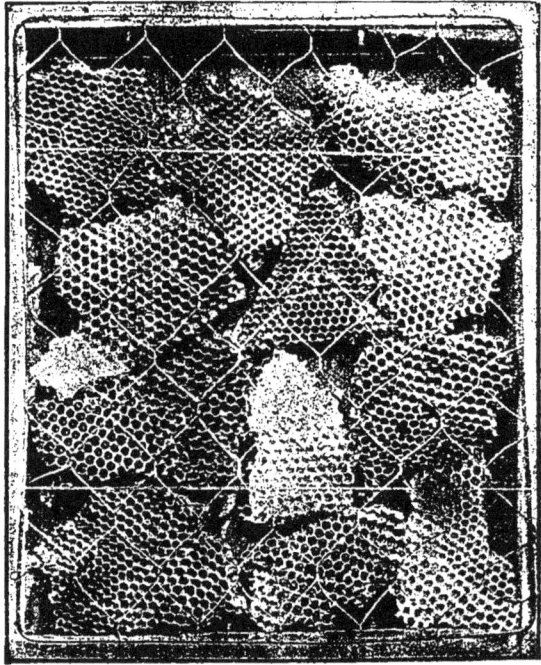

Fig. 148. — Fragments de bâtisses non utilisées dans le transvasement, qu'on
place entre deux grillages, et qu'on met dans la ruche transvasée, pour en rendre
le miel aux abeilles.

Lorsque les abeilles sont montées dans leur nouvelle
habitation, on laissera la ruche ainsi peuplée dans le
laboratoire jusqu'à une ou deux heures avant la tombée
de la nuit.

Nous enlevons alors la ruche vide qu'on avait mise à
la place de la ruche vulgaire à transvaser et nous la

posons par terre. A sa place, sur le plateau, nous transportons doucement la ruche à cadres dans laquelle on vient de transvaser les rayons et les abeilles.

On ouvre la porte qui est du côté des cadres, en ne maintenant un passage que pour deux ou trois abeilles afin d'éviter le pillage qui pourrait être provoqué par la forte odeur de miel qu'exhale la ruche transvasée. Quant aux abeilles revenues des champs qui se trouvent dans la ruche mise provisoirement à la place qu'occupe maintenant la ruche à cadres, elles retourneraient naturellement dans leur nouvelle demeure ; mais il vaut mieux les secouer devant la ruche à cadres.

Le surlendemain, on ouvrira davantage la porte.

149. Ce que l'on fait des bâtisses qui n'ont pas été utilisées dans le transvasement. — Toutes les parties à cellules de mâles qui contiennent du miel, et tous les autres fragments de rayons ayant du miel, seront placés sans ordre entre deux grillages qui sont attachés sur la surface d'un cadre, comme l'indique la figure 148, et, pour que tout le miel soit très vite enlevé on aura soin de désoperculer avec un couteau les cellules de miel fermées qui se trouvent dans ces morceaux.

Quelques jours après, vers le soir, on mettra ces cadres grillagés dans la ruche transvasée à la suite des rayons vides. Les abeilles viendront prendre ce miel pour le transporter dans d'autres cellules.

Un peu plus tard, quand il n'y restera plus de miel, on retirera le cadre grillagé et on en enlèvera tous les morceaux. On mettra de côté, les rayons contenant des cellules d'ouvrières qui seront utilisés dans la suite pour amorcer les cadres.

Quant aux morceaux à cellules de mâles, vides ou contenant du couvain de mâles, ainsi que quelques débris de couvain d'ouvrières, on les mettra de côté pour être fondus le plus tôt possible (§ 277).

150. Cas où l'on ne trouve pas d'œufs sur le drap noir pendant le transvasement. — Dans le cas où on ne trouve pas d'œufs sur le drap noir (fig. 146), il est très probable que la mère n'est pas avec les abeilles dans la ruche vide où on les a chassées. Souvent alors, les abeilles sont agitées et retournent en partie à leur ancienne place; elles rentrent, avec les abeilles qui reviennent des champs, dans la ruche vide qu'on y a placée provisoirement.

Il faut alors chercher la mère qui sera probablement restée sur un rayon de la ruche que l'on va démolir. Si on l'y trouve, on la prend délicatement dans la main, car elle ne se sert pas de son dard pour piquer celui qui la prend, et on la met sous la ruche qui est sur le drap noir.

Si on ne l'y trouve pas, c'est qu'elle est restée au fond de la ruche ou, plus rarement, qu'elle est tombée quelque part sur le sol. Dans le premier cas, on ne coupera les rayons qu'après avoir scié la ruche avec précaution. Dans le second cas, en cherchant par terre, on pourra trouver un petit groupe d'abeilles isolé, et c'est dans ce groupe qu'on verra la mère.

Enfin, si d'une manière ou d'une autre on n'a pas trouvé la mère, ou si elle a été tuée dans l'opération, on continue le transvasement comme si la mère y était et les abeilles, ayant du couvain de tout âge, se reforment une mère, ce qui est un grand retard pour le développement de la colonie.

Dans l'opération qui précède, il faut avoir soin de *ne jeter au dehors aucun morceau de rayon contenant du miel*, car cela pourrait provoquer le pillage.

151. Surveillance de la ruche transvasée —

Quelques jours après, on fera bien d'ouvrir, vers le soir, la ruche transvasée pour voir s'il n'y a pas des morceaux de rayons qui doivent être redressés. Quant aux ficelles, les abeilles se chargeront elles-mêmes de les effilocher peu à peu, puis de les rejeter par la porte en dehors de la ruche.

152. Difficultés du transvasement direct ; autres méthodes de transvasement. — La méthode de transvasement direct que nous venons de décrire, si on l'applique à toutes les ruches vulgaires, aura pour résultat de transformer immédiatement toutes les ruches du rucher en ruches à cadres : mais pour un débutant isolé qui n'aura pas les conseils d'un apiculteur, ce transvasement direct pourra présenter, quoi qu'on en dise, de sérieuses difficultés. Donc, si le débutant n'est pas aidé et s'il recule devant cette opération, il pourra adopter une autre méthode que le transvasement direct.

1° Il pourra recueillir les essaims naturels des ruches vulgaires qui en produiront, et les installer dans une ruche à cadres comme il a été dit § 107.

2° Il pourra encore transvaser les ruches vulgaires dans les ruches à cadres par la méthode de superposition (§ 230, 1°).

3° Laissant de côté les ruches devenues trop faibles qu'il conservera provisoirement dans les ruches vulgaires, il fera avec les autres des essaims artificiels, opération décrite plus loin (§ 230, 2°). Cette dernière méthode est la meilleure.

RÉSUMÉ.

Visite du printemps. — A la fin de l'hivernage, on supprime les grilles d'hiver et les cales des ruches et on met les languettes métalliques des portes des ruches à cadres.

On visite toutes les ruches au premier printemps, soit les

ruches vulgaires, soit les ruches à cadres ; les dernières sont
beaucoup plus faciles à visiter et l'on peut y reconnaître aisément les différents aspects du couvain qui permettent de se
rendre compte de l'état de la ruche. On profite de cette visite
pour arranger les rayons dans les ruches à cadres, de manière
à favoriser le meilleur développement de la ponte.

Nourrissement du printemps. — Si le débutant a suivi
exactement les prescriptions données dans le chapitre précédent, il n'aura pas besoin de nourrir ses ruches au printemps.

Transvasement. — C'est alors qu'on devra se proposer
de transformer les ruches vulgaires restant en ruches à cadres,
c'est-à-dire, d'en faire le *transvasement*. Il y a cinq méthodes :

1° *Transvasement par renversement* (§ 143).
Mettre la ruche à cadres sur la ruche vulgaire renversée. — Méthode facile, mais qui ne réussit pas toujours. Peut réussir avec des ruches fortes et dans une année mellifère.

2° *Transvasement par superposition* (§ 230, 1°).
Mettre la ruche vulgaire sur la ruche à cadres. — Méthode facile, mais qui ne réussit pas toujours. Peut réussir quand les ruches vulgaires sont assez petites et dans une année mellifère.

3° *Méthode par les essaims naturels* (§ 107).
Introduire un essaim naturel dans une ruche à cadres. — Méthode facile, mais subordonnée à la production d'essaims ; ennuis de surveiller et de recueillir les essaims naturels.

4° *Méthode par les essaims artificiels* (§ 230, 2°).
Faire avec des ruches vulgaires fortes un essaim artificiel. — Excellente méthode, mais ne permet pas de transvaser à la fois toutes les ruches vulgaires.

5° *Transvasement direct* (§ 144).
Mettre tout le contenu de la ruche vulgaire dans la ruche à cadres. — Méthode expéditive et qui permet de transformer toutes les ruches vulgaires en ruches à cadres. Difficile pour le débutant sans aide expérimenté.

CHAPITRE XI

OPÉRATIONS D'ÉTÉ ET D'AUTOMNE DE LA SECONDE ANNÉE

153. Surveillance générale des ruches pendant la saison. — Le débutant fera bien de s'exercer, pendant la saison de la seconde année, à la surveillance générale du rucher et à la visite de ruches à cadres.

Il possède, d'après ce que nous avons supposé :

1° Un certain nombre de ruches à cadres qui ont passé l'hiver, et qui ont été peuplées l'année dernière avec des essaims ;

2° Des ruches fortes en voie de transvasement par renversement ;

3° Des ruches moins fortes qui ont été transvasées directement dans des ruches à cadres.

Voici comment il devra surveiller ces trois catégories de ruches :

1° Pour les premières, si elles ont été, comme nous l'avons dit plus haut, complètement remplies avec des rayons munis de cire gaufrée ou amorcés, il n'y aura en général plus rien à y faire jusqu'à la récolte. Cependant, le débutant fera bien de les visiter de temps en temps pour voir si tout y est en ordre.

2' Pour les ruches en voie de transvasement par renversement, il fera bien de vérifier si la jonction entre la ruche renversée et le dessous du plateau est toujours

bien bouchée, et si les abeilles sortent toutes par la
porte de la ruche à cadres.

Il sera intéressant de jeter de temps en temps un
coup d'œil sur les rayons des ruches à cadres qui sont
au-dessus des ruches renversées, pour voir si les abeilles
commencent à y construire ou à s'y installer.

Dans le cas où l'installation des abeilles s'opérerait
rapidement dans la ruche à cadres, il serait nécessaire
d'y ajouter, suivant les besoins, de nouveaux cadres à
cire gaufrée ou amorcés, à la suite de ceux qui y sont
déjà.

3° Quant aux ruches transvasées directement, nous
avons dit (§ 151) qu'il était nécessaire de les surveiller
d'une manière spéciale, soit pour redresser les parties de
rayons qui seraient dérangées dans les ficelles, soit pour
y ajouter successivement de nouveaux cadres de cire
gaufrée ou des cadres amorcés.

Le cas le plus fâcheux que l'on puisse constater dans
ces ruches transvasées directement est celui où les
morceaux de rayons ayant été posés trop lâchement les
uns sur les autres entre les ficelles se seraient
effondrés.

Dans ce cas, vers le soir, on visite la ruche, on redresse
les morceaux mal disposés dans les cadres, on supprime
les cadres qu'on ne peut arranger, et on remet tout en
ordre.

154. Rendre forte une ruche faible. — Pendant
cette surveillance générale, on doit toujours savoir
approximativement même sans visiter les ruches, quelle
est la force relative de chaque colonie.

Si, dans le courant de la saison mellifère, on s'aperçoit qu'une colonie devient faible, contient peu de miel,
mais possède cependant du couvain d'ouvrières, on
peut la renforcer de la manière suivante.

Le procédé le plus simple de renforcement consiste à la changer de place avec une ruche très forte.

On fait cette opération dans la matinée, entre neuf et onze heures du matin par exemple, dans une journée où les abeilles sont très actives :

On enfume la ruche forte par la porte, puis on enfume la ruche faible de la même manière ; on pose cette dernière sur le sol ; on va chercher la ruche forte que l'on place sur le plateau de la ruche faible ; enfin on va porter la ruche faible sur le plateau de la ruche forte. Les tabourets et les plateaux sont restés en place, il n'y a que les deux ruches de changées. On enfume encore les deux ruches par la porte, et l'opération est terminée.

Les abeilles qui rentrent des champs, pour revenir à la place où était la ruche forte reconnaissent le plateau, entrent dans la ruche faible qu'on y a mise, ressortent parce qu'elles ne reconnaissent plus leur ruche, puis finissent par y rentrer définitivement.

La ruche faible déplacée reçoit ainsi une augmentation considérable de population et peut par la suite devenir une ruche forte.

Quant à la ruche forte mise à la place de la faible, on la trouvera très peu active, car elle a perdu une grande partie de sa population et n'a recueilli que les abeilles peu nombreuses de la ruche faible qui étaient aux champs. Mais n'oublions pas qu'elle possède beaucoup de couvain, et un nombre d'abeilles plus que, suffisant pour le soigner. Aussi ne sera-t-on pas étonné, quelque temps après, par suite de l'éclosion du couvain, de trouver cette ruche de nouveau très active.

On aura donc ainsi, par ce procédé très simple de permutation, deux ruches assez fortes au lieu d'une ruche forte et une ruche faible.

155. Cas où les rayons se sont effondrés. —

Il peut se faire qu'on trouve dans une ruche des rayons qui se sont effondrés, indépendamment du cas dont on a parlé § 153. Si un pareil fait se produit, il arrive parfois que les rayons effondrés contiennent du miel qui coule au fond de la ruche, se répand au dehors sur le plateau et risque d'attirer les pillardes ; il faut alors sans tarder, transporter la ruche dans le laboratoire avec son plateau. On met à la place un autre plateau et une ruche vide pour recueillir les abeilles qui reviennent des champs.

Dans le laboratoire, on enlève tout ce qui est effondré, on remet en place les rayons non abîmés, on ajoute de nouvelles cires gaufrées, et, après avoir lavé le plateau, on remet la ruche à sa place.

156. Causes de l'effondrement des rayons. — L'effondrement des rayons peut tenir à deux causes principales :

1° Les rayons de cire gaufrée employés ont été fabriqués avec de la cire falsifiée ou trop mince ;

2° Les ruches étant exposées au grand soleil, la température de l'été a été si forte que la cire s'est ramollie sous l'action de la chaleur.

Voici comment on doit éviter cet inconvénient :

1° Il ne faut jamais acheter de cire gaufrée qui ne soit en cire pure d'abeilles ; *c'est toujours une mauvaise spéculation d'acquérir, à plus bas prix, de la cire gaufrée dont la pureté n'est pas absolue.*

On verra (§ 280) comment on peut fabriquer soi-même la cire gaufrée ; et si on l'achète, on trouvera (§ 281) un moyen très simple de reconnaître si elle n'est pas falsifiée.

2° Nous avons conseillé plus haut de mettre les ruches autant que possible à l'ombre. Si la chose est impossible, on fera bien de placer en été, sur le toit, des

ruches, des paillassons maintenus convenablement pour
que le vent ne les emporte pas.

157. Suppression de l'essaimage. — Les colonies étant toutes installées dans de grandes ruches à
cadres produiront rarement des essaims naturels, sauf
parfois avec certaines races d'abeilles. Si cependant il
s'en produisait, on rendrait l'essaim à la ruche qui l'a
produit, comme il est dit § 113 à propos de l'essaim secondaire.

158. Renouvellement naturel des mères. —
Les apiculteurs se sont longtemps préoccupés de remplacer artificiellement les mères (1) qu'ils croyaient trop
âgées pour y substituer de jeunes mères élevées dans ce
but. On a reconnu maintenant qu'*il est préférable de
laisser les abeilles renouveler elles-mêmes leurs mères*
lorsqu'elles sont devenues moins fécondes, à l'époque
où les abeilles le jugent le plus convenable (2).

159. Visite d'automne, récolte et hivernage.
— Pendant l'automne de la deuxième année, on fera en
même temps la visite d'automne et la récolte comme
il a été dit § 124, en laissant toujours dans chaque ruche
une provision plus que suffisante pour l'hivernage.

Les rayons qui ont été passés à l'extracteur seront
remis dans les ruches vers le soir, tous le même jour,
afin que les abeilles nettoient ces rayons ; pour éviter
le pillage, on aura soin de rétrécir, pendant quelques
jours, les portes de toutes les ruches de façon à ne leur
laisser que la largeur de deux ou trois abeilles. Il n'y a
pas grand inconvénient à laisser ces rayons dans les ruches pendant tout l'hiver, quand la ruche est bien aérée.

(1) Voyez §§ 237 et suivants.
(2) Pour plus de détails, voyez G. de Layens, *Conseils aux apiculteurs*, p. 19 (Paul Dupont, éditeur).

Si l'année a été très mauvaise, il pourra se faire que
le débutant n'ait pas assez de rayons de miel à sa disposition pour donner aux ruches une provision suffisante ; en ce cas, il sera encore obligé de nourrir un
certain nombre de ruches comme il a été dit § 127.

Si certaines ruches transvasées par renversement
ne sont pas installées complètement dans les ruches
à cadres, ce que l'on constate par l'absence de couvain dans les cadres, on est obligé de remettre les
ruches vulgaires dans leur position, et de remiser les
ruches à cadres, en remettant l'opération à l'année
suivante.

Toutes les ruches sont ensuite mises en hivernage
(voyez § 134).

RÉSUMÉ.

Surveillance des ruches pendant la saison. — Le
débutant doit surveiller pendant la saison toutes ses ruches
à cadres. Il leur ajoutera, suivant les besoins, de nouvaux
rayons de cire gaufrée ou amorcés.

S'il se trouve qu'une ruche soit devenue faible, il pourra la
renforcer en la permutant avec une ruche forte. Si certaines
ruches ont des rayons effondrés, soit des rayons qui ont servi
au transvasement direct, soit des rayons construits sur de la
cire gaufrée falsifiée, soit enfin des rayons qui se sont ramol-
lis par la trop grande chaleur, il supprimera toutes les parties
abimées, et remettra la ruche en ordre.

Si quelques ruches à cadres donnent des essaims naturels,
il les rendra aux ruches qui les ont produits.

Renouvellement naturel des mères. — On n'aura pas
à se préoccuper du renouvellement des mères dans les ruches,
laissant aux abeilles le soin de les renouveler naturellement.

Enfin, on fera la visite d'automne, la récolte et on disposera
les ruches pour l'hivernage.

CHAPITRE XII

OPÉRATIONS DE LA TROISIÈME ANNÉE

160. Fin de l'hivernage; troisième année. — Si tous les transvasements de l'année précédente ont réussi, le débutant n'a plus dans son rucher, au commencement de la troisième année que des ruches à cadres.

Dans le cas contraire, il traitera les ruches vulgaires comme il a été dit dans les opérations de la première année, ou les transvasera comme il est dit § 142 et suivants.

Mais, pour simplifier, nous supposerons dans ce chapitre que toutes les colonies sont logées dans des ruches à rayons mobiles, les unes déjà depuis deux ans, les autres transvasées l'année dernière.

A la fin de l'hiver, l'apiculteur aura supprimé les grilles d'hiver, les coins et les cales, et disposera les languettes des portes comme au début de la seconde année.

Quand les abeilles auront travaillé avec activité pendant une huitaine de jours, il visitera toutes les ruches, et s'il a dans les ruches, ou dans le laboratoire, un nombre suffisant de cadres à bâtisses vides, construites en cellules ouvrières, il adoptera l'arrangement suivant.

161. Arrangement des cadres au printemps. — L'arrangement des cadres au printemps est important pour assurer la marche régulière de la colonie pendant la saison qui va venir.

Cet arrangement a pour but :

1° De donner à la mère une place suffisante pour la ponte ;

2° D'empêcher le couvain de s'étendre sur un trop grand nombre de rayons, ce qui serait quelquefois gênant pour la récolte ;

3° De permettre aux abeilles de construire à nouveau un certain nombre de rayons, ce qui est utile (1).

Après avoir enfumé, on fait la visite d'une ruche comme il a été dit § 118, et on dispose les cadres dans la ruche comme il suit :

Autour des rayons qui contiennent le couvain et qui ont généralement du miel vers le haut, on met des rayons d'ouvrières, vides de miel, à droite et à gauche, pour engager la mère à ne pondre que dans cette partie de la ruche. Le couvain est toujours, bien entendu, du côté de la porte ouverte.

(1) On a longtemps discuté sur la question de savoir quelle quantité de miel est consommée par les abeilles pour fabriquer de la cire. Les expériences récentes de M. G. de Layens en France et de M. Viallon en Amérique ont montré que les abeilles consomment environ 6 kilogrammes de miel pour produire 1 kilogramme de cire. Mais ce chiffre ne peut être absolu, car il varie avec les circonstances où se trouvent les abeilles.

D'ailleurs, il ne s'agit pas pour le praticien de rechercher si au point de vue physiologique une abeille doit consommer tant de miel pour produire tant de cire. Il s'agit, pour l'apiculteur, de savoir si une colonie, à laquelle on permet de construire un certain nombre de rayons, n'est pas, dans une certaine mesure, excitée au travail par cette construction de rayons en temps utile. Or, il est prouvé expérimentalement qu'une colonie qui peut ainsi construire quelques rayons, récolte au moins autant qu'une autre semblable, à laquelle on n'a laissé aucun rayon. Voyez G. de Layens : *Nouvelles expériences pratiques d'Apiculture*, p. 1 à 12, P. Dupont, éditeur. Voir aussi, par le même auteur, *Conseils aux Apiculteurs*, et les expériences de l'abbé Martin, Président de la Société d'Apiculture de l'Est, *Faut-il faire construire de la cire aux abeilles?* (Apiculteur, 1892, p. 448).

A l'autre extrémité, et à la suite, on place les rayons
contenant le plus de miel (1), en les alternant avec des
cadres vides qui sont seulement amorcés au sommet.
La figure 149 représente une ruche qu'on suppose coupée en long et qui montre cette disposition des cadres.
La figure 150 représente en perspective la moitié d'un de
ces cadres contenant du couvain et du miel.

Fig. 149. — Arrangement des cadres au printemps (la ruche est supposée coupée
en long): H, I, J, cadres ayant du couvain et du miel ; G, K, cadres ayant du miel
vers le haut ; L, F, M, E, cadres ayant du miel ; N, N, N, N, cadres amorcés ;
les autres cadres sont bâtis et vides de miel.

Les ruches pour lesquelles on n'aurait pas assez de cadres, et qui ne pourraient être arrangées comme on vient
de le dire, seront simplement disposées comme on l'a
dit au § 139.

(1) Il est bon de désoperculer avec un couteau, le miel qui se
trouve en haut des cadres contenant du couvain, ce qui favorisera
le développement et la concentration de la ponte, les abeilles enlevant tout ce miel pour le remplacer par du couvain.

On voit que par suite de cet arrangement, la mère a toute la place nécessaire pour pondre ; les abeilles peuvent emmagasiner le miel sans trop déranger la ponte, et elles ont quelques cadres à construire.

Les trois conditions énoncées plus haut sont donc remplies.

De plus, lorsqu'on aura pris les dispositions précédentes et qu'on aura soin, pendant toute la saison, de ne laisser la porte ouverte que sur une longueur de 8 à 12 centimètres suivant la force des colonies, on n'aura pas à craindre de voir le couvain prendre inutilement trop d'extension. En effet, si, pendant la grande récolte, on a des portes trop larges où si on élève la ruche sur des cales, l'air arrivant sur un trop grand nombre de cadres à la fois, la mère a une tendance à étendre sa ponte sur un trop grand nombre de cadres (voir la fin du § 33).

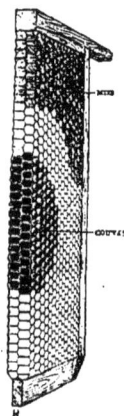

Fig. 150. — Un cadre qu'on suppose coupé en long Il correspond au cadre H de la fig. 149.

162. Entretien ou augmentation du nombre des ruches.

— Comme on cherche à éviter l'essaimage naturel, et comme on a quelquefois des ruches orphelines à supprimer, ou des ruches trop faibles à réunir, il est nécessaire d'avoir des colonies nouvelles pour remplacer celles qui disparaissent. D'autre part, on peut vouloir augmenter le nombre des ruches que l'on possède.

L'augmentation du nombre des colonies peut se faire de deux manières principales :

1° Par l'essaimage artificiel (§ 163),

2° Par de nouvelles ruches achetées au loin (§ 164).

163. Essaimage artificiel (1). — L'essaimage artificiel est une opération par laquelle l'apiculteur retire lui-même un essaim et l'installe directement dans la ruche qu'il doit occuper.

Il y a de nombreux procédés d'essaimage artificiel; pour le moment, nous décrirons seulement l'un des meilleurs, dont l'exécution n'offre pas de difficultés.

Pour faire un essaim artificiel, il est préférable d'opérer environ quinze jours avant la grande miellée, par un beau temps, le matin entre neuf heures et midi, alors que les abeilles sont très actives.

Remarquons que, lorsque le printemps a été très défavorable à la récolte du miel et au développement des colonies, il sera plus prudent de ne pas faire d'essaim artificiel, à moins d'avoir une récolte d'automne presque assurée.

Dans le procédé que nous allons décrire, on se propose de faire un essaim artificiel non pas au moyen d'une seule ruche, mais en y faisant concourir *deux fortes ruches*.

Par ce système on obtient en définitive trois ruches dont l'ensemble, contiendra souvent autant de miel et de cire à la fin de la saison que n'en auraient contenu les deux ruches employées (2).

Supposons que nous ayons choisi deux fortes colonies du rucher, qu'une visite préalable nous a montré riches en couvain et en population.

Ce seront par exemple les ruches A et B, représentées dans la figure 150. Nous aurons placé non loin de là, une

---

(1) Voir aussi § 234.

(2) Voir *Expériences sur l'essaimage artificiel* par G. de Layens (Apiculteur 1894, p. 403, et 1895, p. 51).

Note de M. Gaston Bonnier. — J'ai assisté aux expériences faites par M. de Layens, et en les répétant dans mon rucher j'ai obtenu les mêmes résultats.

ruche vide d'abeilles et sans cadres C. Après avoir enfumé la ruche B, nous en retirons successivement chaque cadre avec les abeilles qu'il porte et nous brossons
les abeilles dans cette ruche B ; nous mettons successivement les cadres ainsi dégarnis d'abeilles, en les plaçant dans le même ordre, dans la ruche C ; on aura
soin chaque fois qu'on met un cadre de recouvrir la

Fig. 151.

A, forte ruche.　　　　B, forte ruche.　　　C, Ruche vide d'abeilles
　　　　　　　　　　　　　　　　　　　　　　et sans cadres.

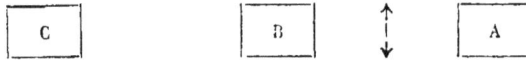

Fig. 152.

C, *Ruche souche* ayant reçu　B, Ruche devenue *essaim*　A, *Ruche déplacée* ayant
les cadres de B et rece-　　　*artificiel.*　　　　　　　perdu les abeilles qui
vant les abeilles de A qui　　　　　　　　　　　　étaient à la récolte, et
étaient à la récolte ; elle　　　　　　　　　　　qu'on transportera au
formera une mère.　　　　　　　　　　　　　　　loin.

ruche C, pour l'abriter contre les abeilles pillardes.
Nous mettons dans la ruche B, à la place des cadres
enlevés, alternativement des cadres garnis de cire gaufrée et des cadres amorcés.

Il est bon de laisser dans la ruche B un rayon contenant à la fois du couvain de tout âge et du miel. On
le met à l'avant-dernière place, du côté de la porte
ouverte.

La ruche C contiendra donc alors tous les cadres
qu'avait primitivement la ruche B, sauf un qu'on y a
laissé.

La ruche C est alors mise à la place de l'autre forte
ruche A, que nous allons mettre assez loin sur un nouveau plateau porté par un tabouret (fig. 152).

Que va-t-il se passer ?

Les abeilles de la ruche A, qui étaient à la récolte, reviennent à leur place accoutumée, reconnaissant leur plateau, entrent dans la nouvelle ruche C, et y trouvant du couvain en grande quantité, se mettent à le soigner. Elles manifesteront tout d'abord une certaine agitation, parce qu'elles ne trouvent plus de mère dans la colonie, mais au bout de peu de temps, elles se décideront à construire des cellules maternelles, au moyen du jeune couvain qu'elles ont à leur disposition.

Passons à la ruche A ; c'est la ruche forte qui a été déplacée et installée plus loin dans le rucher ; cette ruche a conservé tous ses rayons avec les abeilles qui s'y trouvaient et elle a perdu les abeilles allant aux champs qui sont entrées dans la ruche C. Les jours suivants, on verra encore sortir quelques abeilles qui pourront rejoindre la ruche C. Mais au bout d'un certain temps, grâce à l'éclosion du couvain, on verra cette ruche reprendre peu à peu une grande activité. Cette ruche A déplacée essaimera très rarement.

Quant à la ruche B, qui renferme l'essaim artificiel, les abeilles vont aménager leur nouvelle demeure, et l'on remarquera, par le rapide va-et-vient de l'entrée, qu'elles développent une fiévreuse activité.

Nous avons donc en résumé trois ruches au lieu de deux :

1ᵒ Une ruche C, riche en couvain et qui va faire une mère nouvelle ; elle contient les bâtisses de la ruche B, et les abeilles butineuses de la ruche A : c'est la *ruche souche*.

2ᵒ Une ruche A, riche en couvain ayant une mère, ayant perdu ses butineuses, mais qui va se refaire une forte population : c'est la *ruche déplacée ;*

3ᵒ Une ruche B, contenant une mère, toutes les abeilles de la souche, et qui va construire de nouvelles bâtisses

13.

dans lesquelles se fera du couvain nouveau : c'est *l'essaim artificiel*.

Rendre l'essaim secondaire de la ruche C, et surveillance de cette ruche. — Si, par exception, la ruche C doit donner un essaim secondaire, ce dont on est toujours averti par le chant des mères, cet essaim sortira 13 ou 14 jours après l'opération; on le recueillera dans une ruche vulgaire, on le mettra dans une cave jusqu'au lendemain soir, puis on le rendra à la ruche C, en secouant les abeilles devant l'entrée (1).

Si on veut s'assurer que la ruche C a bien refait une mère, et que cette mère est fécondée, on regardera, quarante-cinq jours après, s'il y a du couvain operculé; en général, on en trouvera même avant cette date. Dans le cas où, par hasard, il n'y aurait pas de couvain à cette date, l'opération est manquée et on réunira cette ruche à une autre (§ 132).

164. Ruches achetées au loin. — Il est reconnu, par l'expérience des apiculteurs, qu'il ne faudrait pas indéfiniment entretenir ou augmenter un rucher par les essaims artificiels.

La race d'abeilles du rucher, ainsi entretenue uniquement par elle-même, pourrait à la longue dégénérer et donner des colonies moins actives. De toute manière, il est donc à recommander d'acheter de temps en temps quelques colonies dans une contrée différente de celle où l'on se trouve ; l'introduction de ces nouvelles ruches améliorera et entretiendra l'activité générale du rucher.

L'achat de ces ruches se fera et dans les conditions qui sont décrites aux §§ 65 et suivants.

(1) Voir aussi § 233.

**165. Surveillance générale du rucher pen-
dant la troisième année.** — Nous avons dit qu'à la
visite du printemps on a inscrit sur le carnet l'état où
se trouve chacune des ruches.

Si l'on a un certain nombre de colonies, il est très utile
de faire un tableau où l'on inscrit aux dates successives
l'état des ruches et les opérations que l'on a faites.

Tel est par exemple le tableau suivant qui a été fait
pour 20 colonies.

Tableau de la marche d'un rucher, pendant une saison.

N°s des ruches	Nombre de rayons ayant du couvain, au 25 mars	Évaluation du miel restant dans les ruches, au 25 mars (Ko)	OBSERVATIONS	ESSAIMAGE ARTIFICIEL (20 mai)	ÉTAT DU RUCHER après l'essaimage	Évaluat. approxim. du miel cont. dans les ruches avant la récolte (25 août) (Kilos)	RÉCOLTE de miel de chaque ruche (Kilos)
1	5	4	Ajouté 5 k. de miel pris au n° 6.	N° 21. Essaim prenant la place de la souche (n° 1) permutée avec n° 3 déplacé.	N° 21. Essaim artific.	22	6
2	4	10	»		N° 2.	23	7
3	4	6	»		N° 1. Ruche souche.	16	0
4	3	6	»		N° 4.	31	15
5	6	4	Ajouté 5 k. de miel pris au n° 12. Couv. éparpillé; colon. suppr.	N° 22. Essaim prenant la place de la souche (n° 5) permutée avec le n° 7 déplacé.	N° 22. Essaim artific.	17	0
6	1	7	»		N° 5. Ruche souche.	33	17
7	4	6	»				
8	3	7	»		N° 8.	23	7
9	4	6	Ajouté 5 k. de miel pris au n° 12. Orpheline; colonie supprimée.	N° 23. Essaim prenant la place de la souche (n° 9), permutée avec le n° 11 déplacé.	N° 23. Essaim artific.	33	16
10	4	3	»		N° 10.	28	11
11	6	10	»		N° 9. Ruche souche.	31	14
12	4	6	»		N° 13.	45	28
13	5	6	»		N° 14.	40	23
14	3	6	»		N° 15.	28	10
15	4	7	»		N° 16.	30	13
16	4	8	Peu de couvain, bien compact.	N° 24. Essaim prenant la place de la souche (n° 17), permutée avec le n° 20 déplacé.	N° 24. Essaim artific.	40	20 — 8 = 12 Aj. 8 k. pris n° 24
17	2	11	»		N° 18.	10	23
18	4	7	»		N° 17. Ruche souche.	40	0
19	4	6			N° 3. Déplacé.	18	13
20	4				N° 7. Déplacé.	16	10
					N° 11. Déplacé.	31	10
					N° 20. Déplacé.	30	
							235

166. Tableau de la marche d'un rucher. — Un tableau tel que le précédent n'a pas seulement pour résultat de résumer clairement la marche du rucher, mais il donne encore des renseignements précis sur les opérations faites ou à faire.

Du reste, il est évident que l'apiculteur doit suivre pendant toute la saison, d'une part, la marche de la végétation et les floraisons successives des plantes mellifères, et d'autre part la marche de chaque colonie par son activité extérieure, le nombre des ventileuses, etc.

Il se produira même quelquefois des circonstances où il serait bon de visiter quelques ruches, sans que le tableau puisse le faire prévoir. C'est ainsi, par exemple, que si la saison devient extraordinairement favorable à la récolte, il pourra se faire que les ruches les plus actives soient remplies de miel; dans ce cas, l'apiculteur s'en assurera en visitant quelques ruches fortes, et s'il les trouve presque pleines de miel, il en retirera des cadres de miel pour les remplacer par des rayons vides.

C'est ainsi encore qu'en exerçant cette simple surveillance extérieure du rucher, il pourra s'apercevoir qu'une ruche est orpheline ; en ce cas, il la traitera comme il est dit aux § 138.

En somme, cette surveillance générale du rucher pendant toute la saison ne demande chaque jour que quelques instants et permet de parer rapidement à toutes les circonstances imprévues qui peuvent se présenter.

Quant aux chiffres de la récolte marqués sur ce tableau, ils représentent le résultat d'une année moyenne dans un pays assez mellifère. D'ailleurs, ces chiffres varient considérablement suivant les années et suivant les contrées.

167. Visite d'automne; récolte et mise en hivernage. — Ces diverses opérations se font exactement

comme dans les années précédentes ; la seule différence
qui puisse se présenter, si l'année est assez mellifère,
c'est que la récolte peut être beaucoup plus abondante
que l'année d'avant.

Remarque sur l'extraction du miel de bruyère. — Si l'on
est dans un pays où la bruyère produit beaucoup de
miel, on ne pourra pas extraire ce miel de bruyère avec
l'extracteur, car ce miel est d'une constance trop épaisse
pour sortir des rayons :

1° On peut laisser pour la provision d'hiver tout ou
partie de ces rayons pleins de miel de bruyère.

2° S'il y en a trop pour cela, et qu'on ne veuille pas en
faire de l'hydromel, on est obligé de l'extraire avec une
presse En ce cas les rayons sont détruits

3° S'il y a trop de miel de bruyère, on fera mieux d'opérer de la manière suivante, qui permet de conserver les
rayons et par laquelle on peut transformer le miel de
bruyère (qui est toujours de médiocre qualité) en un
bon hydromel :

On désopercule les rayons, et on les fait tremper dans
de l'eau tiède en les remuant de temps en temps, jusqu'à
ce qu'il ne reste presque plus de miel de bruyère dans
les cellules. On passe alors ces rayons presque vides
à l'extracteur, puis on les rend aux abeilles pour les
faire nettoyer. Cette eau miellée servira à faire de
l'hydromel.

168. Réserve de rayons de miel. — Dans le cas
où l'on a une forte récolte il faut bien se garder d'extraire
tout le miel des cadres récoltés. Il est de la plus grande
importance de conserver dans le laboratoire une *réserve
de cadres* contenant du miel operculé. En effet, cette
réserve de cadres remplis de miel simplifiera les opérations dans beaucoup de circonstances, et donnera à

l'apiculteur la plus grande sécurité pour l'avenir et le développement de son rucher.

Il est nécessaire d'insister sur ce point, car le débutant résistera toujours difficilement à la tentation de récolter trop de miel.

Le mieux, pour cette réserve de cadres, serait d'arriver à avoir toujours en provision, à la fin de chaque année, au moins cinq kilogrammes par ruche.

Si l'apiculteur a la prévoyance, on pourrait presque dire la ferme volonté, d'établir une réserve de miel dans ces conditions, il évitera toutes les difficultés et tous les ennuis que présentent le nourrissement au printemps et le nourrissement d'automne ; il se mettra à l'abri des dangers du pillage ; enfin, dans le cas d'une très mauvaise année, il pourra sauver son rucher en utilisant s'il le faut toute la réserve. L'établissement de cette réserve apporte donc le double avantage de la simplification et de la sécurité.

169. Examen de l'état des rayons. — Lorsqu'après avoir fait la récolte, on remet dans les ruches les bâtisses passées à l'extracteur, on fera bien d'examiner ces bâtisses.

On mettra de côté pour être fondus :

1° Les rayons qui auraient une forme trop irrégulière ;

2° Ceux qui auraient un trop grand nombre de cellules de mâles ;

3° Ceux qui seraient devenus trop pleins de cellules à pollen et par trop noirs.

De plus, on peut, au lieu de fondre des rayons qui ont des parties occupées par des cellules de mâles, les découper et les remplacer par des morceaux de rayons construits en cellules d'ouvrières et pris dans un autre cadre.

Par la méthode que nous avons conseillée, il n'est pas

nécessaire de laisser dans ces bâtisses, un certain nombre de cellules de mâles , les abeilles en construiront bien assez sur les rayons amorcés qu'on leur donne au printemps (§ 161).

170. Travaux de l'hiver. — C'est pendant la saison d'hiver qu'on aura le temps, soit d'arranger les rayons comme on vient de le dire, soit de faire de la cire (§ 277) avec les rayons qui ne doivent pas être conservés. Il sera bon aussi de profiter de cette morte saison pour amorcer un certain nombre de cadres avec des bâtisses d'ouvrières, comme il a été dit (§ 100). On pourra se servir pour faire ces amorces des meilleures parties des rayons d'ouvrières que l'on veut fondre.

C'est encore pendant l'hiver qu'on pourra racler les cadres pour enlever l'excès de propolis qui se trouverait sur certains d'entre eux, construire soi-même les ruches à cadres nouvelles et revoir tout le matériel apicole.

RÉSUMÉ.

Opérations de la troisième année. — Comme on suppose que le débutant, devenu apiculteur, possède au commencement de la troisième année toutes ses colonies installées dans des ruches à cadres, et comme les opérations à faire dans cette troisième année seront les mêmes pendant les années suivantes, le résumé de ce chapitre est en même temps le tableau synoptique des opérations à faire pour conduire le rucher.

RÉSUMÉ
DES OPÉRATIONS A FAIRE
(Méthode simple).

I. — FIN DE L'HIVERNAGE ET VISITE DU PRINTEMPS.

1º **Fin de l'hivernage.** — Pour chaque ruche on supprime toutes les cales, et après avoir remplacé les deux grilles d'hiver par les lames des deux portes, on ferme complètement la porte qui n'est pas du côté du groupe d'abeilles.

2º **Époque de la visite du printemps.** — On ne doit faire cette visite qu'environ huit jours après que les abeilles ont travaillé activement, et l'on doit choisir une belle journée.

On visite successivement toutes les ruches pour se rendre compte de l'état de chacune d'elles, et pour organiser chaque colonie en vue de la saison qui commence.

3º **Organisation de chaque colonie.** — Les cadres contenant le couvain doivent être placés en face de la porte ouverte; on met, à gauche et à droite de ces cadres, des cadres construits en rayons d'ouvrières et vides. Ensuite, on désopercule les cellules de miel qui se trouvent dans le haut des cadres à couvain. L'ensemble de tous ces rayons sera de dix à douze cadres. Puis on remplit le reste de la ruche avec des cadres contenant du miel qui alternent avec des cadres simplement amorcés.

4º **Ruches orphelines ou désorganisées.** — On supprime ces ruches s'il s'en trouve.

II. — ENTRETIEN OU AUGMENTATION DU NOMBRE DES RUCHES.

1º **Essaimage artificiel.** — On met dans une ruche vide tous les rayons d'une forte ruche, en laissant les abeilles dans cette dernière que l'on remplit avec des cadres amorcés; puis on met la ruche, vide d'abeilles et remplie de couvain, à la place d'une autre forte ruche que l'on déplace.

2º **Ruches achetées au loin.** — On n'augmentera pas seulement le nombre des ruches par l'essaimage artificiel, mais encore de temps à autre par quelques ruches achetées au loin.

III. — SURVEILLANCE DU RUCHER PENDANT LA SAISON

1° **Tableau de la marche du rucher.** — On dressera un tableau indiquant sommairement l'état des colonies, ce qui donnera des renseignements sur la manière dont doivent être surveillées telles ou telles ruches pour parer aux circonstances imprévues.

2° **Surveillance extérieure générale.** — Entre la visite du printemps et la récolte, on doit souvent inspecter extérieurement l'état général du rucher, ce qui ne demande chaque fois que très peu de temps.

IV. — RÉCOLTE ET HIVERNAGE.

1° **Récolte.** — On retire les rayons de miel en grande partie operculés, et on déplace s'il y a lieu les cadres de miel, en les faisant passer d'une ruche dans l'autre, de manière à laisser environ 16 kilogrammes de provision dans chaque ruche.

Parmi les cadres de miel retirés des ruches, on en prélève un certain nombre pour la *réserve de miel ;* les autres sont passés à l'extracteur.

2° **Hivernage.** — On a remis dans les ruches les rayons passés à l'extracteur et, avant les premiers froids, on remplace les portes par les grilles d'hiver ; enfin, on dispose des cales convenables entre les ruches et leurs plateaux, puis entre les plateaux et les tabourets.

TROISIÈME PARTIE

AUTRES SYSTÈMES DE RUCHES

Fig. 153. — Un rucher dans les Cévennes.

171. Ruche à cadres verticale. — Nous avons
supposé jusqu'à présent que l'apiculteur se servait de la
ruche à cadre française qui est la plus simple et la plus
facile à conduire. Cette ruche, que nous avons adoptée,
est une ruche du type *horizontal*, ainsi nommé parce
que tous les cadres de la ruche étant sur un seul rang,
l'agrandissement de la colonie se fait en travers ou hori-
zontalement.

On construit aussi des ruches d'un autre type appelé
ruches verticales, parce que dans ce système où l'on peut
superposer plusieurs rangées de cadres les uns au-
dessus des autres, l'agrandissement de la colonie se fait
de bas en haut ou verticalement. On appelle encore ces
ruches verticales, *ruches à hausses* (fig. 154 et 157).

Le principe de ce système de ruches repose sur ce
fait, que dans une ruche vulgaire plus haute que large

les abeilles mettent d'abord de préférence leur miel dans la partie supérieure. Nous avons vu que, dans la ruche à calotte, on a imaginé de séparer cette partie supérieure, ne contenant que du miel, de la partie inférieure qui contient le couvain et le reste du miel. La calotte est donc une sorte de hausse qui facilite la récolte du miel de surplus. C'est l'application de ce principe aux ruches

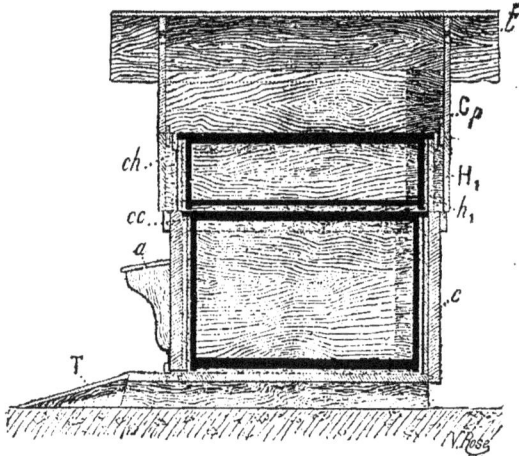

Fig. 154. — Ruche verticale avec une seule hausse (on suppose la ruche coupée d'avant en arrière). — *c*, corps de ruche ; *cc*, un cadre du corps de ruche ; H, enveloppe de la hausse ; *Cp*, chapiteau ; T, Tablier ; *a*, abri de la porte ; *t*, un des deux trous munis d'un grillage.

à cadres qui a donné naissance aux ruches verticales.

Une ruche verticale ou à hausses se compose de plusieurs caisses qui peuvent se superposer; la caisse inférieure, appelée *corps de ruche* (*c*, fig. 154 et 157), contient les cadres (*cc*, fig. 154) qui doivent servir exclusivement à l'élevage du couvain et à la provision d'hiver.

Ces cadres sont plus larges que hauts, à l'inverse de ceux de la ruche horizontale précédente ; cette forme basse des cadres est ici adoptée pour forcer les abeilles à monter dans les compartiments supérieurs.

Les autres caisses sont applées *hausses* (h_1, fig. 154), et s'emboîtent exactement sur le corps de ruche ou les unes sur les autres. Les hausses contiennent des cadres (*ch*, fig. 154) qui doivent servir exclusivement à contenir le miel qu'on doit récolter.

Ces cadres sont environ moitié moins hauts que ceux du corps de ruche; les hausses ont donc des cadres très bas, ce qui permet aux abeilles d'y emmagasiner plus rapidement le miel.

Le but de cette disposition plus compliquée que celle du type horizontal est de séparer complètement le miel à récolter du reste de la colonie qui doit passer l'hiver dans la caisse inférieure après qu'on a retiré les hausses.

172. Description d'une ruche verticale. — De même qu'il existe un grand nombre de modèles du type horizontal, il y a aussi beaucoup de systèmes de ruches verticales.

Parmi ces derniers nous allons décrire le suivant (1) :

1° *Corps de ruche*. — Le *corps de ruche* (*c*, fig. 154 et 157), sauf les dimensions, est construit comme une ruche horizontale à 12 cadres, mais avec une seule porte au milieu.

Chaque cadre est moins haut que large (fig. 156) ; la hauteur intérieure du cadre est de 27 centimètres et la largeur de 42 centimètres.

Le corps de ruche est placé sur un plateau qui s'emboîte dans la ruche et dont la partie extérieure est inclinée formant une sorte de tablier T.

Quand il n'y a pas de hausse sur le corps de ruche, on recouvre souvent le dessus des cadres à l'aide d'une

_____

(1) Cette ruche, que l'on appelle du nom de son inventeur *ruche Langstroth*, a été plusieurs fois modifiée dans ses dimensions; elle est connue dans le commerce sous le nom de *ruche Dadant,* nom qui est moins bien choisi que le précédent.

toile cirée qu'on enlève quand on place les hausses. Quand il y a des hausses, cette toile cirée est sur la hausse supérieure (*tl*, fig. 157).

2° *Hausses.* — Une *hausse* est une caisse qui n'a ni fond ni couvercle et dans laquelle se trouvent douze cadres, environ moitié moins hauts que les précédents (fig. 155): la hauteur intérieure du cadre est de 13 cent. 5 et la largeur de 42 centimètres.

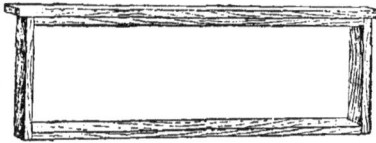

Fig. 155. — Un cadre de la hausse d'une ruche verticale.

Fig. 156. — Un cadre du corps de ruche d'une ruche verticale.

Le bas d'une hausse peut s'emboîter sur le corps de ruche, ou se placer sur une autre hausse ; et le dessus de la même hausse peut recevoir également une seconde hausse. La hausse inférieure h_1 est protégée par une enveloppe H_1 (fig. 154 et 157).

Dans un pays suffiamment mellifère, chaque ruche de ce modèle doit avoir au moins deux ou trois hausses (1).

_____

(1) C'est un point qu'il ne faut pas oublier lorsqu'on achète des ruches verticales, car sur les catalogues des fabricants, le prix

3° *Chapiteau.* — Le *chapiteau* Cp (fig. 154 et 157) est un couvercle recouvert d'un toit qui peut s'emboîter sur le corps de ruche ou sur le dessus de n'importe quelle hausse. Le chapiteau porte deux trous d'aération opposés, munis de grillage (*t*, fig. 154 et 157).

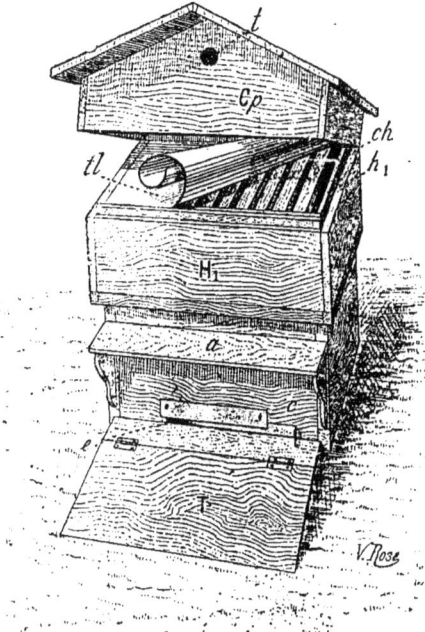

Fig. 157. — Ruche verticale avec une hausse: *c*, corps de ruche ; H₁ enveloppe de la première hausse, *h₁*, hausse ; *ch*, cadres de cette hausse ; *tl*, toile cirée qui les recouvre, Cp, chapiteau ; *t*, trou d'aération formé par un grillage ; *a*, abri de l'entrée ; *e*, entrée ; T, tablier.

La ruche peut donc être constituée par le corps de ruche simplement recouvert du chapiteau: c'est ainsi

d'une ruche verticale est marqué pour une ruche avec une seule hausse ; or, comme on doit acheter cette ruche au moins avec deux hausses, le prix s'en trouve par là même augmenté d'environ 5 francs, et est toujours plus élevé que celui d'une ruche horizontale comparable de même capacité.

14

qu'elle est en hiver par exemple ; ou bien constituée par
le corps de ruche surmonté d'une ou plusieurs hausses
que recouvre le chapiteau : c'est ainsi qu'elle est au moment de la forte miellée.

173. Remarques sur la ruche verticale. — On
voit donc que la ruche verticale est à capacité variable.
Dans la ruche horizontale, ce sont les abeilles qui règlent
elles-mêmes la plus ou moins grande capacité du volume
qu'elles occupent. Ici, c'est l'apiculteur qui intervient
et qui doit, suivant les circonstances, augmenter ou
diminuer la capacité de la ruche en y ajoutant ou en
retranchant des hausses.

L'avantage principal de cette opération consiste donc
en ceci : c'est que la récolte du miel peut se faire en une
seule fois comme dans la ruche fixe à calotte.

Mais on comprend que la ruche verticale sera plus
difficile à conduire, puisque l'apiculteur devra lui-même
ajouter ou retrancher les hausses aux époques voulues.
Or, il se trompera parfois sur la date de ces époques,
tandis que dans la ruche horizontale les abeilles qui peuvent s'étendre à leur volonté, savent très bien y occuper
l'espace nécessaire, suivant les circonstances extérieures.

Une autre difficulté générale, résulte de ce que les
cadres des hausses sont moitié plus bas que ceux du
corps de ruche. On ne peut donc pas changer ces cadres les uns avec les autres pour les diverses opérations.

On comprend, par ce qui précède, pourquoi il faut
être un apiculteur expérimenté et habile pour conduire
les abeilles à l'aide des ruches verticales.

Quant au rendement de ces ruches, on peut dire que,
dans les mêmes conditions, une ruche verticale rapporte
à peu près autant qu'une ruche horizontale (1).

(1) Cependant, M. Beuve, ayant comparé pendant dix années
successives le rendement de 12 ruches verticales et de 12 ruches

174. Avantages de la ruche verticale pour le miel en sections. — Cette ruche verticale a l'avantage de se prêter mieux que toute autre à la production du *miel en sections*, c'est-à-dire du miel qui doit être vendu en rayons dans de petits cadres en bois (fig. 158).

Le miel renfermé dans des cellules qui viennent d'être construites et operculées, constituant un rayon complet entièrement soudé par les bords dans l'intérieur d'un petit cadre de bois, se présente sous une forme engageante pour un dessert.

Mais une telle section contenant du beau miel en rayon est toujours un objet de luxe. D'autre part, il est prouvé que les abeilles sont gênées dans leur travail pour bâtir des rayons dans les sections, parce que le groupe d'abeilles étant divisé, la ventilation et le maintien de la chaleur sont entravés par les séparations de toutes ces petites boîtes

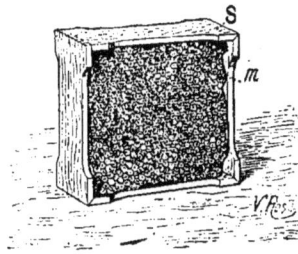

Fig. 158. — Une section construite :
S, section ; m, miel.

En fait, si l'on compare la récolte entre des ruches qui ont des sections et des ruches simplement garnies de cadres, pour la même localité et la même saison, on trouve que les ruches à sections rapportent en poids la moitié, ou même le quart seulement de ce que rapportent les cadres. Il est donc plus avantageux de vendre du miel extrait à 1 franc le kilogramme que du miel en sections à 2 francs le kilogramme.

horizontales, a trouvé une différence en faveur des ruches horizontales, mais cette différence est insignifiante. (Voir *Comparaison du rendement des ruches horizontales et des ruches verticales*, par M. Beuve, Président de la Société d'Apiculture de l'Aube (Apiculteur 1895, p. 375.)

Il faut encore remarquer que pour obtenir de belles sections, disposées pour la vente, il faut s'occuper attentivement de leur production, les surveiller, les changer de place et les entourer de soins minutieux particuliers (§ 191, 192 et 193).

Enfin le transport des sections offre de sérieuses difficultés; si elles ne sont pas emballées d'une manière spéciale, elles courent le risque d'être brisées par les chocs qui peuvent se produire.

Pour toutes ces raisons, l'apiculteur n'aura pas intérêt en général à produire du miel en sections, à moins qu'il ne s'en fasse une spécialité et qu'il soit assuré d'en trouver le débit à un prix suffisant.

175. Matériel pour le miel en sections. — Les sections les plus habituellement employées sont de petits

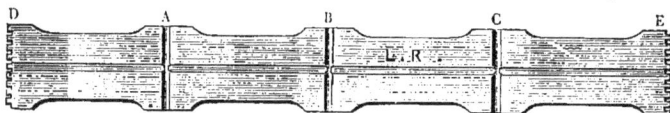

Fig. 159. — Une section non montée. — Pour la monter, on mouille les trois rainures, on les ploie en A, B, C, et, à l'aide d'un marteau, on fait entrer les crans (en D et E) les uns dans les autres.

cadres formés avec des lames de bois plus minces et plus **larges** que celles des cadres ordinaires : plus minces,

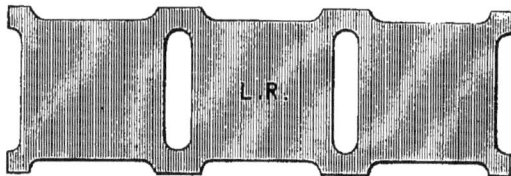

Fig. 160. — Séparateur triple en fer-blanc, pour trois sections à la fois.

pour leur donner une forme plus élégante et un poids moins grand; plus larges, parce que, pour la régularité

de la construction de la bâtisse, il faut que la distance
entre le bord de la section et la surface du rayon soit,
de chaque côté, de l'épaisseur d'une abeille. La fig. 159
représente une section non montée. On voit en S
(fig. 158) une section montée (et qui de
plus est construite par les abeilles).

Les sections ordinaires sont combi-
nées de façon que lorsqu'elles sont terminées, elles pèsent environ 500 grammes, cire et bois compris.

Afin d'obtenir de la régularité dans
la construction des rayons, il faut
donc obliger les abeilles à ne pas
trop allonger les cellules. On a imaginé dans ce but ce
que l'on appelle des *séparateurs*. Ce sont des lames,
généralement en fer-blanc (fig. 160 et 161) qu'on intercale
entre les sections.

Ces séparateurs et les cadres en bois des sections sont

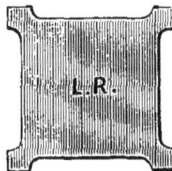

Fig. 161. — Séparateur
simple.

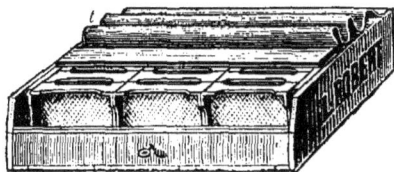

Fig. 162. — *Casier à sections.* — On voit les intervalles par où les abeilles peuvent passer entre les sections. On a mis verticalement des séparateurs triples
entre les rangées de trois sections; on ne voit pas ces séparateurs sur la figure;
t, toile cirée.

entaillés en haut et en bas, de manière à donner passage
aux abeilles qui peuvent ainsi circuler d'une section à
l'autre. Les sections sont généralement placées dans des
casiers (fig. 162) et rangées à côté les unes des autres;
elles sont maintenues par des vis en bois.

Les casiers à sections peuvent se placer exactement sur
les cadres du corps de ruche, après qu'on a enlevé la

14.

toile cirée qui les recouvre, et les casiers sont eux-
mêmes recouverts d'une toile cirée (*t*, fig. 162).

RÉSUMÉ.

Ruches verticales. — La *ruche à cadres verticale* ou *ruche
à hausses* se compose essentiellement d'un corps de ruche renfermant une douzaine de cadres (plus larges que hauts) sur
lequel on peut placer un toit ou chapiteau.

Entre le corps de ruche et le chapiteau on peut intercaler
une ou plusieurs hausses qui contiennent chacune une douzaine de cadres, aussi larges, mais moitié moins haut que
ceux du corps de ruche.

Miel en sections. — La ruche verticale a l'avantage de
faciliter la récolte, et est favorable à la production du *miel en
sections*, c'est-à-dire du miel en rayons, construits dans de
petits cadres de bois ; mais elle est plus compliquée et exige,
pour être conduite, l'expérience d'un apiculteur exercé.

Le miel en sections n'est avantageux à produire que lorsqu'on peut vendre les sections beaucoup plus cher que le
même miel extrait. Les sections sont disposées dans des caisses et placées au-dessus des cadres du corps de ruche.

CHAPITRE XIV

CONDUITE DES ABEILLES
PAR LES RUCHES VERTICALES

176. Observations générales. — Tout ce que nous avons dit dans la seconde partie de cet ouvrage : sur l'établissement du rucher, sur les opérations du printemps, les essaims et la mise en ruche, la visite d'automne et l'hivernage, s'applique presque complètement à la conduite des ruches verticales. Il y a cependant quelques différences dans la manière d'opérer.

Supposons que l'apiculteur possède un certain nombre de ruches verticales peuplées d'abeilles ; suivons ces colonies pendant toute une saison, depuis la fin de l'hivernage jusqu'à l'hivernage suivant, et indiquons toutes les opérations qui diffèrent de celles décrites pour des ruches horizontales.

177. Fin de l'hivernage et visite du printemps. — En hivernage, les ruches verticales sont exactement constituées comme des ruches horizontales à douze cadres, car elles se composent simplement du corps de ruche recouvert du chapiteau.

Après avoir supprimé les dispositions prises pour l'hivernage, on fera la visite de toutes les ruches au moment voulu et on notera l'état de chacune d'elles.

Pour chaque ruche, on aura soin de laisser le couvain

dans les rayons du milieu, on reportera à droite et à
gauche, vers les extrémités, les rayons contenant le plus
de miel, et le reste de la ruche sera garni par les rayons
construits en cellules d'ouvrières, vides ou contenant peu
de miel : par cette disposition, la mère ne sera pas gênée
dans sa ponte. En faisant cette visite, on enlèvera des
rayons de miel aux colonies qui en ont le plus pour les
donner à celles qui en ont trop peu.

178. Préparation des hausses. — On devra préparer d'avance les hausses garnies de cadres, qui devront bientôt être mises sur les ruches.

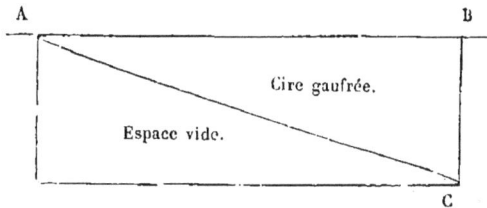

Fig. 163. — Disposition économique pour mettre la cire gaufrée dans les hausses.

Lorsqu'on a des ruches verticales depuis un certain
nombre d'années, on aura un nombre suffisant de cadres
construits pour garnir ces hausses.

Si l'on prépare des hausses pour des ruches nouvelles,
les cadres seront garnis de cire gaufrée sauf un cadre
vers le milieu qui sera entièrement construit, afin d'engager les abeilles à monter dans les hausses.

Il ne faudrait pas se contenter de mettre seulement
des cadres amorcés, car les hausses ne devant être placées
que peu de jours avant la grande récolte, il faut que les
abeilles aient suffisamment de bâtisses disponibles pour
profiter de toute la miellée.

Cependant, on peut, par économie, employer la disposition suivante qui donne presque d'aussi bons ré-

sultats. On met, dans les cadres des hausses, des morceaux de cire gaufrée taillés en triangle A, B, C, comme
l'indique la figure 163. Le triangle de cire gaufrée est
fixé par deux de ses côtés AB et BC, le troisième AC formant la diagonale de la section.

**179. Moment où l'on doit placer la première
hausse.** — Le moment où l'on doit mettre la première

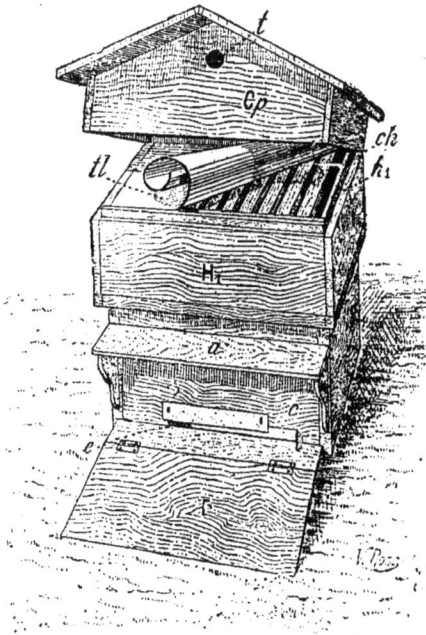

Fig. 164. — Ruche verticale, sur laquelle on a mis une première hausse h_1; la
toile *tl* qui était sur le corps de ruche recouvre la première hausse. (Le autres
lettres comme fig. 157.)

hausse est assez difficile à déterminer, et exige de la
part de l'apiculteur une connaissance approfondie des
ressources multiples de la contrée qu'il habite et de

l'époque probable, où, d'après les circonstances atmosphériques, il peut prévoir l'approche de la grande miellée.

En effet, le meilleur moment pour placer la première hausse est quelques jours avant la grande miellée.

Mais une autre condition est encore nécessaire pour qu'il y ait utilité à placer cette hausse : il faut que presque tous les cadres du corps de ruche soient garnis d'abeilles. Les ruches trop faibles seront donc réunies deux à deux, si on veut qu'elles puissent profiter de la grande miellée.

Dans le cas où l'on ne ferait pas de réunion, il faudrait attendre le renforcement des colonies faibles pour pouvoir y ajouter la première hausse; mais on risque alors bien souvent d'avoir mis les hausses trop tard, c'est-à-dire après la grande récolte.

180. Pose de la première hausse. — Pour placer la première hausse, on enlève le chapiteau, on soulève la toile cirée par l'un des côtés, et l'on enfume d'une manière générale à mesure qu'on achève d'enlever toute la toile.

On emboîte la hausse garnie de cadres sur le corps de ruche; on remet la toile sur les cadres de la hausse (*tl*, fig. 164), et on replace le chapiteau C*p* par-dessus.

181. Inconvénients d'avoir mis la première hausse trop tôt. — Si l'on a placé les hausses trop tôt, il peut arriver que par suite d'un refroidissement de température, comme la capacité de la ruche a été brusquement augmentée, les abeilles en se reserrant soient forcées d'abandonner une partie du couvain.

Ce couvain, non recouvert d'abeilles, peut périr et amener la maladie de la loque si redoutable pour le rucher.

182. Inconvénients d'avoir mis la première hausse trop tard. — Si l'on a mis les hausses trop tard :

1° On n'a pas profité de toute la miellée ;

2° La ruche n'ayant pas une capacité suffisante, les abeilles pourront se disposer à essaimer, et l'on sait quels sont tous les inconvénients qui résultent de l'essaimage naturel.

3° Il peut se faire que la ponte de la mère étant arrêtée par le miel récolté dans le corps de ruche, la mère passe dans la hausse pour y continuer sa ponte ; dès lors, si on a du couvain dans la hausse, il faudra attendre que ce couvain soit complètement éclos pour récolter utilement les hausses.

183. Surveillance des hausses. — Comme la miellée peut être plus ou moins abondante et durer plus ou moins longtemps, les hausses se remplissent plus ou moins vite suivant les circonstances, il est donc nécessaire de surveiller les hausses de toutes les ruches, afin de choisir le meilleur moment pour ajouter les secondes hausses.

Certains apiculteurs facilitent cette visite à l'aide de hausses vitrées d'un côté, la vitre étant recouverte par un volet qui peut se fixer par un crochet.

184. Pose de la seconde hausse. — Si la miellée est suffisante, les premières hausses se rempliront de miel, mais il ne faut pas attendre qu'elles soient pleines, car on sait que les abeilles ont toujours besoin d'une assez grande surface de bâtisses pour faire évaporer l'excès d'eau avant d'operculer le miel.

Le meilleur moment pour chaque ruche est d'ajouter la seconde hausse *lorsque la première est aux deux tiers pleine.* Mais cette hausse (h_2, fig. 165), on ne l'ajoute pas

par-dessus la première, on l'intercale entre le corps de
ruche et la première hausse, à la place qu'occupait cette
première hausse. Cette dernière, h_1, est mise par-dessus
la seconde hausse h_2 et conserve sa toile cirée tl (fig. 165).

Cette manière d'opérer offre l'avantage de laisser des

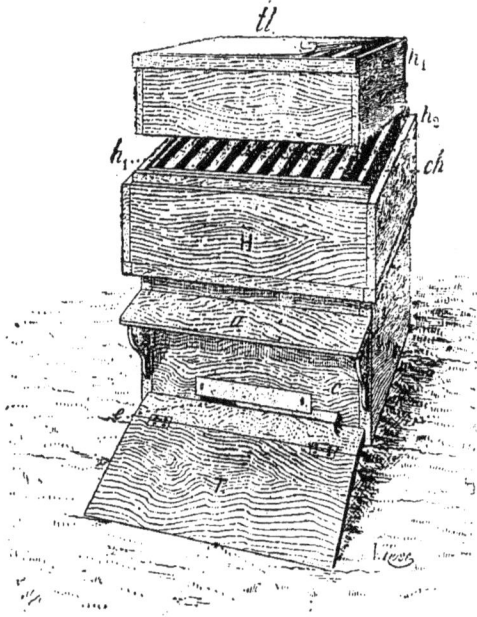

Fig. 165. — Pose de la seconde hausse h_2, mise à la place qu'occupait la première. La première hausse h_1 est mise par-dessus et conserve sa toile cirée tl.
(Les autres lettres comme fig. 164.)

rayons vides non loin du corps de ruche ce qui engage
les abeilles à les remplir plus activement.

Avant d'ajouter une seconde hausse, il est prudent de
visiter la première, pour voir si elle ne renferme pas de
couvain. Car, dans ce cas, il faudrait mettre la seconde
hausse par-dessus la première; si on la mettait par-
dessous, la mère pondrait dans cette seconde hausse en-

core plus que dans la première, pour rejoindre les deux
parties de couvain séparées.

185. Hausses successives. — Dans les régions particulièrement mellifères, lorsque la récolte continue, on
doit intercaler une troisième hausse au-dessous de la seconde, parfois même exceptionnellement d'autres hausses
encore.

**186. Pose des hausses pour la miellée d'au-
tomne.** — Dans les contrées où la récolte principale a
lieu à la fin de la saison, c'est naturellement à la fin de
l'été et quelques jours avant la grande miellée probable
que l'on doit placer les hausses.

Dans les contrées où il y a une miellée de printemps
et une miellée d'automne on devra poser les hausses au
printemps, les récolter, les redonner pour la miellée
d'automne et les récolter de nouveau ; ces nombreuses
opérations ont l'avantage de permettre de mieux séparer
les miels des diverses époques.

**187. Visite des ruches lorsqu'elles ont des
hausses.** — Si, pour une opération quelconque ou pour
se rendre compte de l'état d'une ruche, on doit la visiter
alors qu'elle possède une ou plusieurs hausses, on opère
de la manière suivante : on retire les hausses, on les
place sur le sol et, avant de visiter le corps de ruche, on
enfume très fortement.

Si l'on était obligé de faire cette opération à une époque où il n'y ait pas de miel dans les fleurs, il faudrait se
défier du pillage.

188. Récolte des hausses. — Il ne faut pas trop
se presser de récolter les hausses, car le miel qui reste
assez longtemps dans les hausses est operculé en plus

grande quantité, et par conséquent de meilleure conservation. Pour récolter une hausse, on opère de la façon qui suit :

On enlève le chapiteau et, au moyen d'une abondante fumée ; on force une partie des abeilles à redescendre vers le bas (1); on visite alors rapidement la hausse pour voir si elle ne contient pas de couvain, car, dans ce cas, il faudrait laisser la hausse sur la ruche jusqu'à l'éclosion complète du couvain.

S'il n'y a pas de couvain, ce qui est le cas le plus ordinaire, on détache la hausse par le bas au moyen d'un ciseau ; on lance de nouveau de la fumée ; on enlève la hausse qu'on place provisoirement sur un tabouret ; on remet la toile sur la hausse de dessous ou sur le corps de ruche, et on replace promptement le chapiteau.

On emporte successivement les hausses dans le laboratoire ; on les dispose chacune sur une cale et on recouvre le haut avec des toiles.

Les abeilles qui sont restées dans les hausses, comprenant qu'elles sont isolées de leur ruche, sortent peu à peu par le dessous des hausses et s'envolent vers les fenêtres qu'on ouvrira de temps en temps pour les laisser rejoindre leurs colonies (2).

Les rayons de miel retirés des hausses sont ensuite passés à l'extracteur.

Puis on remet les cadres vides dans les hausses, et le soir on replace les hausses sur les ruches pour faire nettoyer ces cadres par les abeilles. Pour éviter le pil-

(1) Pour activer la descente des abeilles vers le corps de ruche, on peut se servir de ce qu'on appelle la *toile phéniquée*. On verse dans un seau d'eau la valeur d'un petit verre à vin d'acide phénique. On trempe la toile dans cette solution et après l'avoir tendue on la place sur la hausse. L'odeur de l'acide phénique fait descendre en partie les abeilles.

(2) On a préconisé pour la récolte des hausses un appareil spécial appelé *chasse-abeilles* (§ 226); mais on opère, en somme, plus rapidement par la méthode que nous venons de décrire.

lage, on rétrécira les portes de toutes les ruches pendant quelques jours.

189. Visite après la récolte. — Il va sans dire que l'on doit visiter toutes les ruches après la récolte ; on examinera dans cette visite si chaque corps de ruche contient environ 16 kilogrammes de miel.

Avec les ruches verticales, comme la plus grande partie du miel récolté se trouve dans les hausses, il arrive assez fréquemment que le corps de ruche contient trop peu de miel.

Il faudrait donc, à l'automne, pouvoir prendre des rayons de miel dans des hausses, pour les placer dans le corps de ruche afin de compléter les provisions d'hiver. Mais cela est impossible, puisque les cadres des hausses ne sont pas de la même grandeur que ceux du corps de ruche (1).

D'autre part, comme il n'y a pas souvent un excès de miel suffisant dans le corps des ruches verticales pour que l'apiculteur puisse faire une importante réserve de grands cadres, il sera obligé de renoncer à établir une réserve.

Un apiculteur exercé pourra souvent éviter le nourrissement d'automne qui offre beaucoup d'inconvénients, s'il sait enlever les hausses au moment voulu, c'est-à-dire un peu avant la fin de la grande récolte, car alors les abeilles achèveront la récolte en transportant le miel directement dans le corps de ruche.

190. Mise en hivernage. — Nous avons dit qu'en

---

(1) Il existe des ruches verticales dont les cadres sont les mêmes pour les hausses que pour le corps de ruche, mais comme nous l'avons vu plus haut, ces hausses se remplissent avec moins de facilité. On pourrait aussi, comme l'a proposé le frère Jules, avoir à la fois dans son rucher des ruches horizontales et des ruches verticales ayant les mêmes dimensions pour le cadre.

hiver, les ruches verticales ne doivent pas porter de hausses.

On pourrait croire que si la provision de miel n'est pas suffisante dans le corps de ruche, il suffirait de laisser une hausse pleine de miel pour assurer cette provision. Mais, si l'hiver a des périodes de froid prolongé pendant lesquelles les abeilles ne peuvent plus se déplacer, cette hausse pleine de miel ne servira à rien aux abeilles.

En effet, le groupe d'abeilles installé dans le corps de ruche ne pourra pas, dans la saison froide, passer du corps de ruche dans la hausse à cause de l'intervalle qui sépare inévitablement les rayons de ces deux parties de la ruche.

Quant à la mise en hivernage du corps de ruche recouvert de son chapiteau, elle se fait comme dans les ruches horizontales.

191. Sections. — On peut se proposer simplement de faire pour soi quelques sections (§ 174) afin de consommer le miel à table sous cette forme élégante; alors un très grand nombre de sections ne sont pas nécessaires. Dans ce cas, l'apiculteur pourra aussi bien faire des sections à l'aide des ruches horizontales (§ 194).

Si, au contraire, le cultivateur d'abeilles veut faire des sections en grand pour les vendre, et s'il est sûr d'en trouver un placement rémunérateur, il emploiera les ruches verticales à rayons bas, telle que celle que nous avons décrites (1); mais alors il faudra pour ainsi dire qu'il se fasse une spécialité de cette industrie, car la production des sections exige, comme nous l'avons vu,

---

(1) La ruche verticale à rayons bas a été inventée précisément dans le but de récolter les sections, qu'on désignait autrefois sous le nom de *boîtes de surplus*. En Amérique et en Angleterre, le miel se vend surtout sous cette forme.

un matériel compliqué, et de plus des soins minutieux et incessants qui demandent un temps considérable.

Et encore le producteur de sections n'est-t-il pas toujours assuré du succès, car de nombreuses difficultés se présentent lorsqu'on veut faire travailler les abeilles dans tous ces petits compartiments en les forçant à faire des rayons complets, non tachés, sans propolis, à cellules toutes operculées et à bâtisses rattachées régulièrement aux parois des quatre côtés.

Une section n'est bonne pour la vente que si elle présente à la fois toutes ces qualités.

192. Comment on fait remplir des sections par les abeilles. — Après avoir mouillé la section développée, aux angles A. B. C. (fig. 159) afin qu'elle ne se brise pas en la ployant, on la ploie autour d'un bloc de bois, puis on agrafe ensemble les extrémités D. E.

On dispose dans chaque section, des morceaux de cire gaufrée minces et blancs fabriqués dans ce but. On peut se contenter d'amorcer largement chaque section à l'aide d'un morceau de cire gaufrée ; mais il est préférable, pour la régularité de la bâtisse, de mettre au milieu de chaque section, un morceau de cire gaufrée de même dimension que l'intérieur des cadres. Ici, on devra bien se garder de fixer la cire gaufrée à l'aide de fil de fer, puisque le rayon de chaque section doit être consommé tel quel et en entier.

Pour fixer la cire gaufrée dans les sections, on peut, par exemple, se servir d'un bloc de bois (*b*, fig. 167) ayant les dimensions voulues, un peu moins épais que la moitié de la section ; on encadre le bloc avec la section, on pose la cire gaufrée dessus (*g*, fig. 166 et fig. 167), et on la fixe régulièrement tout autour en y versant de la cire fondue. Pour verser cette cire, qu'on a fait fondre dans une burette à bain-marie (§ 221), on incline à la fois la

section et le bloc en soutenant ce dernier avec la main
gauche, et de la main droite on verse un léger filet de
cire dans l'angle formé par la cire gaufrée et l'un des
côtés de la section; on fait de même pour les trois autres
côtés.

Les sections garnies ainsi de cire gaufrée, sont placées
dans les casiers avec les séparateurs, et on les serre les
unes contre les autres à l'aide de vis en bois pour empêcher le plus possible la propolisation sur les bords.

On place les casiers ainsi garnis de sections (fig. 162)

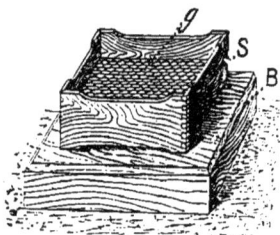

Fig. 166. — Pose de la cire gaufrée
d'une section : *g*, cire gaufrée; S,
section; B, bloc de bois qui porte un
bloc plus petit (*b*, fig. 167) venant au
milieu de la section S.

Fig. 167. — Section et blocs, supposés
coupés de bas en haut. On voit le
bloc *b* qui soutient la cire gaufrée *g*
que l'on va poser dans la section.

au-dessus du corps de ruche, et après avoir recouvert
l'ensemble avec la toile on remet le chapiteau. Les
casiers à sections doivent être placés comme les hausses,
c'est-à-dire quelques jours avant la grande miellée.

A partir de ce moment il faudra surveiller les casiers
de la manière suivante :

1° Comme les abeilles commencent par remplir les
sections du milieu avant d'avoir terminé celles qui se
trouvent sur les côtés, il faudra retirer celles du milieu
dès qu'elles seront complètement achevées, les remplacer par celles des côtés qui ne sont pas achevées, et
remplacer ces dernières par des sections vides ;

2° Il est important de retirer les sections au moment
où elles viennent d'être terminées, car un séjour trop prolongé des abeilles sur les rayons operculés aurait l'inconvénient de les tacher;

3° Les sections retirées qui auraient par trop de propolis seront grattées avec le plus grand soin, opération
délicate, qui exige une certaine adresse de main.

193. Inconvénients à éviter lorsqu'on fait du miel en sections.

— Une première difficulté consiste
dans ce fait, que les abeilles se décident parfois difficilement à monter dans les sections; on les engagera à
monter en remplaçant quelques sections du milieu par
des sections préparées, non avec de la cire gaufrée mais
avec des rayons tout construits.

On a bien cherché à hâter la montée des abeilles dans
les sections en réduisant le nombre des cadres dans le
corps de la ruche, par exemple en ne laissant au milieu
que 7 à 8 cadres qu'on isole du reste du corps de ruche,
à droite et à gauche, au moyen de plantes de partition
(voyez § 227). Mais un tel procédé présente deux inconvénients : le premier, c'est que les abeilles ne construisent
pas volontiers dans les sections qui sont placées à droite
et à gauche au-dessus des espaces laissés vides dans le
corps de la ruche; le second inconvénient, qui est le
plus grave, c'est que tout en réussissant pour les sections, on court risque par le trop grand rétrécissement
du corps de ruche de ne plus laisser la place suffisante
pour le développement du couvain et pour les provisions
d'hiver, ce qui peut compromettre, dans l'avenir, l'existence de cette colonie.

Une autre difficulté, c'est que les ruches sur lesquelles
on dispose des sections, ont généralement une tendance
plus grande à essaimer, ce qui, nous le savons, offre les

plus grands inconvénients. Il n'y a pas de remède pratique contre cette difficulté.

Enfin, si le châssis à section n'a pas été placé en temps
voulu, il peut se faire que la mère monte au-dessus du
corps de ruches et vienne pondre dans les sections, ce
qui les perd complètement.

**194. Miel en sections avec les ruches horizon-
tales.** — On peut aussi faire des sections avec les ruches
horizontales par l'un des procédés suivants :

1° Ayant préparé les sections comme il est dit plus
haut, on dispose le ca-
sier qui les contient
(fig 162) sous le toit de la
ruche horizontale en le
posant sur le dessus des
cadres ou se trouve le
couvain. On a eu soin de
retirer d'avance les lattes
qui sont entre les cadres
ou les planchettes qui les
recouvrent.

La ruche horizontale
que nous avons décrite
est combinée de façon à
permettre l'introduction
sous le toit, d'un tel casier
à sections. Lorsqu'on met des sections sur les ruches
horizontales, il faut avoir soin de les placer sur les ruches
les plus fortes.

Fig. 168. — Cadre disposé pour mettre
les sections verticalement dans une ruche
horizontale.

2° On peut aussi disposer des sections verticalement,
placées dans un cadre aménagé dans ce but (fig. 168),
mais ce cadre à sections présente l'inconvénient que les
abeilles travaillent plus vers le haut. On le place à la
suite du dernier rayon de couvain.

RÉSUMÉ.

Conduite des ruches verticales. — Lorsqu'on conduit les colonies logées dans des ruches verticales, les opérations à faire avec le corps de ruche sont à peu près les mêmes qu'avec les ruches horizontales.

Il faut ajouter à ces opérations : la pose de la première hausse, qui doit être faite sur chaque ruche forte et un peu avant la grande récolte; l'intercalation d'une seconde hausse entre la première et le corps de ruche, qui doit être faite, s'il y a lieu, lorsque la première hausse est aux deux tiers pleine de miel; la surveillance des hausses et leur visite au moment de la récolte, afin de s'assurer qu'il ne s'y est pas développé de couvain ; la récolte des hausses qu'on transporte dans un endroit clos, après en avoir chassé la plus grande partie des abeilles, pour en retirer les rayons que l'on passe à l'extracteur.

Dans la visite des ruches à l'automne où l'on note quelles sont les colonies qui n'ont pas dans le corps de ruche une provision suffisante de miel pour l'hiver, et qu'on doit nécessairement réunir ou nourrir.

Miel en sections. — Lorsqu'on veut faire du miel en section pour sa consommation personnelle, on peut se servir des ruches horizontales, sous le toit desquelles on dispose les châssis à section. Mais si l'on veut se livrer à la production industrielle des sections en grand, il est préférable d'employer les ruches verticales. La production des sections présente de nombreuses difficultés et exige des soins continuels. Pour la mener à bien, il faut avoir du temps à sa disposition et acquérir l'expérience qu'exige cette culture spéciale.

Remarques sur les ruches verticales. — En résumé, les ruches verticales ont l'avantage de rendre souvent la récolte plus rapide, de mieux séparer les miels des diverses saisons, et ce sont les seules à l'aide desquelles on puisse produire en grand les sections; mais la conduite de ces ruches est plus compliquée que celle des ruches horizontales. De plus avec les ruches verticales, il est plus difficile de supprimer l'essaimage naturel, et le nourrissement.

15.

CHAPITRE XV

CONDUITE DES ABEILLES PAR LES RUCHES VULGAIRES A RAYONS FIXES

195. Considérations générales. — Nous avons supposé, dans le chapitre V, que l'apiculteur, débutant avec des ruches vulgaires à rayons fixes, s'exerce au moyen de ces ruches au maniement des abeilles et aux principales opérations de l'apiculture. Il n'y a donc pas à revenir sur ces différents points; car il a été traité de l'achat des ruches vulgaires, et de l'examen de leur état lorsqu'on les achète, de leur hivernage, de leur visite au printemps et à l'automne, de la récolte des essaims naturels qui en sortent, de la manière dont on évite le pillage et du nourrissement des ruches vulgaires.

Mais nous avons supposé que le débutant ne possède et n'emploie ces ruches vulgaires que dans le but de les transformer toutes plus ou moins rapidement en ruches à cadres.

Il peut se faire que le cultivateur qui a commencé avec des ruches vulgaires, hésite à les transformer en ruches à cadres, à cause des dépenses que cela lui occasionnera; il continuera à ne faire de l'apiculture qu'avec des ruches fixes et devant la facilité et les avantages de la culture des abeilles par les ruches à rayons mobiles, il pourra se décider, lors d'une bonne récolte par exemple, à employer une partie de l'argent que lui rapportent

ses ruches vulgaires, à l'achat de deux ou trois ruches à
cadres.

Il peut se faire encore que le cultivateur continue volontairement à ne se servir que de ruches fixes ; c'est le cas
qui se présenterait lorsqu'il a plus d'avantage à vendre
ses ruches vivantes que son miel. Il fait alors ce qu'on appelle de l'*élevage*, et il a intérêt à en faire lorsqu'il n'est
pas dans une région très mellifère.

L'emploi des ruches vulgaires à rayons fixes, s'impose
donc au début dans tous les cas, se prolonge pour celui
qui n'a pas encore les moyens nécessaires pour acheter
en commençant le matériel des ruches à rayons mobiles,
et enfin est le meilleur pour celui qui veut se livrer à
l'industrie de l'élevage, c'est-à-dire à la vente des ruches
vivantes.

Nous allons donc ajouter ce qui manque à ce que nous
avons dit sur les ruches vulgaires, pour conduire les
abeilles par les anciens procédés.

**196. Fin de l'hivernage et opérations du prin-
temps.** — Supposons, par exemple, que l'apiculteur ait
hiverné quinze ruches vulgaires l'année précédente, et
suivons les opérations à faire depuis la fin de l'hivernage
jusqu'à l'hiver suivant. Les ruches qui sortent de l'hivernage sont traitées comme on l'a dit § 78 et suivants
et toutes visitées avec soin (fig. 169).

A la fin de cette visite, l'apiculteur aura noté par
exemple :

1° Une ruche morte ;

2° Une ruche désorganisée ;

3° Une ruche forte manquant de miel ;

4° Deux ruches faibles ayant bien hiverné ;

5° Dix ruches en excellent état.

En ce cas, il y aura donc lieu : 1° de supprimer la ruche
morte: on la passe au soufre comme il a été dit (§ 86)

et si ses bâtisses ne sont pas trop vieilles, on les conserve pour loger un essaim naturel, après avoir supprimé le couvain et les cellules de mâles. Si les bâtisses sont trop vieilles, on passera la ruche au soufre, on enlèvera les parties qui contiennent du couvain et on attendra l'époque de la récolte pour en recueillir le miel et la cire, en même temps que pour les autres ruches récoltées.

Fig. 169. — L'apiculteur enfume une ruche vulgaire avant de la visiter.

2° On donnera aux autres ruches les abeilles de la colonie désorganisée comme il a été dit (§ 85), puis la ruche vide d'abeilles sera traitée comme la précédente.

3° On nourrira la ruche forte manquant de miel, comme il a été dit (§ 87).

4° Pour les deux ruches faibles ayant bien hiverné, on attendra la saison de la miellée pour les permuter avec des ruches fortes.

5° Quant aux ruches fortes et en excellent état elles

devront être surveillées pendant la saison; car il pourrait se faire qu'au moment de la miellée, l'une de ces
ruches par exemple soit devenue faible ; en ce cas, on la
permutera avec une forte, comme on vient de le dire.

197. Saison des essaims. — Dans le cas le plus simple, c'est-à-dire lorsqu'on laisse se produire les essaims
naturels primaires, on récolte ces essaims comme il a été
dit §§ 104 et suivants, et on les loge dans des ruches
vulgaires.

Il est bien entendu que l'on rendra toujours les essaims
secondaires aux ruches d'où ils sont sortis (§ 113).

Les essaims primaires recueillis et placés dans des
ruches vides nouvelles devront être surveillés, et nourris
en cas de mauvais temps.

Après la saison des essaims, nous pouvons supposer
que, dans une année moyenne, l'état des ruches sera le
suivant :

1° Une ruche forte, nourrie au printemps, qui n'a pas
essaimé ;

2° Huit ruches fortes au printemps, qui ont essaimé
et auxquels on aura rendu les essaims secondaires ;

3° Deux ruches faibles au printemps, qui ont été per-
mutées avec des ruches fortes et qui n'ont pas essaimé ;

4° Deux ruches fortes au printemps, qui ont été permu-
tées avec les précédentes et qui n'ont pas essaimé ;

5° Huit essaims primaires, recueillis et installés dans
des ruches vulgaires.

198. Réunion des essaims faibles ou tardifs.
— Mais tous les essaims, même primaires et précoces,
ne doivent pas toujours être conservés ; il faut réunir les
essaims faibles (1).

(1) En général un essaim sera considéré comme assez faible s'il
pèse moins de 1ᵏᵍ,500.

Il en serait de même des essaims forts mais tardifs en saison; car ces derniers, malgré leur forte population n'auraient pas le temps d'amasser les provisions d'hiver.

Il est à remarquer que lorsqu'on augmente ou qu'on entretient son rucher par l'essaimage naturel, *une des conditions importantes pour l'avenir du rucher, est d'opérer toujours la réunion des essaims faibles ou tardifs.* Deux bons essaims valent mieux que quatre médiocres.

199. Comment on réunit les essaims entre eux. — Voici comment on s'y prendra pour opérer une de ces réunions d'essaims :

1er cas : *Les deux essaims ne sont pas sortis le même jour.* On doit, dans ce cas, réunir l'essaim le plus récent à celui qui, recueilli quelques jours auparavant, a déjà commencé à construire.

Sur un sol uni et bien plat, plaçons deux bâtons d'environ 2 centimètres d'épaisseur, disposés parallèlement, à une distance d'environ 20 centimètres l'un de l'autre. Posons doucement à terre, près de ces deux baguettes, les deux essaims à réunir, groupés chacun dans les ruches vulgaires où on les a recueillis.

Enfumons chaque essaim jusqu'à bruissement ; une condition essentielle de réussite, est de maintenir constamment ce bruissement avant et après cette opération. Ensuite, prenons l'essaim le plus récent, secouons-le brusquement en le faisant tomber sur les baguettes, et recouvrons-le avec l'autre essaim. Enfumons tout autour pour forcer les abeilles à se grouper dans la ruche, puis enfumons en dessous afin d'entretenir l'état de bruissement. Le maintien de ce bruissement évitera le combat entre les abeilles.

2e cas: *Les deux essaims sont du même jour.* Dans ce cas,

c'est l'essaim le plus faible qu'il faudra réunir au plus fort, mais alors on peut procéder plus rapidement que dans le cas précédent ;

Après avoir mis les deux essaims à l'état de bruissement, on fait tomber brusquement le plus faible dans le plus fort ; on recouvre d'un plateau renversé les deux essaims réunis ; puis, on retourne le tout, en maintenant la ruche appliquée sur le plateau. Ensuite on enfume par-dessous.

200. Essaimage artificiel avec les ruches vulgaires. — Si l'on veut atténuer tous les ennuis que causent les essaims naturels, et éviter aussi la réunion des essaims, on augmentera son rucher en faisant des essaims artificiels avec les ruches vulgaires. Cette méthode aura encore l'avantage de procurer des essaims, même dans les années où il ne s'en produirait pas natu-

Fig. 170. — Apiculteur faisant passer les abeilles, par tapotement, dans une ruche vide ; les deux ruches sont reliées ensemble d'un côté par des crochets eu fer.

rellement, de les former dans la saison voulue et dans les meilleures conditions possibles. Il faut donc recommander l'essaimage artificiel non seulement au praticien ordinaire, mais surtout à celui qui se livre à l'industrie de l'élevage et qui a pour but de vendre des ruches peuplées.

L'un des meilleurs procédés pour pratiquer l'essaimage artificiel avec les ruches vulgaires, repose sur le même principe que celui adopté pour les ruches à cadres (§ 163); mais il en diffère un peu par la pratique.

On se propose de faire un essaim artificiel au moyen de deux fortes ruches qui seront déplacées.

Supposons que ces deux fortes ruches soient les ruches A et C, représentées (fig. 171); on met à côté d'elles une

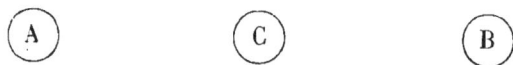

Fig. 171.

A, ruche forte.   C, ruche forte.   B, ruche vide, sans abeilles ni bâtisses

Fig. 172.

C, *ruche souche*, mise à la place de A et recueillant les abeilles de A qui étaient à la récolte. Cette ruche se fera une mère nouvelle.

B, ruche ayant reçu les abeilles de C, devenant *essaim artificiel;* recueillant les abeilles de C qui étaient à la récolte.

A, *ruche déplacée*, ayant perdu les abeilles qui étaient à la récolte.

ruche vide B dans laquelle on veut établir un essaim artificiel au moyen des deux fortes ruches A et C.

On chasse les abeilles de la ruche C dans la ruche B, (§ 146 et fig. 170), que l'on met ensuite à la place qu'occupait la ruche C; puis on pose la ruche C qui est presque vide d'abeilles à la place de la ruche A que l'on transporte plus loin dans le rucher.

La ruche C se refait une mère et on aura ainsi trois ruches au lieu de deux (fig. 172) à la fin de la saison (1).

(1) La ruche C peut parfois donner un essaim secondaire treize ou quatorze jours après l'opération et on en sera toujours averti par le chant des mères; si cela se produit, on le recueillera et on le rendra à la ruche C deux jours après (Voir aussi § 233).

Ces trois ruches sont la ruche C ou *ruche souche*, la ruche A ou *ruche déplacée* et la ruche B ou *essaim artificiel*.

Si l'apiculteur veut éviter le plus possible l'essaimage naturel, il fera cette opération sur toutes les ruches fortes du rucher.

Rappelons que cet essaimage artificiel doit être fait environ quinze jours avant l'époque de la grande miellée.

201. Récolte des ruches vulgaires (1). — La meilleure manière de récolter les ruches vulgaires consiste à faire la récolte totale d'un certain nombre de

Fig. 173. — Ancienne méthode pour la chasse des abeilles.

ruches lourdes dont les abeilles seront ensuite réunies à d'autres ruches.

Si la saison a été mellifère, les ruches qui ont donné des essaims, et même celles qui contiennent les essaims de l'année, auront plus que leurs provisions d'hiver, et

(1) Voyez aussi § 244.

les ruches qui n'auront pas essaimé seront presque remplies de miel.

On commencera par récolter les ruches les plus lourdes,
et si parmi elles se trouvent des ruches qui ont essaimé
ou des ruches souches ayant servi à former des essaims artificiels, on aura soin de les récolter environ vingt
et un jours après la sortie du premier essaim, car à ce
moment il n'y a plus de couvain dans la ruche.

Pour récolter une ruche, on fait passer les abeilles
dans une ruche vide, soit en opérant comme il a été
décrit § 146 (fig. 170), soit en reliant ensemble les deux
ruches par une étoffe (fig. 173) ; on transporte la ruche
vide, contenant les abeilles (ce que l'on appelle une
chasse) à la place qu'occupait la ruche à récolter ; cette
chasse sera ensuite réunie à une des ruches faibles non
récoltées.

Quant à la ruche dont on a chassé les abeilles, on la
transporte dans un endroit clos pour en retirer le miel
et la cire.

On doit, autant que possible, récolter toutes les ruches
qui ont trop de miel, c'est-à-dire celles où il ne reste
presque plus de rayons vides dans le bas ; en effet, ces
ruches hiverneraient moins bien que les autres, parce
que les abeilles ne se groupent bien pour l'hiver que sur
des rayons vides de miel.

202. Façonnement du miel. — Le façonnement
du miel est une opération qui consiste à séparer le miel
de la cire et du pollen.

Pour obtenir du beau miel par la méthode la plus
simple, on opérera comme il suit :

Dans une chambre, chauffée si la température ordinaire n'est pas assez élevée, on a plusieurs grandes ter-
rines sur lesquelles on place deux claies en osier destinées à recevoir les rayons.

Pour détacher les bâtisses de la ruche que l'on récolte, on commence par retirer, à l'aide de tenailles, les bâtons qui sont dans la ruche ; on la frappe par terre sur l'un des côtés, puis sur le côté opposé ; les rayons se détachent et s'affaissent ainsi les uns sur les autres.

A mesure que l'on trouve des rayons nouvellement construits ne contenant ni couvain, ni pollen, on les placera sur la première claie, tandis que les autres seront mis sur la seconde.

On broye avec la main les rayons placés sur la première claie ; le miel coule au travers, et on a ainsi dans la terrine qui est au-dessous le miel le plus fin, ce que l'on appelle du *miel vierge* que l'on met dans un épurateur (§ 129).

Quant aux autres rayons, qui sont sur la deuxième claie, on les casse en petits morceaux sans les pétrir, et, en les froissant avec le pouce, on ouvre les cellules de manière à ce que le miel coule facilement. On aura eu soin, au préalable, d'enlever toutes les parties de rayons contenant du couvain et du pollen.

Le lendemain, la plus grande partie du miel aura coulé.

On versera ce miel dans un autre épurateur que celui qui contient le miel vierge.

Pour retirer le reste du miel qui n'a pas coulé des vieux rayons, on placera la claie qui les porte sur la terrine dont on a retiré le miel, et on mettra le tout dans un four, après la cuisson du pain ; ce miel sera de qualité inférieure.

Dans cette opération, la plus grande partie de la cire aura passé en fondant à travers la claie et formera une couche à la surface du miel.

On se sert aussi de presses pour retirer le miel des vieux rayons, mais cela entraîne l'achat d'un matériel dispendieux.

Quant à la fabrication de la cire à extraire des autres rayons, voyez § 277.

203. Cas où il faut réunir des ruches après la récolte. — Nous avons vu qu'on réunissait les chasses des ruches récoltées aux ruches moins fortes qu'on ne récolte pas ; mais ces réunions ne sont nombreuses que lors d'une bonne année.

Si la saison a été mauvaise, il peut se faire que non seulement il n'y ait pas de ruches à récolter, mais que même on ait un certain nombre de ruches ayant une provision insuffisante pour l'hiver ; dans ce cas il faudra nécessairement réunir ces ruches entre elles.

On devra faire ces réunions peu après la récolte, afin que les deux ruches réunies aient le temps de s'organiser en une seule colonie pour hiverner.

Les ruches qui, après la récolte, ont moins de 6 kilogrammes de provisions pour une capacité de 20 litres environ, ou moins de 12 kilogrammes pour une capacité de 40 litres, ne pourront pas être conservées telles quelles.

Si, dans une mauvaise année, certaines ruches ont moins de 2 kilogrammes de miel pour les ruches de 20 litres et moins de 4 kilogrammes pour les ruches de 40 litres, ces ruches ne vaudront souvent pas la peine d'être réunies.

Le plus simple sera d'en chasser les abeilles, de récolter les bâtisses et le peu de miel qu'elles renferment, ou de conserver la ruche avec ses bâtisses en place pour loger un essaim de l'année suivante après en avoir retiré le couvain et soufré les rayons.

On aura donc à réunir entre elles toutes les autres ruches, en les groupant deux par deux, de manière à ce que chaque paire réunie possède des provisions suffisantes pour l'hiver.

**204. Manière d'opérer une réunion après la
récolte.** — Supposons que nous ayons deux ruches
après la récolte, dont l'une est d'environ 5 kilogrammes
de miel et l'autre de 4 kilogrammes.

Après avoir enfumé les deux colonies, retournons chaque ruche et versons entre les rayons un peu d'eau
sucrée, mettons la ruche qui a le moins de miel, en la

Fig. 174. — Réunion des ruches par superposition. La ruche de droite n'est pas
réunie à une autre.

maintenant à l'envers, dans un trou en terre que l'on
aura creusé préalablement. Plaçons alors sur cette ruche
renversée, la ruche qui contient le plus de miel, dans sa
position naturelle (fig. 174, à gauche). Fermons la jonction des deux ruches avec un enduit quelconque
approprié, et en ne laissant qu'une seule ouverture pour
l'ensemble.

Nous aurons eu soin de fixer, au moyen de crochets
de fil de fer, un morceau de rayon de grandeur conve-

nable à l'un des plus grands rayons de la ruche supérieure, de manière que ce rayon s'appuie sur une bâtisse de la ruche inférieure ; le rayon ajouté constituera une sorte d'échelle de passage entre les deux ruches pour faire passer les abeilles.

Les deux colonies réunies supprimeront une des deux mères, et c'est généralement le miel de la ruche renversée qui sera consommé le premier ou remonté dans la ruche supérieure.

On réunira de préférence deux ruches voisines l'une de l'autre, afin que les abeilles de la ruche réunie à celle qui est la plus forte, en revenant par habitude à leur ancienne place et n'y trouvant plus leur ruche, retournent plus facilement à l'endroit où sont les ruches réunies. En réunissant deux ruches très éloignées l'une de l'autre, on courrait risque de perdre des d'abeilles.

En général, ce procédé très simple de réunion réussit assez bien. Exceptionnellement, cependant, il pourra se présenter les cas suivants :

1° Les deux mères peuvent être tuées ; ce cas est très rare ;

2° La colonie peut s'installer uniquement dans la ruche d'en bas, ce que l'on constate au printemps en voyant le couvain dans la ruche inférieure ; alors, on supprimera la ruche supérieure, et on remettra la ruche du bas dans sa position ordinaire ; dans ce cas, la réunion se sera faite en sens inverse ;

3° Il peut se faire quelquefois que l'on trouve au printemps des abeilles dans les deux ruches, mais il n'y aura de couvain que dans l'une d'elles ; en ce cas il faut conserver la ruche qui a du couvain et supprimer l'autre.

203. Cas où le nourrissement est nécessaire à l'arrière-saison. — Après une mauvaise saison, il

peut se faire que non seulement aucune ruche n'ait ses
provisions d'hiver, mais encore qu'elles n'aient pas
même les provisions suffisantes pour être réunies. Alors,
on nourrira la moitié des ruches (fig. 175), en choisissant
celles qui ont le plus d'abeilles, puis, quand le nourrissement sera terminé, on réunira aux autres, deux par
deux, les ruches qu'on a nourries.

Voici quelle serait la composition du rucher, pris

Fig. 175. — Apiculteur plaçant sous une ruche une assiette pleine de sirop pour
nourrir les abeilles.

comme exemple, après une année de récolte moyenne.
Cinq ruches, par exemple, ayant été récoltées totalement
(ou vendues), on aurait :

1° Cinq ruches auxquelles on a pu réunir les cinq
ruches fortes récoltées totalement ;

2° Huit ruches, suffisamment approvisionnées pour
l'hiver auxquelles on ne touche pas ;

3° Une ruche manquant de miel, qu'on a nourrie ;

4° Une ruche formée par la réunion de deux ruches qui n'étaient pas suffisamment approvisionnées

Nous allons donc mettre en hivernage, dans cette supposition, quinze colonies en bonnes conditions, comme l'année dernière, après en avoir récolté ou vendu cinq des plus fortes

206. Mise en hivernage. — La mise en hivernage des ruches ordinaires se fera comme il a été dit (§ 76).

Fig. 176. — Ruche vulgaire en hivernage. — On voit une grille d'hiver devant la porte et deux cales qui soulèvent un peu la ruche sur son plateau.

Quant aux ruches superposées en voie de réunion, on se contentera de disposer sur la jonction des deux ruches afin d'empêcher les mulots d'y entrer, de la tôle perforée ou des fils de fer convenablement disposés.

207. Conduite des ruches à calotte. — Si l'on emploie la ruche à calotte qui a été décrite au § 44, voici comment on la conduira.

A la fin de l'hivernage les ruches n'ont pas de calotte;

Fig. 177. — Pose d'une calotte sur une ruche.

on placera les calottes sur les ruches quelques jours
avant la grande récolte.

Fig. 178. — Récolte d'une calotte.

16

Pour poser une calotte (fig. 177), on débouche le trou qui est en haut de la ruche, on pose la calotte en enduisant avec un mastic approprié si c'est nécessaire, tout le tour de la jonction avec la ruche. On a eu soin de coller à l'intérieur de la calotte un long morceau de rayon dont la base doit rejoindre les rayons supérieurs de la ruche à travers le trou, ce qui facilitera le passage des abeilles dans la calotte.

Si la miellée est très abondante, on retire la calotte quand elle est pleine et on la remplace par une autre vide.

Pour récolter une calotte (fig. 178), on la soulève, on enfume dans l'intervalle, et on l'emporte au laboratoire, afin d'en chasser les abeilles ; on suit le même procédé que pour les hausses, § 188.

208. Calottes à cadres. — Au lieu de calottes, on peut placer des *calottes à cadres*, sur les ruches à rayons fixes. On peut couper la ruche vulgaire à la partie supérieure et fixer une planche percée de fentes sur l'ouverture ainsi fermée. Les espaces pleins entre les fentes sont amorcés avec des morceaux de rayons et serviront à diriger les constructions des abeilles dans le corps. de la ruche ordinaire.

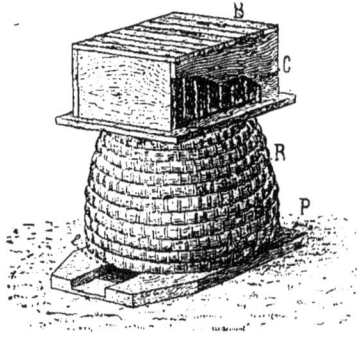

Fig. 179. — Ruche fixe en paille tressée, avec une hausse à cadres. — P, plateau ; e, entrée ; R, corps de la ruche fixe ; B, hausse à cadres ; C, cadres, qu'on voit par une partie supposée brisée.

La calotte à cadres peut être placée sur cette planche à fentes, et chaque cadre correspond à l'intervalle qui sépare deux fentes.

On conduit ces ruches comme les ruches verticales
à hausses. En hiver, une planche remplace la calotte
à cadres.

On peut aussi remplacer les calottes à cadres par des
casiers à sections (fig. 162).

RÉSUMÉ.

Conduite des ruches vulgaires. — Si le cultivateur
doit continuer pendant plusieurs années à ne se servir que de
ruches vulgaires à rayons fixes, il les conduira comme il suit:

Après la sortie de l'hivernage, on visite les ruches au printemps. On supprime les ruches mortes ou désorganisées. On
nourrit les ruches fortes manquant de miel, et pendant la saison de la miellée, on change de place, avec des ruches fortes, les
ruches faibles ayant bien hiverné.

Si on laisse se produire les essaims naturels, on récolte les
essaims primaires, on rend les essaims secondaires, et on réunit les essaims faibles au tardifs.

Essaimage artificiel des ruches vulgaires. — Si
l'on veut amoindrir l'essaimage naturel et éviter la réunion
des essaims, on pratique l'essaimage artificiel, ce qui a encore
l'avantage de procurer des essaims, même dans les années où
il ne s'en produit pas naturellement.

L'un des meilleurs procédés consiste à faire l'essaimage artificiel au moyen de deux fortes ruches qui seront déplacées;
on a ainsi trois ruches au lieu de deux à la fin de la saison.

Récolte des ruches vulgaires et hivernage. — Un
certain nombre de ruches sont récoltées ou vendues. La meilleure manière de faire la récolte des ruches vulgaires consiste
à récolter totalement un certain nombre de fortes ruches dont
on a chassé les abeilles pour les réunir à d'autres ruches
moins fortes.

Le miel récolté est façonné, c'est-à-dire séparé de la cire et
du pollen. La cire est fondue.

Dans les années mauvaises, les ruches qui n'ont pas leurs
provisions d'hiver sont réunies entre elles après la récolte.

Dans les années très mauvaises, on sera obligé de nourrir
la moitié des ruches avant de les réunir aux autres.

Enfin les ruches conservées ou réunies seront mises en hivernage.

Ruches à calotte. — Les ruches à calotte sont d'une manière générale conduites comme les ruches verticales à hausses. On peut, si l'on veut, remplacer les calottes par des boites à cadres.

Remarques sur les ruches vulgaires. — En somme, on voit que l'emploi des ruches vulgaires a l'avantage de n'exiger qu'un très petit capital, et est à recommander, dans tous les cas, pour ceux qui veulent faire de l'élevage, c'est-à-dire vendre des ruches peuplées ; mais on voit aussi que pour être bien conduites, les ruches vulgaires à rayons fixes sont peut-être de toutes les ruches usitées, celles qui exigent le plus de temps, le plus de travail, sans compter que pour en tirer le plus grand profit il faut être encore plus expérimenté que pour la conduite des ruches à cadres verticales.

CHAPITRE XVI

MATÉRIEL COMPLÉMENTAIRE

209. Considérations générales. — Nous avons décrit, dans ce qui précède, les ruches qui nous ont paru les plus pratiques pour conduire les abeilles suivant les différentes méthodes ; nous nous sommes servi, en outre, d'un certain nombre d'instruments apicoles très suffisants pour toutes les opérations à faire.

Il existe cependant bien d'autres modèles de ruches et le matériel apicole peut être augmenté d'un très grand nombre d'instruments pouvant faciliter les opérations dont nous avons parlé, ou encore destinés à servir pour d'autres méthodes complémentaires dont il sera question dans le chapitre suivant.

Il est bon de remarquer toutefois qu'un perfectionnement ajouté à un instrument n'est souvent qu'une complication inutile, et qu'à côté du progrès qu'apporte une invention nouvelle, il peut surgir en même temps dans son emploi des difficultés nouvelles aussi. Il ne faudrait pas croire que l'on peut à son gré et indéfiniment troubler les dispositions naturelles des colonies d'abeilles dans l'espoir de perfectionner l'apiculture.

Il existe un moyen bien simple de juger un perfectionnement proposé, c'est d'évaluer en chiffres de combien son emploi augmente la récolte moyenne en tenant

16.

compte de la dépense nouvelle qu'il entraine comme argent et comme temps employé.

Si l'emploi d'un perfectionnement n'augmente en rien la récolte ou peut lui être nuisible, on ne doit le recommander qu'à ceux qui veulent s'amuser avec les abeilles plutôt que d'en tirer parti.

210. Ruches à cadres analogues à celles déjà décrites. — Afin de ne pas embarrasser le débutant, nous avons décrit un système de ruches horizontales, pris en particulier, avec des dimensions données, et nous n'en avons décrit qu'un seul. Nous avons fait de même pour les ruches verticales.

On a employé ou on a proposé d'employer des ruches analogues à celles que nous avons choisies comme type, et qui n'en diffèrent guère que par la dimension du cadre.

1° *Ruches à cadres plus hauts que larges.* — La ruche à cadres que nous avons décrite, ou ruche française, a les cadres plus hauts que larges ; cette forme de cadres a surtout pour but de faciliter l'hivernage ; cela tient à ce que les abeilles, pendant un froid continu, peuvent plus longtemps se déplacer de bas en haut, en consommant successivement le miel qui est au-dessus d'elles, sans changer la forme générale de leur groupe.

Il existe des ruches presque semblables, dont les cadres, toujours plus hauts que larges, ont des dimensions intérieures un peu différentes, telles que 40 centimètres de hauteur sur 30 centimètres de largeur.

On a rarement proposé de faire les ruches à cadres verticales, à cadres plus hauts que larges, parce que, comme nous l'avons vu, cette forme de cadres ne serait pas si favorable à la montée des abeilles dans les hausses.

2° *Ruches à cadres plus larges que hauts*. — La ruche à cadres verticale que nous avons prise pour type est à cadres plus larges que hauts, et les hausses de cette ruche ont des cadres encore beaucoup plus bas.

Il existe des ruches presque semblables dont les cadres, toujours plus larges que hauts, ont des dimensions intérieures un peu différentes, telles que 21 centimètres de hauteur sur 43 centimètres de largeur; 27 centimètres de hauteur sur 46 centimètres de largeur; 30 centimètres de hauteur sur 40 centimètres de largeur, etc.

On fait rarement des ruches horizontales à cadres plus larges que hauts.

3° *Ruches à cadres carrés*. — On se sert aussi de ruches qui tiennent le milieu entre les deux précédentes; leurs cadres ont la même dimension en largeur qu'en hauteur.

Il y a des ruches horizontales qui ont aussi des cadres carrés.

Le côté du carré à l'intérieur peut être de 35 centimètres, de 33 centimètres, de 32°,5, de 28°,5, etc.

211. Ruches à cadres de différents systèmes. — On a inventé un nombre si considérable d'autres ruches qu'il serait difficile de les énumérer toutes; nous nous contenterons d'en citer un certain nombre parmi les ruches horizontales, les ruches verticales et les ruches dites « à bâtisses chaudes ».

212. Diverses ruches horizontales. — La *ruche à feuillets*, de Huber, est une ruche qui ne se compose que de cadres juxtaposés et serrés, dont l'ensemble forme toute la ruche, sans autre enveloppe. Aux deux extrémités, les cadres sont en bois plein.

Divers apiculteurs ont modifié de différentes manières la ruche à feuillets, par exemple en donnant aux cadres une forme arrondie à la partie supérieure.

Sans parler d'autres ruches horizontales à cadres intérieurs au corps de ruche, qui avaient été proposées par Blake, Munn, Prokopowitsh et de Beauvoys, nous cite-

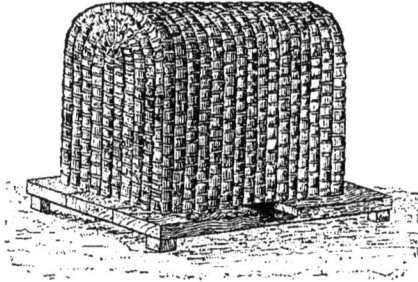

Fig. 180. — Ruche à cadres horizontale de Gravenhorst.

rons la *ruche horizontale allemande de Gravenhorst* (fig. 180), où les cadres arrondis par le haut, comme dans la ruche que nous venons de citer, sont logés dans une enveloppe

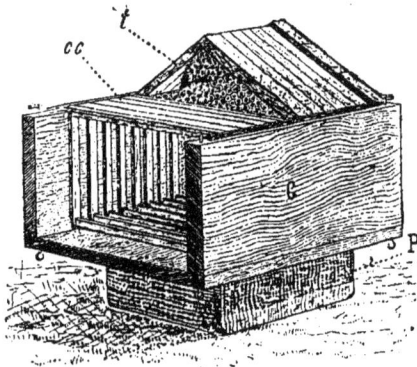

Fig. 181. — Ruche à cadres Sagot. — P, support; C, corps de ruche; *cc*, cadres; *t*, cadres triangulaires de surplus, placés sur le toit.

en paille tressée, et qui ne peuvent se retirer que par le bas.

Les ruches horizontales à cadres intérieurs au corps

de ruche sont nombreuses. Elles ont toutes la même forme essentielle que celle que nous avons prise pour type; il y a une série de cadres sur un seul rang et les cadres s'enlèvent par le haut.

Ces ruches horizontales ont aussi été appelées *ruches longues*, parce qu'elles renferment ordinairement assez de cadres pour que le corps de ruche soit plus allongé perpendiculairement à la surface des cadres. Telles sont les ruches Warquin, Thierry-Mieg, Santonax, Sagot (à cadres surmontés de cadres triangulaires) (fig. 181), Brunet (à cadres circulaires), etc.

Citons aussi la *ruche album* récemment imaginée par M. Derosne; c'est une ruche horizontale qui, par un mécanisme ingénieux, permet de faire pivoter les rayons sur eux-mêmes pour visiter la ruche.

213. Diverses ruches verticales. — Il existe aussi un grand nombre de ruches verticales.

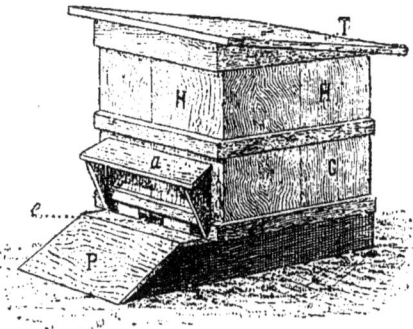

Fig. 182. — Ruche verticale anglaise (la ruche est représentée avec une seule hausse). — C, corps de ruche; P, plateau; e, entrée; a, abri de l'entrée; H, H, hausse; T, toit.

Parmi celles disposées pour recevoir des hausses plus petites que le corps de ruche ou des sections, on peut citer à côté de la ruche Langstroth, la *ruche Quimby* et la *ruche Adair*, et parmi celles à cadres carrés, la *ruche Gallup* (28ᶜ,5 de côté), la *ruche Voirnot* (33ᶜ de côté) et la *ruche américaine étalon* (30ᶜ,8 de côté).

Les *ruches anglaises* (fig. 182) sont aussi des ruches verticales de petites dimensions, destinées spécialement à obtenir des sections.

Le cadre généralement adopté comme type en Angleterre a intérieurement 20ᶜ,3 de hauteur sur 34ᶜ,3 de largeur.

D'autres ruches verticales sont formées de plusieurs corps de ruches identiques et superposées les unes aux autres; telle est la *ruche Root*.

213 bis. Ruches à deux colonies accouplées. — On a imaginé depuis longtemps de faire travailler deux colonies accolées l'une à l'autre en les recouvrant d'une calotte ou d'une hausse commune ; le but de ce dispositif est d'avoir au moment de la récolte une très forte population qui est formée par deux fortes colonies qui travaillent pour ainsi dire en commun; par cette combinaison, on cherche à augmenter la récolte totale.

Ce système a été appliqué par M. Devauchelle aux ruches à cadres, et modifié récemment par M. Wells.

La *ruche Wells* se compose essentiellement d'une ruche horizontale complètement séparée au milieu, de manière à pouvoir loger deux colonies, à droite et à gauche de cette séparation ; la planche qui sépare les deux ruches est munie dans sa partie supérieure d'un grillage d'environ 20ᶜᵐ de côté qui ne permet pas aux abeilles de passer mais qui permet à l'odeur des deux colonies de s'uniformiser. Au moment de la récolte, on pose sur l'ensemble une hausse commune qui fait communiquer les deux colonies par le haut; au-dessus des cadres des deux ruches, on place une tôle perforée qui permet aux ouvrières de passer, mais empêche le passage des mères.

214. Ruches à bâtisses chaudes. — Dans toutes les ruches précédentes, on peut retirer un cadre quelconque sans déranger les autres, soit par-dessous, soit par le côté, soit plus généralement par-dessus. Comme, dans ces ruches, la porte est placée perpendiculairement aux bâtisses, le renouvellement de l'air se fait par plusieurs intervalles de cadres à la fois. Tous ces systèmes de ruches sont rangés dans une catégorie générale, celle des *ruches à bâtisses froides*.

Il existe d'autres systèmes de ruches à cadres, horizontales ou verticales, où la porte se trouve placée parallèlement aux bâtisses. Il s'ensuit que l'air extérieur n'arrive que sur le premier cadre d'où il passe ensuite successivement dans tous les intervalles des cadres.

Ces ruches rentrent dans une seconde catégorie générale qui est celle des *ruches à bâtisses chaudes*.

Dans ce système de ruche (fig. 183), on retire les cadres par leur face de telle sorte que si l'on veut examiner le dernier cadre, on ne peut le faire qu'après avoir retiré tous les autres. On ne peut donc pas retirer les cadres par le haut.

Il existe des ruches à bâtisses chaudes qui sont isolées les unes des autres, comme les ruches précédentes ; mais ce genre de ruches est surtout employé de la manière suivante :

Dans un pavillon abrité, on place toutes les ruches côte à côte, la sortie des abeilles étant naturellement vers l'extérieur du pavillon et chaque ruche s'ouvrant du côté opposé, c'est-à-dire dans l'intérieur du pavillon comme par une porte d'armoire.

L'apiculteur peut ainsi travailler à l'abri de la pluie, ou du vent et court moins le risque d'être piqué ; de plus il n'a pas besoin de transporter d'une ruche à l'autre tous les outils nécessaires.

Mais cette disposition en pavillon présente des incon-

vénients considérables : il est impossible de changer les
ruches de place pour certaines opérations, la visite de
chaque ruche est longue et compliquée, et si la maladie
de la loque atteint l'une des colonies, elle peut se répan-
dre dans le pavillon tout entier et causer la perte de
tout le rucher.

Fig. 183. — Ruche allemande, à bâtisses chaudes, à trois compartiments.

Par suite d'une longue habitude, ce système de pavillon est encore le plus répandu en Allemagne et dans
quelques pays voisins.

Il existe beaucoup de variétés de ruches à bâtisses
chaudes, les principales sont les ruches Dzierzon, Ber-
lepsch, Bastian, Sartori, Burki, Jeker, etc.

215. Ruches vulgaires de différents systèmes.
— Il existe aussi de nombreux modèles de ruches à

rayons fixes. Nous avons déjà parlé (§ 42 et suivants) des ruches en tronc d'arbre, en planches, en cloche, à calotte et à compartiments.

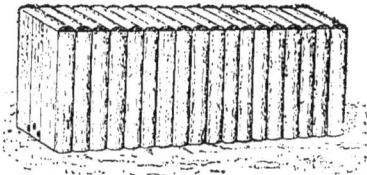

Fig. 184. — Ruche arabe.

Énumérons quelques modifications de ces divers systèmes.

En Algérie, et d'une manière générale dans les pays orientaux, on emploie une ruche très basse construite en

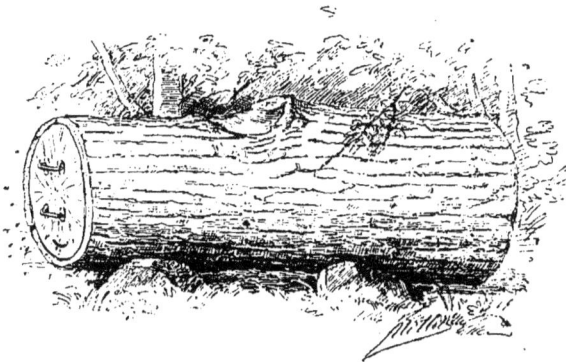

Fig. 185. — Ruche corse.

bois résineux ou avec les tiges de la plante nommée Férule (1); ce sont des ruches horizontales à bâtisses fixes.

Il en est de même en Corse, mais la ruche est constituée par un tronc d'arbre horizontal (fig. 185).

(1) Ombellifère nommée *Ferula nodiflora* dont les tiges conservent une odeur très forte.

17

En Égypte, ces ruches basses et horizontales sont en terre cuite.

La *ruche écossaise* est une ruche à calotte dont la calotte est aussi grande que le corps de ruche. Cette grande calotte peut être placée par-dessus, comme une hausse, ou parfois par-dessous, lorsqu'on veut renouveler les rayons de la ruche.

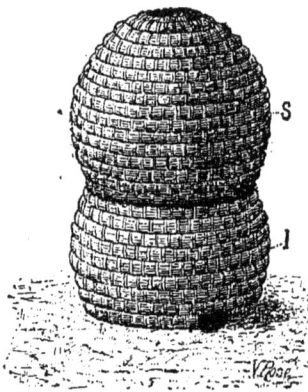

Fig. 186. — Ruche écossaise. — I, partie inférieure avec entrée ; S, partie supérieure.

La *ruche Lombard* est une ruche dont la calotte est replacée sur la ruche pendant l'hiver, après la récolte.

Il existe aussi des ruches à compartiments en bois avec indicateurs au sommet pour forcer les abeilles à bâtir régulièrement.

216. Choix d'une ruche. — Nous venons d'énumérer beaucoup de ruches qui correspondent à un grand nombre de systèmes différents. Quelle est la ruche que doit adopter l'apiculteur ?

Les modèles que nous avons décrits en détail dans les chapitres précédents ont été choisis parmi ceux qui ont fait leurs preuves et qui sont maintenant les plus répandus dans notre pays.

Que l'apiculteur adopte ces ruches, ou des modèles qui en diffèrent peu, il pourra atteindre le rendement maximum de sa contrée avec le minimum de temps et de dépense.

Libre à lui, cependant, de suivre un système différent plus coûteux ou plus compliqué.

S'il est bon apiculteur, il saura tirer le meilleur parti possible de n'importe quel système de ruche, car en apiculture, la connaissance approfondie des mœurs des abeilles est toujours plus importante que le choix de la demeure qu'on leur offre.

217. Ruche d'observation. — Il peut être intéressant pour l'apiculteur de se rendre compte du travail

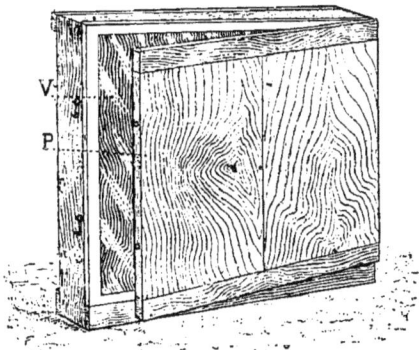

Fig. 187.— Ruche d'observation. — P, volet; V, vitre, à travers laquelle on peut observer les abeilles au travail.

des abeilles à l'intérieur d'une ruche. C'est seulement dans ce but, que l'on fait quelquefois des ruches dites *ruches d'observation* (fig. 187).

La ruche d'observation la plus commode se compose simplement d'un seul cadre, clos de chaque côté par une vitre recouverte d'un volet. En ouvrant ces volets d'un côté ou de l'autre, on peut étudier comment les abeilles

se livrent à leurs occupations dans l'intérieur de cette
petite colonie ; on peut voir pondre la mère, emmagasiner
le miel et le pollen, construire des alvéoles de mère, etc.

Pour peupler une semblable ruche, on prend dans une
forte colonie un cadre garni de couvain de tout âge, avec
les abeilles qui le recouvrent, sans la mère ; comme les
abeilles les plus vieilles retourneront pour la plupart
à leur ruche, et que les abeilles restant sur le cadre
pourraient être en trop petit nombre pour entretenir
une chaleur suffisante pour le couvain, on opérera comme
il suit :

On prendra un second rayon analogue de la même
ruche, garni de ses abeilles, sans la mère, et on en bros-
sera les abeilles devant la porte de la ruche d'observation.

Beaucoup de ces abeilles entreront dans la ruche qui
sera ainsi suffisamment renforcée.

On fera bien, en outre, afin de retenir dans cette ruche
d'observation le plus grand nombre d'abeilles, de la porter à la cave pendant quarante-huit heures, après avoir
remplacé la porte par un grillage à mailles assez serrées
pour empêcher le passage des abeilles.

**218. Rucher couvert ; avantages et inconvé-
nients.** — Si l'on ne dispose que d'un espace assez res-
treint et qu'on veuille avoir cependant un assez grand
nombre de colonies, on installe les ruches par étages
dans ce qu'on appelle un *rucher couvert.*

Ordinairement, les ruches sont sur deux étages, et se
trouvent à l'abri sous une sorte de hangar.

Les seuls avantages du rucher couvert sont les suivants : le peu de place occupé par le rucher, la facilité
d'avoir les objets sous la main pour les opérations,
l'inutilité pour les ruches d'avoir des toitures spéciales
destinées à les protéger contre la pluie.

Mais ces avantages sont beaucoup moins grands que les inconvénients qui résultent de cette disposition.

En effet, on comprend qu'un grand nombre d'opérations, surtout pour les ruches des étages supérieurs, deviennent difficiles, et, en particulier, toutes celles qui nécessitent le déplacement des ruches.

En outre, inconvénient plus grave, les jeunes mères en rentrant au rucher se trompent souvent de ruche, malgré les précautions qu'on peut prendre pour les rendre différentes les unes des autres par la couleur ou par tout autre dispositif; d'où la production d'un plus grand nombre de ruches orphelines.

En somme, l'emploi des ruchers couverts (qui n'existent d'ailleurs que dans quelques régions de France) n'est pas à recommander.

219. Balance-bascule, thermomètre, hygromètre, baromètre, microscope. — D'une manière générale, tous les instruments qui servent en météorologie peuvent être utiles à l'apiculteur.

Dans un rucher important, il est utile pour se rendre compte de la marche de la récolte, de placer une ou plusieurs ruches sur des *balances-bascules*.

On doit remarquer que les indications données par la bascule ne seront jamais absolues; la variation dans le nombre des abeilles, la quantité de couvain, les poids de pollen ou d'eau récoltée sont autant de causes, qui peuvent faire varier notablement le poids de la ruche en dehors du poids du miel recueilli; mais comme ce dernier poids est, au moment de la grande récolte, l'élément prépondérant, c'est pendant une forte miellée que la bascule donnera les meilleures indications. Toutefois, il ne faut pas oublier que le nectar rapporté par les abeilles contient beaucoup plus d'eau que le miel operculé; cette eau, évaporée en grande quantité par la ventilation des abeilles, diminue le poids apparent de la récolte, surtout pendant la nuit.

Pour juger approximativement de la marche de la récolte, le meilleur sera donc de faire une seule pesée par jour, le soir, quand les abeilles sont rentrées, toujours à la même heure.

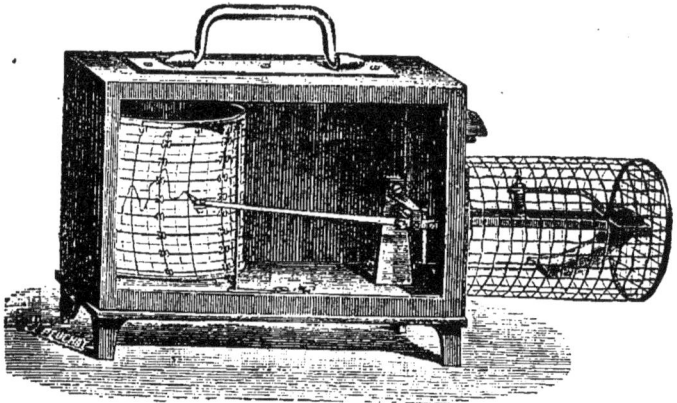

Fig. 188. — Thermomètre enregistreur.

Le *thermomètre* indiquera à l'apiculteur si certaines opérations peuvent être faites ou non ; si la sortie des essaims peut se produire, etc.

Le *baromètre*, l'*hygromètre*, joints à la direction du vent et surtout à la connaissance des signes météorologiques dans la région, pourront servir à établir le temps probable ; mais, sur ce point, l'apiculteur se trompera souvent, et ne pourra jamais prévoir à l'avance avec certitude le temps qu'il fera; aussi n'est-il pas prudent d'employer des méthodes d'apiculture (§ 231, par exemple) qui sont fondées sur la prévision du temps.

Les instruments dont on vient de parler peuvent être remplacés par des instruments enregistreurs. C'est ainsi que le thermomètre enregistreur que représente la

figure 188 peut indiquer continuellement la température
pendant huit jours, sans être remonté. On peut placer
un tel appareil dans une ruche.

L'apiculteur amateur trouvera dans l'usage du *microscope* un vaste champ d'observations scientifiques, par
exemple, pour examiner la bactérie de la loque, le pollen
qui a des formes si différentes suivant les diverses fleurs
dont il provient, les levures qui font fermenter l'hydromel, les nectaires des fleurs, l'anatomie de l'abeille, etc.

220 Nourrisseur, divers nourrisseurs. — Nous
avons dit comment on nourrissait les ruches à l'aide
d'une assiette ou d'un pot de confitures renversé

Voici la description d'un appareil assez simple, appelé
nourrisseur, disposé pour les ruches à cadres.

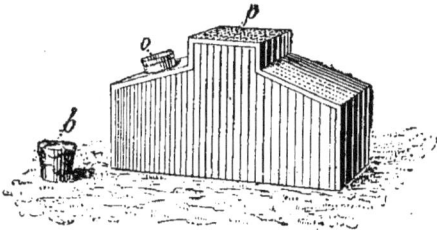

Fig. 189. — Nourrisseur Layens, dans lequel on vient de verser du sirop. — Pour
s'en servir, on retourne ce nourrisseur et on le pose sur la ruche à cadres : o,
orifice par lequel on a versé le sirop et qu'on bouche avec le bouchon b ; p,
plaque percée de petits trous par où les abeilles viendront prendre le sirop.

La figure 189 représente ce nourrisseur. C'est une boîte
en fer-blanc où on introduit le sirop par l'ouverture o,
qu'on ferme par un bouchon b. Cette boîte se place renversée sur l'intervalle de deux cadres dont on a retiré
la latte ; on ferme avec des morceaux de bois, le reste
de l'intervalle (1). Dans cette position, le nourrisseur pré-

(1) Si on a une ruche avec planchettes par-dessus au lieu de
lattes (§ 98 note), on place le nourrisseur renversé dans un trou carré
percé dans l'une des planchettes qui sont au-dessus des cadres.

sente aux abeilles une surface *p* percée de trous, assez
petits pour que le sirop ne s'écoule pas, et à travers lesquels les abeilles viendront puiser le liquide sucré.

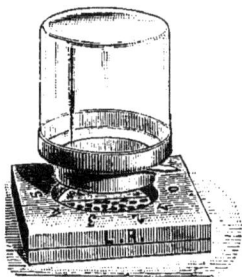

Fig. 190. — Nourrisseur Raynor simplifié. — En tournant le nourrisseur
sur lui-même, on peut graduer la
quantité de sirop donnée.

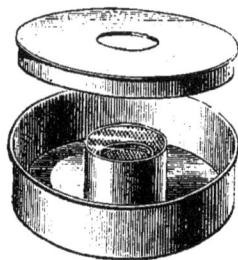

Fig. 191. — Nourrisseur anglais, en fer-
blanc, à cylindre intérieur.

Il est préférable de faire cette opération vers le soir ;
le lendemain, le nourrisseur sera vide.

Il existe bien d'autres systèmes de nourrisseurs.

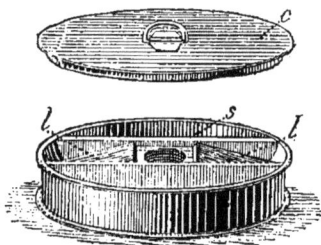

Fig. 192. — Nourrisseur Derosne dans la position qu'il doit occuper sur la ruche :
s, une des deux parties latérales où l'on verse le sirop ; *l*, *l'*, lames sur lesquelles
les abeilles viennent se nourrir ; *c*, couvercle.

Le plus simple de ces appareils est le nourrisseur à
bouteille renversée. On place dans une ruche une bouteille remplie de sirop et on renverse cette bouteille
pleine dans une petite auge en fer-blanc ; on incline plus

ou moins la bouteille, de façon que le sirop ne se renouvelle dans l'auge qu'à mesure que les abeilles le consomment.

Un autre nourrisseur peut être un vase en fer-blanc qu'on ferme par un linge clair, et que l'on renverse ensuite sur la ruche.

On peut encore citer les nourrisseurs anglais tel que celui que représente la fig. 191, le nourrisseur Raynor, qui permet de mesurer la quantité de sirop donnée (fig. 190), et le nourrisseur Derosne (fig. 192).

221. Burette à bain-marie. — On peut employer une burette spéciale soit pour amorcer les cadres avec des lames de cire (§ 102), soit pour fixer le haut de la cire gaufrée dans les cadres (§ 99).

Cette burette (fig. 193) permet de maintenir la cire fondue au bain-marie, dans la burette même.

Fig. 193. — Burette, maintenant la cire fondue, au bain-marie.

222. Herse à désoperculer. — La figure 194 représente un petit instrument appelé *herse à désoperculer*, construit dans le but de déchirer les opercules. On fait mieux cette opération avec un couteau quelconque.

Fig. 194. — Herse à désoperculer.

223. Apifuge. — On a inventé divers liquides appelés *apifuges* (ceux qui les vendent n'en donnent pas la composition) dont on s'enduit les mains dans le but d'éviter les piqûres d'abeilles, tout en travaillant sans gants; et certains de ces apifuges présentent des inconvénients pour la santé.

D'ailleurs, l'apiculteur ne devra pas oublier que lors-

17.

qu'il se garantit complètement contre les piqûres des
abeilles, il court risque en opérant alors sans précautions,
non pas d'être piqué lui-même, mais de faire piquer les
autres autour de lui. En effet, il ne craint plus assez
d'exciter les abeilles et elles vont piquer les voisins.

224. Piège à faux-bourdons. — On a imaginé
beaucoup de pièges pour se débarrasser des faux-
bourdons quand ils sont trop nombreux

Les appareils destinés à cet usage sont appelés *bour-
donnières* ou *pièges à faux-bourdons.*

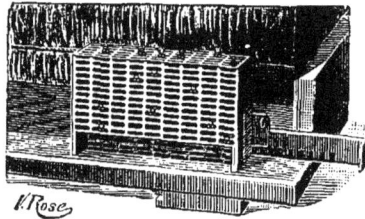

Fig. 195. — Piège à faux-bourdons.

La figure 195 représente un de ces systèmes.

Ce piège, comme presque tous les autres, est fondé
sur l'emploi de la tôle perforée. C'est une tôle percée
de trous rectangulaires de 13 millimètres sur 4 millimètres. A travers ces ouvertures, il ne peut passer que
les ouvrières.

On voit sur la figure 195, une boîte dont les côtés sont
en tôle perforée, que l'on pose devant l'entrée des abeilles.
Entre la partie teintée en gris qui est à la base de cette
boîte et la partie plus haute (en blanc) se trouve des
sortes de soupapes assez larges par lesquelles les faux-
bourdons peuvent passer dans la partie supérieure de
la boîte, mais qui ne leur permettent pas de rentrer dans
la ruche, tandis que les ouvrières peuvent passer partout

à travers la tôle perforée. Les faux-bourdons s'accumulent dans le piège; lorsqu'il y en a suffisamment, on emporte la boîte et on les jette dans l'eau.

Il faut très peu de jours pour s'emparer ainsi de la grande majorité des faux-bourdons.

On ne laissera donc ce piège que pendant peu de temps, car si la colonie se trouvait au moment où elle renouvelle sa mère, la bourdonnière, ne laissant pas passer la mère à travers la grille, mettrait obstacle à la sortie de la jeune mère.

D'autre part, il ne faut pas placer la bourdonnière à l'époque de la grande récolte, car les abeilles gênées par ce changement d'entrée, perdraient du temps à s'y habituer en allant à la récolte.

225. Divers extracteurs.

1° *Extracteur à cadres renversables.* — On construit des extracteurs qui ressemblent extérieurement à celui figuré § 47, mais qui ont l'avantage d'éviter dans tous les cas que les rayons soient brisés, et qui permettent, même à une basse température, d'extraire un miel épais sans briser les rayons.

L'intérieur de l'extracteur est en acier et possède deux châssis grillés, dans lesquels on place les rayons désopercules ; la rigidité des lames d'acier qui maintiennent le grillage empêche ce dernier de se bomber et, par suite, les rayons de se briser.

Chacun de ces châssis est renversable, c'est-à-dire qu'il peut pivoter sur lui-même, de manière à présenter en dehors la face qu'il avait en dedans.

Après avoir vidé la plus grande partie du miel de la face extérieure des deux cadres, on fait faire un demi-tour aux châssis, et on vide complètement l'autre face; puis on fait faire une seconde fois un demi-tour pour achever d'extraire les premiers côtés.

2° *Extracteur économique*. — On a imaginé divers systèmes d'extracteurs à bon marché. Ils sont généralement formés d'un tonneau en bois, dans laquelle est placée au centre une sorte de dévidoir, entouré de ficelles qui remplacent la toile métallique. Les ficelles ont l'avantage de se tendre au lieu de se bomber lorsqu'on fait mouvoir l'appareil.

226. Chasse-abeilles. — On a inventé divers systèmes pour chasser les abeilles d'une partie de la ruche dans le but de simplifier la récolte.

Un de ces systèmes porte le nom de *chasse-abeilles* (fig. 196). Une abeille, venue d'en haut, passe par un trou et, pour en sortir, doit écarter deux légères lames élastiques qui, revenant ensuite l'une vers l'autre, l'empêchent de retourner en arrière.

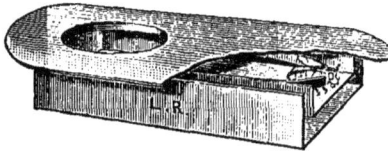

Fig. 196. — Chasse-abeilles.

On place sous la hausse d'une ruche verticale, ou à la place d'un rayon d'une ruche horizontale, une planche dans laquelle on a encastré le chasse-abeilles, c'est-à-dire cette trappe en fer-blanc qui ne permet aux abeilles de traverser la planche que dans un seul sens.

Les abeilles allant rejoindre le centre de la colonie ne peuvent plus rentrer ensuite dans la hausse, ou dans l'extrémité de la ruche horizontale qui est au delà de la planche.

Mais, avant de placer le chasse-abeilles, il faut visiter les hausses pour voir si elles ne contiennent pas de couvain ou visiter la ruche horizontale pour choisir le rayon qui doit être remplacé par la planche.

Si une ruche a par exemple trois hausses, on enlèvera

successivement les hausses; avec un aide, on adaptera le chasse-abeilles sur le corps de ruche, et on replacera les hausses; on attendra un jour avant de les retirer de nouveau pour la récolte, ce qui se fera plus facilement si les abeilles ont bien voulu passer par le chasse-abeilles.

Comme on le voit, cette simplification n'est qu'apparente. Nous avons d'ailleurs décrit (§ 188) une manière d'opérer, sans chasse-abeilles, et qui est plus rapide.

227. Planches de partition. — La figure 197 représente ce que l'on appelle une *planche de partition*, qui est destinée à diminuer la capacité du corps de ruche dans certaines opérations. On s'en servait autrefois, surtout dans

Fig, 197. — Planche de partition.

le but de concentrer la chaleur de la colonie pendant l'hiver.

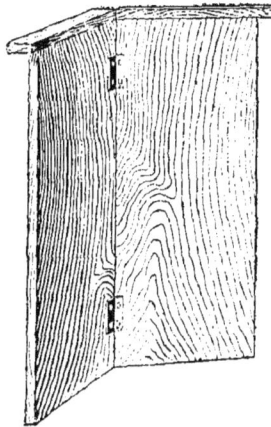

Mais il est démontré maintenant par des expériences précises, qu'un cadre construit remplit exactement le même but; les planches de partition sont donc absolument inutiles (1).

RÉSUMÉ.

Diverses ruches. — Il existe des ruches qui ne diffèrent de celles qui ont été décrites plus haut en détail que par les

(1) Voir pour plus de détails : G. Bonnier, *Expériences sur l'inutilité des planches de partition:* dans G. de Layens, *Nouv. exp. pratiques d'apiculture,* p. 17.

dimensions des cadres, et la plupart des apiculteurs reconnaissent qu'une bonne ruche à cadres doit avoir des cadres
dont la surface est voisine de douze décimètres carrés.

On a proposé ou construit un très grand nombre de modèles de ruches horizontales ou verticales, qui ont le plus souvent des cadres plus petits que les précédents.

Les ruches à cadres, dont chaque cadre peut se retirer sans
déranger les autres, sont dites *ruches à bâtisses froides.*

On se sert en Allemagne et dans quelques pays voisins, de
ruches à cadres dont le dessus est fixe et chez lesquelles, pour
retirer le dernier cadre, on est obligé de retirer tous les autres ; ce sont les *ruches à bâtisses chaudes.*

Il existe aussi de nombreuses modifications de ruches à
rayons fixes.

En somme, les ruches que nous avons prises comme type
pour les différents systèmes de culture, sont celles qui paraissent à la fois les plus simples et les plus pratiques.

Matériel apicole complémentaire. — Le matériel
apicole, destiné surtout à l'amateur, peut être augmenté des
objets suivants : ruche d'observation, pour voir travailler les
abeilles à l'intérieur ; balance-bascule pour se rendre compte
de la récolte ; thermomètre, hygromètre et baromètre pour
suivre les changements atmosphériques ; microscope pour
diverses études ; apifuge, bourdonnière et chasse-abeilles.

Dans certaines contrées, on installe les ruches dans un
rucher couvert, ce qui a plus d'inconvénients que d'avantages.

Il existe aussi diverses sortes de nourrisseurs et divers modèles d'extracteurs. Parmi ces derniers, l'extracteur en acier
à cadres renversables est l'un des meilleurs.

CHAPITRE XVII

OPÉRATIONS ÉQUIVALENTES

228. Considérations générales. — Nous avons adopté dans les chapitres précédents les procédés qui paraissent à la fois les plus simples et les plus pratiques pour la culture des abeilles, par les systèmes qui répondent chacun à un but spécial.

Toutefois, il existe d'autres méthodes qui sur tel ou tel point particulier pourraient être substituées aux procédés que nous avons décrits. Ces autres méthodes sont tantôt presque aussi simples, aussi bonnes que celles que nous avons admises, et l'apiculteur pourra les adopter ; tantôt plus compliquées ou hasardées, et alors nous en signalerons leurs inconvénients à côté des avantages qu'elles peuvent présenter.

Nous allons passer en revue les divers procédés que nous avons volontairement laissés de côté dans ce qui précède, en les disposant autant que possible dans l'ordre naturel des opérations.

229. Achat de ruches à cadres peuplées. — Ce serait une simplification considérable pour le débutant de pouvoir acheter des ruches à cadres contenant de bonnes colonies tout installées ; il éviterait ainsi les difficultés de l'achat des ruches vulgaires, de leur hivernage et du transvasement dans les ruches à cadres ;

de plus, il serait sûr, en année ordinaire, d'avoir une récolte dès la première année.

Malheureusement, il est encore actuellement rare de trouver à acheter des ruches à cadres toutes peuplées. Si l'on en trouvait, il ne faudrait les prendre qu'avec une très forte population : par exemple, au printemps, au moment de la floraison des saules, il serait bon qu'il y eût du couvain sur quatre cadres au moins et que la ruche soit remplie de rayons construits.

D'ailleurs, le débutant qui en général ne trouvera pas à acheter des ruches à cadres ainsi peuplées, se verra forcé, comme nous l'avons vu, de s'exercer au maniement des abeilles avec les ruches vulgaires, ce qui lui sera toujours très utile par la suite.

230. Transvasement par superposition ou par essaim artificiel. — Nous avons donné (§ 142 et suivants) plusieurs méthodes de transvasement. En voici deux autres.

1° *Transvasement par superposition.* — Ce procédé s'applique surtout aux ruches vulgaires de petite capacité. Cette méthode consiste essentiellement à placer la ruche vulgaire sur la ruche à cadres préparée et à laisser les abeilles y descendre pendant la saison. Pour faciliter le passage des abeilles dans la ruche à cadres, il sera bon de diminuer encore la capacité de la ruche vulgaire.

On coupera, par-dessous, toutes les bâtisses jusqu'au couvain, on sciera tout le tour de la ruche au niveau de la partie des bâtisses qu'on a coupées ; la ruche ainsi diminuée par le bas sera appliquée au-dessus des cadres de la ruche vide qu'on aura mise à la place qu'occupait la ruche vulgaire. On calfeutrera les parties de la ruche à cadres qui ne sont pas recouvertes par la ruche vulgaire ainsi placée, avec des chiffons et des planchettes de

manière que les abeilles soient obligées de traverser la
ruche à cadres pour entrer ou sortir. On recouvrira le
tout d'un grand capuchon de paille qui abrite à la fois
les deux ruches (fig. 198).

Cette opération devra être faite au premier printemps.

Dans le cas d'une mauvaise année, il arrivera peut-

Fig. 198. — Transvasement, par superposition, d'une ruche vulgaire dans une
ruche à cadres. — La ruche vulgaire est placée sur la ruche à cadres; le tout
est recouvert d'un capuchon de paille.

être que les abeilles ne descendront pas dans la ruche à
cadres. On laissera alors les ruches ainsi disposées pendant l'hivernage et on attendra l'année suivante.

2° *Transvasement par essaim artificiel.* — On choisit
deux fortes ruches vulgaires A et B, on chasse les
abeilles de la ruche B dans une ruche vulgaire vide,
d'où on les fait entrer dans une ruche à cadres préparée
à cet effet. Lorsque les abeilles sont montées, on met la
ruche à cadres à la place de la ruche B; on met la ruche

B à la place de la ruche A qu'on transporte plus loin
Vingt et un jours après, la ruche B n'a plus de couvain;
on la récolte totalement en réunissant ses abeilles à
une ruche faible du rucher. On a ainsi transformé une
ruche vulgaire en une ruche à cadres.

231. Nourrissement spéculatif. — On a quelquefois proposé de nourrir les ruches, en certaines saisons,
par petites doses successives, non parce que ces ruches
manquent de provisions, mais pour faire croire aux
abeilles qu'il y a une récolte alors que la miellée ne
donne pas encore au dehors, et pour exciter ainsi artificiellement la ponte de la mère

Le développement que l'on donne ainsi d'une manière
factice à la ponte a pour but d'essayer de produire à
l'avance une population plus forte, dans l'espoir d'avoir
plus d'ouvrières au moment de la récolte ; c'est ce que
l'on appelle le *nourrissement stimulant* ou *nourrissement
spéculatif*. Ce mot de « spéculatif » est assez bien choisi,
car, comme nous allons le voir, ce procédé a tous les
défauts d'une spéculation.

Ce procédé peut être utile, inutile, ou nuisible, et
comme, en général, il est impossible de prévoir dans
quelles conditions le nourrissement spéculatif sera bon
ou mauvais, puisque cela se rapporte à la prévision du
temps, l'employer, c'est courir une chance.

Si l'on prévoit que la grande récolte doit avoir lieu
à une certaine époque, on commencera à donner tous les
jours à chaque ruche, six ou sept semaines avant cette
date, de petites doses de plus en plus fortes de sirop,
doses qui peuvent varier de 50 à 250 grammes ; ce nourrissement ne doit jamais être arrêté, car les abeilles
ont besoin d'avoir d'autant plus de sucre que la ponte
devient plus considérable. Cette distribution quotidienne
de sirop doit se faire avec toutes les précautions possibles

pour éviter le pillage. On comprend quel souci et quel travail exige une opération si prolongée.

Pour que ce nourrissement spéculatif puisse réussir, il faut :

1° *Qu'on ne se soit pas trompé sur la prévision du moment de la grande récolte, ou même que cette grande récolte se produise.* En effet, si l'on s'est trompé sur ces prévisions, on aura inutilement pris toute cette peine et dépensé tout ce sucre. Bien plus, on aura constitué une forte population inutile qui, dans le cas d'un manque absolu de récolte, consommera en plus grande quantité les provisions antérieures.

2° *Qu'un refroidissement subit de température ne se produise pas, dans la journée, pendant le nourrissement spéculatif.* En effet si, comme cela arrive assez souvent, la température s'abaisse trop, une ou plusieurs fois pendant le nourrissement, les abeilles excitées par la miellée artificielle qu'on leur donne, sortant au dehors de la ruche, et croyant aller chercher du nectar sur les fleurs, tombent engourdies par le froid. Dans ce cas, le nourrissement spéculatif peut avoir pour effet de diminuer le nombre des abeilles au lieu de l'augmenter. On a perdu alors son temps et son argent pour un résultat négatif.

3° *Qu'un froid plus intense et continu pendant quelques jours ne survienne pas pendant le nourrissement.*

En effet, si cette circonstance qu'on ne peut jamais prévoir, se présentait, les abeilles seraient obligées de se serrer et abandonneraient forcément une partie du couvain qu'elles ne pourraient plus recouvrir. Le couvain abandonné peut alors prendre la maladie de la loque et causer la perte des ruches.

Dans ce cas, particulièrement défavorable, on aura dépensé du temps et de l'argent, pour avoir soi-même ruiné son rucher (1).

(1) Des expériences coucluantes ont été faites sur l'inutilité ou les

En résumé, le nourrissement spéculatif ne serait donc à recommander que dans des régions particulièrement favorisées, où par une suite d'observations météorologiques, on serait assuré que les trois conditions précédentes sont toujours remplies.

Ce qu'on peut faire, en tout cas, sans danger, c'est ce que nous avons conseillé au moment de l'arrangement de cadres au printemps. En désoperculant les cellules de miel qui sont au-dessus du couvain, non seulement on donne plus de place à la mère, comme nous l'avons dit, mais encore on excite la ponte au début dans une mesure qui n'offre pas d'inconvénients, et cela sans aucune dépense de temps ni de travail.

232. Nourrissement par la pâte sucrée. — L'apiculteur qui sera dans la nécessité de nourrir ses ruches dans une saison où il n'est plus temps de nourrir au moyen du sirop versé dans les bâtisses et qui aura épuisé sa provision de cadres de réserve, pourra employer le moyen suivant.

On fait une pâte avec un litre de miel et 3 kilogr. 1/2 de sucre en poudre ; pour cela, on chauffe d'abord le miel, puis on y mêle le sucre en poudre en mélangeant bien ensemble les deux matières sucrées. On prend la quantité voulue de cette pâte, on l'entoure d'un linge clair et on la place en l'étalant sur les cadres, au-dessus du groupe d'abeilles ; puis on recouvre le tout comme d'habitude.

233. Autres méthodes pour la suppression de l'essaim secondaire. — Nous avons donné une méthode de suppression de l'essaim secondaire (§ 113); en voici deux autres.

inconvénients du nourrissement spéculatif. (Voyez *Nourrissement stimulant*, par l'abbé Martin, ancien Président de la Société d'Apiculture de l'Est, *Apiculteur*, 1890, p. 193.)

1° *Par déplacement.* — Lorsqu'après le départ de l'essaim primaire, ou après la formation d'un essaim artificiel, on entend le chant des mères, on déplace la ruche souche de plus de cinq mètres ; de cette façon, la plupart des abeilles allant à la récolte seront reçues dans les autres ruches, et par suite de cette diminution de population, l'essaim secondaire ne se produira pas.

Comme on le voit, ce procédé est extrêmement simple.

2° *Par l'enlèvement des cellules maternelles.* — On supprime quelquefois l'essaim secondaire en enlevant de la ruche souche tous les alvéoles maternels sauf un ; ce système a l'inconvénient que la cellule de mère conservée peut renfermer une mère défectueuse ou même une larve morte. Dans ce cas on a rendu soi-même la ruche orpheline.

234. Essaim artificiel avec une seule ruche.
— Nous avons donné une bonne méthode pour faire les

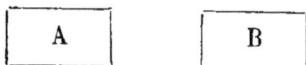

Fig. 199. — A, ruche forte dans laquelle on prend deux cadres de couvain, chargés d'abeilles pour les mettre dans la ruche vide B.

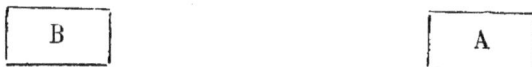

Fig. 200. — B, ruche ayant reçu les deux cadres de couvain (avec abeilles) de la ruche A, un cadre de miel et cinq ou six cadres construits et vides ; cette ruche B est mise à la place de A, et reçoit les abeilles qui étaient à la récolte. — A, ruche souche déplacée.

essaims artificiels, qui exige deux ruches fortes et qui s'appliquait aussi bien aux ruches vulgaires (§ 200) qu'aux ruches à cadres (§ 163). En voici une autre, applicable seulement aux ruches à cadres, et à l'aide de laquelle on ne se sert que d'une ruche, mais qui est beaucoup moins bonne et moins sûre que la précédente.

Par une belle journée, un peu avant la saison des essaims naturels, alors que les abeilles sont très actives, on prend dans une très forte ruche (A, fig. 199), ayant au moins sept cadres de couvain, deux cadres de couvain dont l'un contient du couvain de tout âge, avec les abeilles qu'ils portent ; on les met ainsi dans une ruche vide B où l'on a disposé : 1° à l'extrémité de la ruche, un cadre de miel ; 2° à la suite, les deux cadres de couvain ; 3° cinq ou six cadres construits mais vides. On ferme la ruche B et on la met à la place de la ruche A, qui elle-même est transportée plus loin (fig. 200). La mère se trouve dans l'une des deux ruches ; on reconnaît la ruche sans mère à l'agitation qui s'y produit au début ; elle fera de nouvelles cellules de mères.

Il existe d'autres méthodes d'essaimage artificiels qui exigent la recherche de la mère ; mais ces méthodes sont plus difficiles et ne sont pas meilleures.

235. Autres procédés pour la réunion des colonies. — Nous avons vu que la culture des ruches vulgaires exige fréquemment la réunion de colonies ou d'essaims ; nous avons vu qu'au contraire, dans la conduite des ruches à cadres, on peut le plus souvent éviter de réunir.

Cependant dans ce dernier cas, nous avons donné (§ 132) une méthode de réunion, et nous avons indiqué (§ 204) comment s'opéraient les réunions des ruches vulgaires. Voici d'autres procédés qui s'appliquent à tous les systèmes de ruches.

1° *Réunion par l'éther* (1). — On imbibe d'éther deux

(1) Ce système est recommandé et employé avec succès par M. Bourgeois, près de Chartres.

morceaux de coton d'environ un centimètre sur deux ; on place chacun de ces morceaux de coton imbibés sous chaque ruche à réunir; on les y laisse une vingtaine de minutes, puis on réunit les ruches de la manière ordinaire, ce qui aura lieu sans lutte entre les abeilles.

2° *Réunion par la farine.* — Après avoir enfumé les abeilles, on jette quelques poignées de farine entre les rayons des deux ruches à réunir, on opère ensuite la réunion et elle se fait sans combat.

236. Rétablissement des ruches orphelines. — Nous avons vu que lorsqu'on trouve une ruche orpheline, le plus simple est de s'en débarrasser. Cela est toujours vrai pour une ruche orpheline trouvée à la visite du printemps ou d'automne.

Si, pendant la saison, on a reconnu qu'une ruche forte vient de devenir orpheline, on pourra cependant tenter d'y rétablir une mère par l'un des procédés suivants :

1° *Par l'addition de couvain de tout âge.* — On a vu qu'une colonie qui a perdu récemment sa mère, peut en faire une nouvelle avec de très jeunes larves.

Si la saison n'est pas trop avancée, on donnera à la ruche qui vient de devenir orpheline, un rayon de couvain de tout âge, et pour renforcer sa population, un rayon de couvain operculé. En la visitant huit ou dix jours après, on verra si elle a construit des cellules maternelles.

Si elle réussit à se redonner une mère, on aura rétabli une colonie qui pourra passer l'hiver, et qui deviendra peut-être très bonne l'année suivante. Dans le cas contraire, on tentera encore de lui donner de nouveau un rayon avec du couvain de tout âge, et si elle refuse une seconde fois de construire les alvéoles maternels, on la réunira à une autre.

2° *Par l'introduction d'une mère de réserve.* — On peut essayer de faire accepter une mère à une ruche orpheline en procédant à peu près comme pour le renouvellement artificiel des mères (§ 237); ce procédé délicat et difficile n'a chance de réussir que si la ruche n'est devenue orpheline que depuis peu de temps, et encore échoue-t-on assez souvent.

237. Renouvellement artificiel des mères. — On a proposé, au lieu de laisser les mères se renouveler naturellement (§ 158), de remplacer une mère par une autre.

On peut aussi, comme on l'a vu précédemment, donner une mère à une ruche qui vient d'être orpheline; on peut encore donner une mère à une colonie à laquelle on vient de prendre un essaim artificiel.

Il faut alors, dans tous ces cas, avoir d'une manière ou d'une autre, un certain nombre de mères à sa disposition.

On trouvera dans le paragraphe suivant deux méthodes qu'on peut employer dans ce but, lorsqu'on ne veut ni laisser les mères se renouveler naturellement ni supprimer les ruches orphelines pendant la saison.

Recherche de la mère. — Il est quelquefois nécessaire dans ces opérations de rechercher la mère dans une ruche.

Pour cela, l'apiculteur la trouve en examinant la ruche à cadres, cadre par cadre, en commençant par ceux qui contiennent du couvain, après avoir enfumé *légèrement*.

Il faut enfumer légèrement dans cette opération, car s'il y avait trop de fumée, dans le cas actuel, et si on mettait les abeilles en état de bruissement, la mère pourrait abandonner les rayons et se réfugier dans un coin de la ruche, où il serait très difficile de la trouver.

Un autre moyen plus facile pour rechercher la mère
dans une ruche à cadres, c'est de placer dans la ruche
un rayon vide, construit en cellules d'ouvrières, l'avant-
veille du jour où on fera cette recherche ; ce rayon vide
sera mis au milieu des cadres de couvain (1).

Le lendemain, la mère sera probablement sur ce rayon
en train d'y pondre des œufs ; on aura des chances de la
trouver du premier coup sur ce cadre (2).

(1) Si on veut rechercher la mère directement, on doit examiner
les rayons de couvain les uns après les autres. Mais, quelquefois,
la mère effrayée par l'opération s'est réfugiée dans un coin. Alors,
si on ne la trouve pas, on place un drap sur le sol et on y pose
une ruche vulgaire vide. On secoue successivement tous les cadres
couverts d'abeilles et, pendant que les abeilles se dirigent vers la
ruche vide, on recherche la mère. Dès qu'on la voit on pose dessus
un verre renversé.

(2) Voici un moyen qui paraît long, mais qui souvent est beaucoup plus court que la recherche directe. On met une ruche à cadres
vide, sans son plateau, sur un drap placé par terre, à un endroit
bien plat. On remplace la languette de la porte par de la tôle perforée laissant passer les ouvrières sans laisser passer la mère (fig. 201) ;

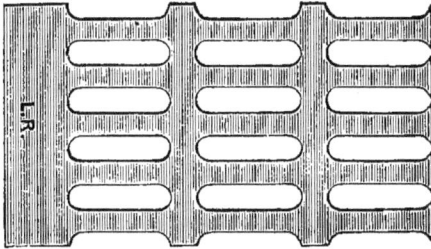

Fig. 201. — Morceau de tôle perforée laissant passer les abeilles, mais non la mère
(1/2 grandeur naturelle).

on retire un à un les cadres de couvain de la ruche dans laquelle
on recherche la mère, et cela presque sans fumée pour ne pas
effrayer la mère ; on secoue les abeilles par terre devant l'entrée de
la ruche à cadres, à l'intérieur de laquelle on met les rayons sans
abeilles ; à l'aide d'un peu de fumée, on fait passer les ouvrières à
travers la tôle perforée qu'elles traversent pour aller rejoindre les
rayons. La mère est arrêtée par la tôle perforée, et on la trouve
ainsi facilement.

18

238. Renouvellement des mères par l'essaimage naturel. — On peut avoir un certain nombre de ruches vulgaires de petite capacité, constituant une sorte de *rucher pépinière* qui peut servir, d'une part, à produire de nouvelles colonies destinées à l'entretien du rucher, et d'autre part, à fournir des mères par les essaims secondaires.

En effet, si au lieu de rendre l'essaim secondaire à la ruche, on le recueille pour en faire une nouvelle colonie, cette colonie aura une jeune mère qui sera ordinairement très féconde.

Un essaim secondaire ou même tertiaire étant installé dans une ruche à cadres ne contenant que quelques rayons, on aura à sa disposition la mère de cette petite colonie.

Lorsqu'on possède plusieurs ruchers, cette méthode est peut-être la meilleure pour entretenir les ruchers, car on a toujours, dans le rucher pépinière, de petites colonies que l'on peut facilement réunir à celles qui, pour une cause quelconque, sont plus ou moins désorganisées ou sont devenues orphelines.

Toutefois, ce procédé a l'inconvénient d'exiger la surveillance et la récolte des essaims naturels dans le rucher pépinière.

239. Renouvellement des mères par le greffage des alvéoles maternels. — On choisit, au premier printemps, une des meilleures colonies du rucher, et on en active la ponte en désoperculant quelques rayons de miel. Lorsque la colonie sera devenue très forte, c'est-à-dire lorsqu'elle possédera huit ou dix cadres de couvain, on y cherchera la mère, ce qui, comme on vient de le voir, n'est pas très facile ; on enlèvera le cadre sur lequel se trouve la mère avec les abeilles qui y sont Ce cadre sera placé dans une ruche

avec un rayon de miel et huit ou dix cadres construits
Cette ruche sera ensuite mise à la place d'une autre forte
colonie, qu'on déplacera.

La ruche, dont on a retiré la mère, construira naturellement des alvéoles maternels.

Le septième jour environ après avoir retiré la mère,
on comptera les alvéoles maternels bien formés (deux
alvéoles soudés ne comptant que pour un); on formera
alors des *ruchettes orphelines* en nombre égal au nombre
des alvéoles maternels, moins un.

Pour former ces ruchettes orphelines, on aura à sa
disposition des ruches ordinaires ou mieux des ruchettes
ne pouvant contenir que trois cadres.

On prend dans chacune des plus fortes colonies du
rucher, un rayon de couvain et d'abeilles, sans la mère;
on place chacun de ces cadres dans une ruchette entre
deux cadres dont l'un a du miel et du pollen, et on
brosse les abeilles d'un troisième cadre de la même ruche
(sans la mère) comme on a vu § 217 pour la ruche
d'observation; on met ces ruchettes à la cave pendant
48 heures, en ayant soin de griller l'entrée. On leur
donne ensuite leurs places définitives, les portes n'étant
ouvertes que pour le passage de deux abeilles.

Le dixième ou le onzième jour, à partir du moment
où l'on a retiré la mère de la première colonie, on
ouvre la ruche et on découpe un triangle autour de
chaque alvéole maternel, sauf un qu'on laisse en place
pour que la ruche primitive puisse se refaire une mère.
On a soin d'opérer très délicatement et de ne pas froisser
les alvéoles maternels.

On met ces alvéoles coupés, un à un, dans une boîte
ayant du coton, à l'abri du soleil ou du froid, en les
maniant avec beaucoup de soin et sans secousses. Puis,
on coupe un triangle semblable au milieu du rayon de
couvain de chaque ruchette, afin d'introduire un alvéole

maternel dans chacune d'elles, en lui laissant la même
position que cet alvéole occupait naturellement dans la
ruche souche (fig. 202).

On vérifiera plus tard qu'il y a du couvain dans les
ruchettes et on aura ainsi à sa disposition de jeunes
mères fécondes, qu'on pourra utiliser au besoin pour les
donner à diverses colonies.

Fig. 202. — Apiculteur greffant un alvéole de mère sur un rayon.

Les ruchettes qui n'auraient pas de couvain seront
réunies à d'autres ruches.

Il arrive quelquefois qu'une de ces petites colonies
part avec la mère au moment de sa première sortie.
Pour éviter cet inconvénient, on peut prendre à une
colonie un second cadre de couvain avec ses abeilles,
sans la mère, et le réunir à une ruchette.

Si on a conservé un certain nombre de ces ruchettes

jusqu'à la fin de la saison, sans utiliser leurs mères, ou si, agrandies, elles n'ont pas fait leur provision d'hiver, on sera obligé de les réunir entre elles ou à d'autres ruches, après avoir supprimé la mère la plus vieille.

— On voit, en somme, que ce procédé est très compliqué et comporte nombre d'inconvénients, sans compter le danger du pillage, qui est très à craindre dans ces divers maniements, et l'introduction possible de la maladie de la loque par les ruchettes, où malgré les précautions prises, les abeilles sont parfois en nombre insuffisant pour recouvrir le couvain.

240. Introduction d'une mère dans une ruche par une cage à mère. — Supposons que la ruche

 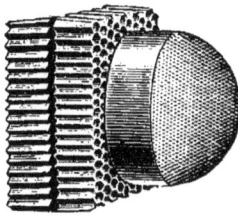 

Fig. 203.   Fig. 204.   Fig. 205.

Diverses cages à mère. — Fig. 203, cage en tube ; fig. 204, cage en cloche ; fig. 205, cage aplatie.

possède une mère défectueuse ; on la cherche et on la tue.

On prend un étui en toile métallique, fermé en haut et en bas par des bouchons (fig. 203) ; on y introduit la nouvelle mère qu'on a prise par les ailes dans une ruchette. On écarte un peu les rayons de la ruche dont on a tué la mère, de façon à introduire l'étui en toile

18.

métallique contenant la jeune mère, à frottement doux
entre deux cadres de couvain. On a soin qu'à portée de
l'étui se trouve une portion de rayon ayant du miel dont
on désopercule les cellules s'il y a lieu, de manière que
la mère puisse s'y nourrir à l'aide de sa trompe qui passe
à travers la toile métallique; puis on place des couvertures sur les cadres.

Deux jours après, on enlève les couvertures, et on
retire très doucement l'étui avec les abeilles qui sont
dessus; on enfume peu, pour ne pas effrayer le petit
groupe d'abeilles.

Si l'on voit les ouvrières chercher à piquer la mère ou
la tirer par les pattes, on remet l'étui dans sa première
position, et on refait la visite quelques jours après. Si
l'on voit que les ouvrières offrent à manger à la mère
avec leurs trompes, on chasse les ouvrières qui se trouvent sur l'étui et on remplace le bouchon du bas par un
petit morceau de rayon, puis on remet l'étui où il était;
les ouvrières perceront ce morceau de rayon et délivre-
ront elles-mêmes la mère, qui sera alors généralement
très bien acceptée.

Dès que la mère est délivrée, on retire l'étui et on
remet les cadres exactement à leur place. Quelques
jours après, on regardera si la mère a pondu.

Il y a plusieurs sortes de cages à mères (fig. 204 et 205);
la plus simple est l'étui que nous venons de décrire.

**241. Introduction extérieure d'une mère dans
une ruche.** — Dans certains cas, et malgré les précautions qu'on a pu prendre, la mère n'est pas acceptée et
est tuée par les abeilles.

Voici un autre procédé qui est très simple, qui
paraît bien réussir (1) et qui a l'avantage de s'appliquer

(1) Ce procédé est recommandé par M. Froissard.

aussi bien aux ruches vulgaires qu'aux ruches à cadres.

On enfume fortement la ruche dont on a retiré la mère à remplacer ou la ruche qui vient d'être orpheline et on asperge les rayons avec de l'eau sucrée renfermant quelques gouttes d'essence parfumée.

On prend ensuite dans la ruche un ou deux cadres et on en brosse les abeilles devant l'entrée ; on saisit alors la mère de la ruchette qu'on a placée provisoirement sous un verre, et on la jette au milieu de ce tas d'abeilles, qui lui communique leur odeur parfumée. On peut se servir avantageusement dans ce cas d'un pulvérisateur (fig. 206). Les abeilles rentrent avec la mère, qui ainsi est acceptée facilement. On doit faire cette opération à la tombée de la nuit, pour éviter les pillardes.

Fig. 206. — Pulvérisateur.

242. Abeilles de races étrangères. — Il existe un certain nombre d'espèces, sous-espèces et de variétés d'abeilles qui ont chacune leurs qualités et leurs défauts.

Parmi ces diverses races, les abeilles *italiennes* et *carnioliennes* ont été acclimatées dans divers pays et cultivées comme les abeilles ordinaires.

On a aussi essayé de cultiver de la même manière, les abeilles de Palestine, de Syrie et de Chypre, ainsi que l'abeille égyptienne ; comme ces quatre dernières sortes d'abeilles se laissent manier très difficilement et attaquent l'apiculteur, on a renoncé, en général, à les utiliser.

Les abeilles italiennes et carnioliennes de race pure ne présentent pas cet inconvénient, mais les abeilles carnioliennes sont très disposées à l'essaimage naturel, même lorsqu'elles sont logées dans de très grandes ruches.

On a préconisé l'emploi des abeilles italiennes en faisant remarquer leur grande activité, et la visite qu'elles peuvent faire à certaines fleurs par suite de leur trompe un peu plus longue.

Toutefois, ces avantages sont loin de compenser leurs défauts qui sont les suivants :

1° Il est presque impossible de conserver la race italienne pure dans un rucher, car les italiennes se croisent très facilement avec les abeilles ordinaires. Quand même on supprimerait toutes les abeilles noires de son rucher, le croisement se ferait avec les abeilles d'alentour, même à quelques kilomètres de distance.

Or, les métis qui résultent de ces croisements sont souvent des abeilles agressives et méchantes.

2° Les abeilles italiennes sont particulièrement pillardes, et demandent à cet égard une surveillance plus grande.

3° Il peut arriver qu'une mère italienne, achetée au loin, et produite dans des conditions qu'on ne connaît pas, donne à la ruche la maladie de la loque.

On voit qu'il n'y a pas lieu de recommander à l'apiculteur l'introduction d'abeilles étrangères dans son rucher.

Il faut, au contraire, le mettre en garde contre l'engouement à la mode qui peut parfois lui causer de sérieux préjudices.

On doit reconnaître que certaines de ces abeilles, les italiennes notamment, ont un aspect séduisant, et sont très jolies à voir au travail. Libre à l'amateur de se donner dans son rucher ce spectacle agréable.

Introduction d'une mère de race étrangère. — On peut introduire une mère étrangère (1) par les deux procédés

(1) Les mères étrangères sont expédiées dans de petites boîtes contenant généralement un morceau de rayon avec quelques abeilles ouvrières.

précédents (§§ 240 et 241). Le premier de ces procédés peut être modifié avantageusement comme il suit :

La meilleure méthode consiste à préparer d'abord une colonie orpheline et n'ayant que de jeunes abeilles. Quelques jours avant la réception de la mère étrangère, on prend dans une forte colonie trois rayons chargés d'abeilles, sans la mère ; les rayons devront contenir du miel et l'un d'eux sera garni de couvain. Ces rayons sont placés à l'extrémité d'une ruche vide, le rayon contenant du couvain est mis au milieu des deux autres.

On transporte ensuite la ruche dans une cave ou dans une chambre obscure. Après deux ou trois jours de réclusion, on la reporte à une place quelconque du rucher, et on donne la liberté aux abeilles.

Voici pourquoi les manipulations précédentes sont utiles : l'expérience a démontré qu'une petite colonie composée en grande partie de jeunes abeilles accepte plus facilement une mère étrangère qu'une colonie possédant beaucoup de vieilles abeilles. Or, nous avons formé une petite colonie, et cette dernière, remise au rucher, perd le plus grand nombre de ses vieilles abeilles qui, par habitude, retournent à leur ancienne ruche. On a renfermé la colonie dans la cave afin d'accoutumer les abeilles à leur nouvelle demeure.

Maintenant, lorsqu'on aura une mère à faire accepter, on ouvrira la petite colonie. Après avoir détruit les alvéoles de mères en formation et remis en place les rayons, on glissera par-dessus et entre deux rayons l'étui dans lequel on aura introduit la mère étrangère. L'étui sera facilement maintenu en place en le serrant un peu entre deux rayons. On opérera ensuite comme précédemment (§ 240).

243. Miel en rayons, sans sections. — Avec n'importe quel système de ruche, lorsqu'on a de beaux rayons, construits sans cire gaufrée, et remplis de miel operculé, on peut préparer le miel en rayons de la manière suivante :

A l'aide d'un emporte-pièces, on découpe des morceaux de ces rayons de miel operculé, de la dimension que l'on veut ; on introduit ces beaux morceaux dans des boîtes en fer blanc faites dans ce but.

On peut ainsi vendre du miel en rayons d'un très bel aspect sans avoir tous les inconvénients de la fabrication des sections.

244. Taille des ruches vulgaires. — Beaucoup de possesseurs de ruches à rayons fixes, ceux qui n'étouf-

Fig. 207. — Apiculteur taillant les ruches vulgaires.

fent pas leur ruche, ne font cependant pas la récolte comme nous l'avons indiqué (§ 201). Ils pratiquent ce que l'on appelle la *taille des ruches*.

Pour cela ils opèrent de la manière suivante:

On enfume la ruche par-dessous, on la renverse ensuite et on la transporte à quelque distance, là où se trouvent les ustensiles nécessaires, et l'on place sur la partie occupée par le couvain et la moitié du reste de la ruche une planche de dimension convenable. On refoule avec de la fumée les abeilles sous cette planche, laissant ainsi à découvert des rayons de miel. On taille ces rayons, on les enlève avec un couteau (fig. 207) et l'on chasse les abeilles qui s'y trouvent. Après avoir fait tomber dans la ruche les abeilles qui sont sous la planche, on reporte la ruche à sa place.

Cette opération doit être faite de préférence lorsqu'il y a encore du miel dans les fleurs, sans cela il y aurait danger de pillage.

RÉSUMÉ.

Opérations équivalentes. — Il y a un certain nombre de procédés apicoles qui peuvent être employés à la place de ceux indiqués précédemment, ou qui peuvent s'y ajouter.

Achat de ruches; transvasement; nourrissement. — Au sujet de l'achat des ruches, si le débutant peut se procurer des ruches à cadres toutes peuplées, cela simplifiera beaucoup ses débuts.

Au sujet du transvasement, s'il possède de petites ruches vulgaires, il pourra les transvaser en les superposant aux ruches à cadres.

Au sujet du nourrissement : 1° ce que l'on appelle le *nourrissement spéculatif*, qui a pour but de produire à l'avance une forte population pour la récolte prévue, offre ordinairement plus d'inconvénients que d'avantages, et ne serait à recommander que dans les régions où le temps peut se prévoir à l'avance avec sécurité; 2° si l'apiculteur est obligé de nourrir très tard dans la saison ou même pendant l'hiver, il aura avantage à se servir d'une pâte obtenue par un mélange de miel et de sucre en poudre.

Essaimage; réunions; ruches orphelines. — Au sujet de la suppression de l'essaim secondaire, on pourra déplacer la ruche lorsqu'on entend le chant des mères; on peut aussi enlever les alvéoles maternels, sauf un, mais alors on court risque de rendre la ruche orpheline.

Au sujet de l'essaimage artificiel, l'apiculteur pourra le produire même avec une seule ruche à cadres.

Au sujet de la réunion des colonies, soit pour les ruches à cadres, soit pour les ruches vulgaires, il pourra les effectuer sans combat, avec du coton imbibé d'éther, soit encore en aspergeant les abeilles avec de la farine.

Si des ruches fortes deviennent orphelines pendant le cours de la saison, l'apiculteur pourra tenter de les rétablir, soit par l'addition de couvain de tout âge, soit, ce qui est plus difficile, par l'introduction d'une mère de réserve.

Renouvellement des mères; abeilles étrangères. — En général, les apiculteurs laissent les abeilles renouveler naturellement les mères. Si, cependant, on voulait changer soi-même des mères reconnues défectueuses, on pourrait le faire de la manière suivante : on a un certain nombre de ruches vulgaires qui constituent un rucher pépinière, et à l'aide duquel on peut entretenir son rucher par les essaims naturels. On recueillera les essaims secondaires ou même tertiaires qui fourniront de jeunes mères. Il existe aussi une méthode de renouvellement des mères par le greffage des alvéoles maternels, dans des ruchettes orphelines établies à cet effet, mais ce procédé est très compliqué.

Parmi les races d'abeilles étrangères, qu'on a essayé de cultiver comme l'abeille ordinaire, la seule qui soit assez répandue, est la race italienne. On introduit une mère italienne (comme une mère qu'on renouvelle), en supprimant la mère d'une ruche ; puis au moyen de la cage qui renferme la mère à introduire, ou encore en la mêlant à des abeilles nombreuses qu'on a brossées devant la ruche et aspergées d'eau sucrée odorante. L'emploi des abeilles italiennes n'est pas à recommander, ses inconvénients étant plus graves que ses avantages.

Taille des ruches vulgaires. — Au sujet de la récolte des ruches vulgaires, on emploie quelquefois la taille des ruches, ce qui consiste simplement à retourner les ruches vulgaires pour en retirer des rayons de miel.

QUATRIÈME PARTIE

GÉNÉRALITÉS SUR L'APICULTURE

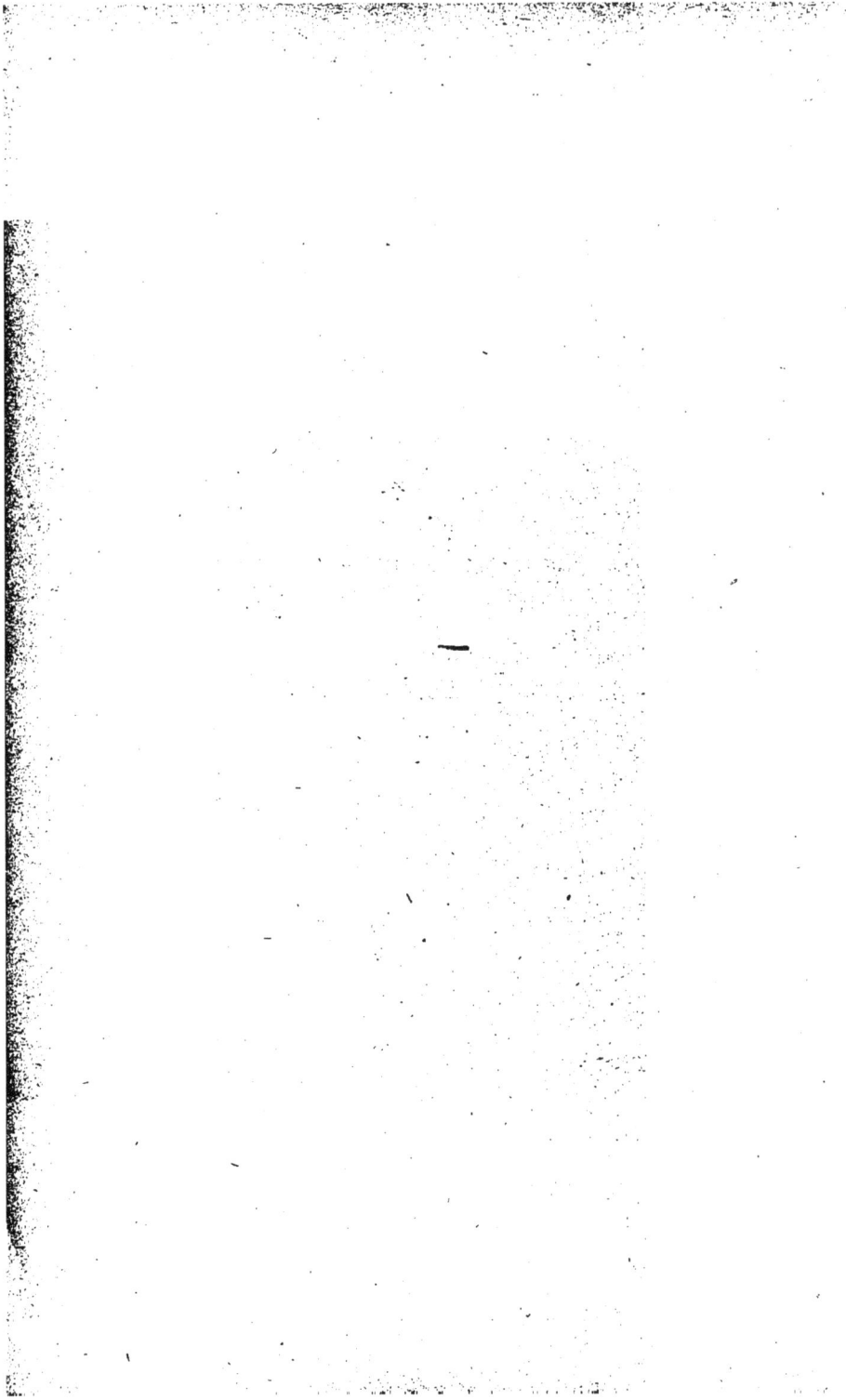

CHAPITRE XVIII

PRINCIPES GÉNÉRAUX ET COMPARAISON
DES MÉTHODES

245. Préliminaires. — Avant de comparer entre
eux les différents procédés qui ont été décrits dans les
chapitres précédents, il est utile de dégager certains
principes généraux, qui sont d'une importance capitale
pour tout apiculteur.

Il faut d'abord distinguer essentiellement les *systèmes
de ruches*, et les *méthodes d'apiculture*.

On peut être bon apiculteur avec n'importe quel système de ruches. On ne peut pas être bon apiculteur avec
n'importe quelle méthode.

Quant à l'outillage, nous avons vu que suivant les
circonstances, et suivant le but qu'on se propose d'atteindre, les trois sortes d'habitations à donner aux abeilles
qui sont reconnues les meilleures sont : les ruches vulgaires à rayons fixes, les ruches à cadres horizontales,
et les ruches à cadres verticales. On a décrit les meilleurs
modèles à adopter pour ces trois catégories.

**246. Principes généraux applicables à tous les
systèmes.** — Quel que soit le système de ruches que l'on
ait adopté, l'apiculteur devra toujours se rapprocher
autant que possible des principes généraux que nous
allons énumérer.

I. — On doit s'assurer qu'une contrée est suffisamment mellifère avant de songer à y établir un rucher de quelque importance.

Cela pourrait sembler évident et inutile à dire, mais c'est un point au contraire sur lequel on ne saurait trop insister ; car un grand nombre de débutants, ou bien ne savent pas reconnaître la valeur mellifère de la contrée, ou encore établissent un rucher sans se préoccuper de cette question. On peut arriver parfois, dans une contrée très médiocre, à conserver un assez grand nombre de ruches, mais elles ne rapportent rien. Surpris de n'avoir pas de bénéfice, le débutant accuse même parfois la méthode qu'on lui a conseillé de suivre, ou le système de ruche qu'on lui a recommandé, alors que l'absence de produits est due tout simplement à la pauvreté de la contrée qu'il habite.

Là où il n'y a pas de nectar sur les plantes, il ne saurait y avoir de miel dans les ruches.

II. — Pour récolter le plus de miel possible, il faut avoir des ruches de grande capacité.

Lorsqu'on cultive les abeilles pour récolter du miel et non pour faire de l'élevage, on doit se trouver dans une contrée suffisamment mellifère ; il y a alors avantage à installer les colonies dans de grandes ruches ; les capacités que nous avons admises pour les trois types de ruches : ruche horizontale, ruche verticale, et ruche à calotte, sont celles qui conviennent ordinairement le mieux. D'ailleurs, les ruches doivent être d'autant plus agrandies que la région est plus mellifère.

Les principaux avantages des grandes ruches sont les suivants :

1° Les abeilles logées dans une grande ruche essaiment moins que dans une petite (1), et l'on sait que la

_____

(1) A moins qu'on n'ait affaire à certaines races d'abeilles qu'on ne peut jamais empêcher d'essaimer.

suppression ou du moins l'atténuation de l'essaimage naturel, est nécessaire pour faciliter la conduite du rucher.

2° La place disponible pour le développement du couvain y étant plus considérable, on peut avoir une population plus forte au moment de la miellée.

3° Les rayons construits, vides de miel, y occupant une surface plus grande au moment de la récolte, les abeilles peuvent y étaler sur une grande étendue, afin de le faire évaporer, le miel aqueux qu'elles viennent de récolter.

III. — Pour récolter le plus de miel possible, il faut avoir des colonies à forte population.

Il ne suffit pas d'avoir une grande ruche, pour que la colonie qu'on y loge, y développe nécessairement une forte population. Cela dépendra surtout de la fécondité de la mère. Quel que soit le système adopté, nous avons vu que les opérations de l'apiculteur doivent toujours tendre à renforcer la population de ses colonies.

Cela tient à ce fait que le travail d'une colonie qui pèse 6 kilogrammes par exemple est beaucoup plus grand que le double du travail effectué par une colonie dont les abeilles ne pèsent que 3 kilogrammes.

IV. — Dans la conduite normale du rucher, on doit éviter le maniement trop fréquent des abeilles.

On a vu qu'il faut conseiller au débutant, pour faire son apprentissage, de manier fréquemment les abeilles; c'est le conseil contraire qu'il faut donner à celui qui est devenu apiculteur. Toute méthode qui parvient, sans nuire à la récolte, à faire le moins d'opérations dans le rucher, est par cela même excellente. C'est qu'en effet, les deux dangers qui sont les plus à craindre, le pillage et la maladie de la loque, auront d'autant plus de chance d'être écartés, qu'on touchera le moins aux abeilles.

On s'approchera de ce but en évitant d'être obligé de faire des réunions de colonies ou de nourrir les ruches, et en laissant les mères se renouveler naturellement.

V. — On doit toujours supposer que la saison prochaine sera la plus mauvaise possible.

Si l'apiculteur a toujours ce principe présent à l'esprit et s'il sait résister à la tentation de trop récolter, il sera sûr d'éviter les déboires qui pourraient aller jusqu'à le faire renoncer à la culture des abeilles.

Pour parer à une mauvaise année, que l'on doit toujours prévoir, et pour éviter tous les inconvénients du nourrissement, on doit avoir à sa disposition des rayons de miel operculé.

S'il s'agit de ruches à cadres, ce sont des cadres à rayons pleins de miel operculé qui constituent cette réserve; s'il s'agit de ruches fixes à calotte, c'est un certain nombre de calottes que l'on a mis de côté dans un but de prévoyance; mais avec ce dernier genre de ruches, cette réserve ne peut servir que pour la nourriture du printemps.

247. Dans quelle proportion il est utile de laisser construire de la cire aux abeilles. — Un des avantages principaux de la ruche à cadres, est de permettre à l'apiculteur d'avoir au moment de la forte miellée une grande quantité de rayons de cire tout construits que les abeilles peuvent rapidement remplir de miel. Grâce à l'extracteur, il peut retirer le miel sans détruire les bâtisses qui sont de nouveau remplies par les abeilles.

Faut-il en déduire qu'on ne laissera jamais les abeilles construire des rayons de cire, et qu'on doive supprimer pour toujours une de leurs fonctions naturelles?

Des expériences nombreuses et précises prouvent qu'au printemps et pendant la grande miellée, il y a avantage, tout en donnant à la colonie beaucoup de rayons construits, à lui laisser un certain nombre de cadres amorcés que les abeilles pourront bâtir quand il leur conviendra.

Une ruche ainsi disposée, toutes choses égales d'ailleurs, donnera autant de miel à la fin de la saison, qu'une autre dont toutes les bâtisses seraient construites au début; et l'on a, en plus, la cire produite par les abeilles.

Tel est le dispositif qui a été indiqué § 161.

248. Protection de la colonie contre les variations de température. — Nous avons vu que, dans l'hivernage, l'absence d'air est plus à craindre que le froid. Cela ne veut pas dire qu'il ne faut pas protéger les abeilles, en hiver, contre le froid, et surtout contre les brusques changements de température.

Ces variations sont encore plus nuisibles au printemps, alors que le couvain est déjà développé dans les ruches, et qu'un soudain refroidissement force les abeilles à se concentrer, et les oblige à abandonner le couvain qui peut, par suite, devenir loqueux.

On a imaginé de construire des ruches à double paroi; ces ruches sont excellentes, mais assez coûteuses et il est prouvé par des expériences comparatives, qu'un simple revêtement de paille donne la même protection qu'une double paroi (1).

C'est aussi dans le but d'éviter la déperdition de chaleur, qu'on avait imaginé dans les ruches à cadres, les planches de partition; nous avons vu (§ 227) qu'il est également prouvé par expérience qu'un rayon de cire construit et vide, s'oppose autant à la déperdition de chaleur

---

(1) Pour plus de détails, voyez G. de Layens, *Nouvelles expériences pratiques d'apiculture*, p. 19 (Paul Dupont, éditeur).

qu'une planche de partition, qui devient désormais une complication inutile.

Il résulte aussi de là qu'il est nuisible de déranger fréquemment les abeilles au printemps, en leur ajoutant successivement des cadres dans chaque ruche comme on le conseillait autrefois. Il y a donc tout avantage à remplir entièrement la ruche avec des cadres construits ou amorcés. Tout en supprimant la planche de partition, on en multiplie l'effet, puisque chaque rayon construit joue le rôle d'une planche de partition.

249. Différentes catégories d'apiculteurs. — Les apiculteurs, suivant les circonstances où ils se trouvent, et suivant le but qu'ils se proposent, peuvent être répartis en plusieurs catégories. Il s'ensuit que les méthodes ou l'outillage que l'on doit conseiller à chacun d'eux ne seront pas toujours les mêmes.

On peut distinguer :

1° Celui dont les occupations absorbent la majeure partie du temps, et pour lequel les abeilles sont un produit accessoire. Tel est le cultivateur, occupé surtout des travaux des champs, et l'apiculteur dont le temps est pris par une fonction déterminée : commerçant, médecin, pharmacien, fonctionnaire, etc. C'est l'*apiculteur rural*.

2° Celui qui veut tirer de la culture des abeilles une ressource assez importante pour en faire son occupation principale. C'est l'*apiculteur de profession*.

3° Celui qui ayant beaucoup de temps à consacrer aux abeilles, s'intéresse plus, pour ainsi dire, aux abeilles elles-mêmes qu'au produit qu'il peut en tirer. C'est l'*apiculteur amateur*.

250. L'apiculteur rural. — Celui qui ne peut pas consacrer beaucoup de temps aux abeilles, doit forcément adopter une méthode qui lui demande peu de sur-

veillance tout en lui fournissant une récolte de miel qui
soit la plus forte possible.

La ruche qui se prête la mieux à cette double fin, est
la ruche à cadres horizontale, en lui appliquant la méthode qui est résumée après le § 170.

Mais il faut pour établir un rucher de ce genre, un capital dont ne dispose pas toujours le petit cultivateur. En
ce cas, qu'il continue à employer les ruches vulgaires,
avec lesquelles il a commencé son apprentissage; il
pourra y ajouter plus tard des ruches à cadres de plus
en plus nombreuses, en prenant l'argent sur le bénéfice
des bonnes années.

Pourquoi ne pas conseiller à ce petit cultivateur de
continuer indéfiniment avec des ruches vulgaires? C'est
parce qu'en réalité, pour bien conduire les ruches vulgaires, il faut plus de temps et plus d'expérience apicole
que pour bien conduire les ruches horizontales.

Pourquoi ne pas conseiller à l'apiculteur rural, les
ruches à cadres verticales? Parce que celles-ci, sans donner plus de récolte que les ruches horizontales, exigeront
une surveillance plus grande, et des soins plus délicats.

251. L'apiculteur de profession. — De trois
choses l'une, et cela dépend surtout de la contrée où l'on
se trouve, l'apiculteur de profession veut produire du
miel extrait, du miel en sections, ou il veut faire de
l'élevage.

1° S'il veut faire du miel extrait, il doit de préférence
prendre des ruches à cadres, car elles lui permettent de
profiter dans une large mesure des époques de grandes
miellées et de récolter, par l'extracteur, un miel plus
pur que celui des ruches vulgaires. S'il dispose de tout
son temps, il pourra prendre indifféremment des ruches
horizontales ou des ruches verticales.

19.

Mais l'apiculteur de profession devant avoir un grand nombre de ruches, il ne devra pas les installer toutes au même endroit. Il est évident qu'il y a un nombre de ruches qu'on ne peut dépasser, si on les place sur un même point, les abeilles trop nombreuses ne pouvant plus donner une récolte suffisante pour chaque ruche. On a reconnu que, dans une contrée suffisamment mellifère, il est prudent de ne pas dépasser le nombre de cinquante colonies ; de plus, le rucher ne devra pas être à proximité d'un important rucher voisin. L'apiculteur de profession se trouve donc ainsi amené à placer ses ruchers à quelques kilomètres les uns des autres (1).

2° Si l'apiculteur de profession se trouve dans une contrée où il a intérêt à faire du miel en sections, il vaut mieux qu'il emploie des ruches verticales, à cadres bas.

3° Si l'apiculteur de profession fait de l'élevage, il sera préférable qu'il se serve de ruches vulgaires à rayons fixes, car c'est sous cette forme que se vendent le plus généralement les ruches toutes peuplées.

S'il était sûr de trouver preneur pour des ruches à cadres peuplées, il pourrait aussi faire de l'élevage avec ce genre de ruches.

252. L'apiculteur amateur. — L'apiculteur amateur, n'ayant pas pour principal objectif le rendement de son rucher, pourra naturellement et sans inconvénient adopter tel système de ruche qui lui plaira ; il pourra aussi se servir de tous les outils accessoires du matériel apicole dont le praticien se passe facilement.

Le meilleur conseil qu'on pourrait lui donner dans l'intérêt de l'apiculture, c'est de consacrer une partie de

(1) Voir à ce sujet G. de Layens, *Conduite d'un rucher isolé* (Paul Dupont, éditeur).

son temps, lorsqu'il sera devenu apiculteur consommé, à établir des expériences bien conduites sur les diverses questions d'apiculture dont la solution nette est encore à trouver.

RÉSUMÉ.

Suivant que celui qui cultive les abeilles est un apiculteur rural, un apiculteur de profession ou un apiculteur amateur, il pourra employer diverses méthodes ou divers systèmes de ruches ; mais tout apiculteur, quel que soit le but qu'il se propose, devra toujours avoir présent à l'esprit les principes suivants :

PRINCIPES GÉNÉRAUX D'APICULTURE

1° Il faut s'assurer que le pays est assez mellifère avant d'y établir des ruches ;

2° Il faut avoir des ruches de grande capacité ;

3° Il faut avoir des colonies à fortes populations ;

4° En dehors de la période d'apprentissage, il faut éviter de manier souvent les abeilles ;

5° On doit diriger son rucher comme si la saison prochaine devait être très mauvaise ;

6° Pour conduire ses abeilles par une méthode régulière, il faut éviter autant que possible l'essaimage naturel ;

7° Il faut donner tous ses soins à l'hivernage en laissant aux abeilles une provision trop forte pour passer la mauvaise saison, et en donnant aux ruches une aération convenable.

Si l'on a suivi ces principes, on aura évité, autant que cela se peut, les inconvénients du nourrissement, le pillage, la maladie de la loque, et si l'on a constitué une *réserve de miel operculé*, on sera à l'abri de ces mauvaises saisons qui peuvent, dans certaines années, causer des désastres irréparables, chez l'apiculteur imprévoyant.

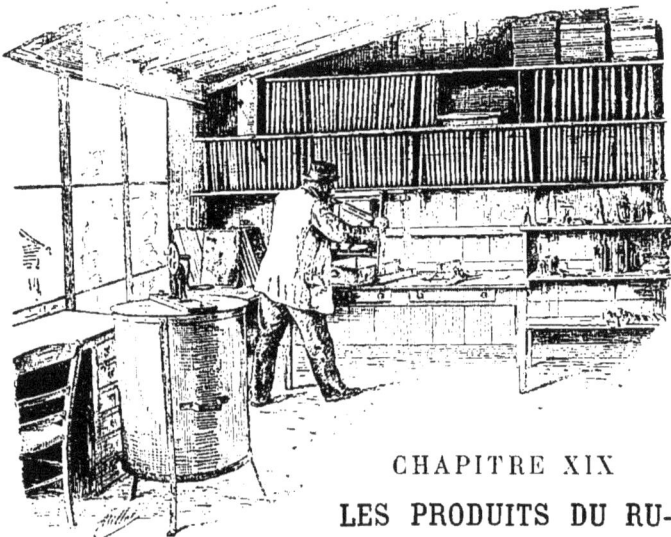

CHAPITRE XIX

LES PRODUITS DU RU-CHER

253. Considérations générales. — Le principal
produit du rucher est naturellement le *miel* qui peut
être vendu sous forme de *miel extrait* ou, plus rarement
en France, de *miel en rayons* (ou sections).

La *cire* malgré son prix élevé, n'est qu'un produit
secondaire, car nous avons vu que l'apiculteur a intérêt
à garder une grande partie des rayons construits pour
les redonner ensuite aux abeilles qui les remplissent de
nouveau.

Enfin, dans certaines contrées, l'apiculteur peut avoir
intérêt à vendre des colonies, c'est-à-dire à faire de
l'élevage.

On doit encore se préoccuper de la forme sous laquelle
on a le plus d'avantages à tirer parti des produits du rucher. C'est ainsi qu'un cultivateur peut vendre tout
simplement un certain nombre de ruches vulgaires; et
de cette façon, il vend à la fois le miel, les abeilles et la

cire, sans se préoccuper d'extraire le miel ou de faire fondre la cire. En général, ce procédé n'est pas le plus avantageux.

C'est le miel extrait qui se vend le plus facilement en France; mais dans certaines régions où la production du miel devient plus considérable, la vente en devient parfois difficile; l'apiculteur a alors intérêt à transformer une partie de son miel en *hydromel* (§ 258), soit pour sa consommation personnelle, soit même pour le vendre sous cette forme.

Quant au miel en sections (§ 191), nous avons vu que pour avoir intérêt à en produire dans notre pays, il faut être assuré d'en trouver le placement à un taux rémunérateur.

Ajoutons que les usages accessoires du miel sont nombreux (§ 276), et que l'on peut fabriquer avec l'hydromel, de l'eau-de-vie (§ 275) et du vinaigre (§ 274), dont la pureté d'origine est certaine.

254. Laboratoire. — Le laboratoire le plus simple de l'apiculteur, est une chambre quelconque dont les portes et les fenêtres peuvent fermer assez hermétiquement pour que les abeilles ne puissent y entrer. Il faut même avoir soin, si cette chambre a une cheminée, d'y placer une toile métallique qui empêche les abeilles de pénétrer par cette issue; en tout cas, cette pièce garnie de tables ou de planches doit être assez vaste pour qu'on puisse y faire toutes les opérations nécessaires. Il est cependant préférable de ne pas prendre pour cet usage une chambre qui aurait en même temps une autre destination.

Cette chambre, quelle qu'elle soit, n'est pas seulement destinée à faire les opérations indiquées, elle doit aussi contenir la provision de miel récoltée, les cadres construits, y compris ceux qui contiennent le miel de réserve, toutes les bâtisses non encore utilisées, la cire à fondre, l'extracteur, et en général tous les outils d'apiculture.

Comme cette salle doit contenir du miel et des rayons à divers états, il est absolument essentiel d'y établir un perpétuel courant d'air afin d'y éviter les moisissures. Le procédé le plus simple pour obtenir ce courant d'air, est de percer dans les murs deux ouvertures opposées, garnies chacune d'une toile métallique afin d'empêcher les abeilles de passer.

On installera dans ce laboratoire des tablettes pour y mettre les cadres construits ou pleins de miel qui seront placés verticalement sur ces tablettes (fig. 208), et maintenues dans le haut, à une petite distance les uns des autres, par des clous enfoncés sous la tablette supérieure.

C'est aussi dans le laboratoire que l'on peut procéder d'une manière très simple au soufrage de tous les rayons ; dans ce cas, on en fermera soigneusement toutes les ouvertures, et on brûlera du soufre dans une terrine au milieu de la pièce.

Le laboratoire pourra être disposé d'une manière plus compliquée, au gré de l'amateur. Citons, par exemple, une disposition très commode qu'on peut facilement établir pour chasser les abeilles qui vont contre les fenêtres. On fait installer des fenêtre à panneau tournant autour d'un axe vertical ou horizontal, placé au milieu de la fenêtre. Quand il y a un certain nombre d'abeilles sur les vitres, on fait faire un demi-tour au panneau de la fenêtre et toutes les abeilles se trouvent dehors.

255. Conservation du miel. — Le miel craint beaucoup l'humidité, et il faut, autant que possible, le conserver dans un endroit sec et bien aéré, à moins qu'il ne soit dans des vases hermétiquement clos.

Un point très important qu'il ne faut pas oublier, c'est

que le miel doit toujours être récolté sur des rayons
qui soient en très grande partie operculés. Si on récol-
tait du miel sur un rayon non operculé, ce miel, contenant
beaucoup plus d'eau que le miel mûr, se conserverait
très difficilement et serait sujet à fermenter.

Au bout d'un certain temps, la plupart des miels commencent à cristalliser ; cette cristallisation débute par
la formation de granules qui donnent bientôt à la
masse une couleur louche. La granulation augmente
peu à peu, tout en laissant entre les granules une portion liquide ; le miel prend une consistance pâteuse,
puis, en général, au bout d'un certain temps, il devient
tout à fait dur.

Dans le cas où le miel qui est resté liquide au-dessus,
aurait pris assez d'eau dans l'air humide, cette partie
supérieure pourrait fermenter ; on peut alors la faire
écouler, et fermer hermétiquement le reste du miel.

Certains miels, même venant d'être operculés, ont une
consistance telle, qu'ils adhèrent fortement aux cellules
qui les contiennent ; nous citerons, par exemple, le miel
de Bruyère, qui ne peut pas être enlevé par l'extracteur.
En ce cas, on est obligé de briser les rayons ou d'en retirer le miel comme on l'a indiqué (§ 167).

Les divers miels cristallisent plus ou moins facilement. Il y a des miels, comme ceux de Colza, qui cristallisent rapidement ; d'autres, au contraire, comme celui de
Sainfoin pur, qui cristallisent plus lentement. En général,
un miel provenant de fleurs variées se trouve dans les
meilleures conditions pour bien cristalliser.

256. Vente du miel. — Le même miel se vendra
d'autant plus facilement que l'acheteur sera plus sûr
de sa provenance, et par suite de sa pureté ; la question
de « confiance » joue un rôle important dans la vente
de ce produit.

Il va sans dire qu'en tout cas, le miel doit être présenté sous une forme attrayante, et avec des étiquettes indiquant de quel rucher il provient.

C'est à cause de cette sécurité de provenance, que dans la vente du miel plus que dans toute autre, il faut éviter autant que possible les intermédiaires.

Un consommateur ou un commerçant paiera souvent plus cher un miel médiocre dont il connaît l'origine qu'un miel supérieur qui lui est offert par un inconnu.

Il est difficile de donner le prix relatif des divers miels, parce que les habitants d'une contrée sont souvent habitués au goût du miel du pays et le préfèrent à tout autre.

257. Principales sortes de miel; composition des miels. — Le miel le plus estimé et qui se vend ordinairement le plus cher, est le miel récolté dans les hautes montagnes; c'est un miel blanc connu dans les Alpes sous le nom de *miel de Chamonix.*

Le miel de Sainfoin est l'un des plus appréciés, dans le Nord et le Centre de la France, par exemple; c'est un miel blanc à grains fins, dont le type est le *miel du Gâtinais.*

Le miel du Midi, tel que celui de Provence et du Languedoc, est très parfumé, trop au goût des gens du Nord; mais il est préféré au contraire par les méridionaux qui aiment moins le miel de Sainfoin. C'est un miel plus ou moins coloré; l'un des plus fins et des meilleurs est connu sous le nom de *miel de Narbonne.*

Le miel de Bruyère est d'une couleur rouge-brun, visqueux et d'un goût généralement peu apprécié; il a une valeur inférieure à celle des précédents. Le type de ce miel est le *miel des Landes.*

Le miel de Sarrasin est d'une couleur analogue, mais il est plus liquide; il est également de qualité inférieure, d'un goût peu agréable ; exemple, le *miel de Bretagne*.

Ces derniers miels, souvent mélangés et connus sous le nom de *miels rouges*, sont principalement employés pour la fabrication du pain d'épices, ce qui leur procure un facile débouché.

Il existe encore beaucoup d'autres sortes de miel moins importants à considérer.

Composition des miels. — Les miels n'ont pas tous la même composition; cela dépend de la nature des diverses substances sucrées recueillies par les abeilles. On trouvera plus loin (§ 297) des indications sur l'analyse des nectars, de la miellée, et sur la transformation du nectar en miel.

En général, le miel operculé contient 25 pour cent d'eau, une forte proportion de glucoses ou sucre de fruit, une proportion plus faible de sucre de canne et une petite quantité de dextrine.

Voici par exemple une analyse de miel récolté presque exclusivement sur le Sainfoin, au moment où il venait d'être operculé :

MIEL DE SAINFOIN

Eau....................................	22,54
Sucre de canne	6,10
Glucoses....	69,26
Dextrine..............................	0,07
Gommes, matières minérales et perte....	2,03
	100,00

Le miel récolté dans les hautes montagnes, renferme une plus forte proportion de sucre de canne; cette proportion peut quelquefois dépasser 10 pour cent du poids du miel operculé.

Au contraire, certains miels comme le miel de Bruyère ne contiennent presque que des glucoses; certains miels ont une proportion notable de dextrine, et pour les miels recueillis sur la miellée des arbres, la dextrine peut atteindre 5 pour cent du poids du miel operculé.

Voici, d'ailleurs, un certain nombre d'analyses de miel qui ont été données par M. Gayon (1) professeur à la Faculté des sciences de Bordeaux :

PROVENANCE	POUR 100 DE MATIÈRES SUCRÉES		
	Sucre de Canne	Glucose	Dextrine
Eure	8,00	66,60	0,10
Lot-et-Garonne..............	5,02	71,00	0,06
Vendée.....................	2,14	73,50	1,03
Gironde....................	12,92	61,00	0,20
Aisne............	»	78,10	7,29
Suisse.....................	5,60	67,60	4,32
Amérique....................	7,69	71,40	0,45

258. Hydromel. — L'*hydromel* ou *vin de miel* est la boisson alcoolique qu'on obtient en faisant fermenter du miel mis dans une certaine quantité d'eau; c'est la boisson des slaves. En Russie, en Dalmatie, en Pologne, par exemple, on sait fabriquer d'excellent hydromel.

L'intérêt de cette fabrication tient surtout à ce fait que dans certaines régions où le miel est produit en grande quantité, on en trouve difficilement la vente. Dans ce cas, l'apiculteur a tout intérêt à fabriquer, au moins pour l'usage de sa famille, une excellente boisson qui peut rivaliser avec les meilleurs vins blancs, ou avec les vins d'Espagne. Au prix moyen du miel, un litre d'hydromel marquant 13° à 17° d'alcool peut revenir environ au prix de 0 fr. 30 à 0 fr. 50 le litre. On conviendra que c'est là un prix très rémunérateür, d'autant plus

(1) Voyez l'*Apiculteur*, 1892, page 298.

que beaucoup de miels inférieurs peuvent donner de très bons hydromels.

La question de savoir si l'on peut fabriquer de l'hydromel pour le vendre, commence seulement à être soulevée, et c'est sans doute la solution positive de cette question qui donnera un grand développement à l'apiculture de l'avenir.

259. Hydromels mal fabriqués. — En France, et particulièrement dans le Nord, on connait sous le nom d'hydromel une boisson liquoreuse qui ne possède aucune des qualités propres à faire apprécier le vin de miel.

On a d'ailleurs donné un grand nombre de formules pour cette fabrication, et souvent aussi on recommande une formule particulière, sans aucune méthode rationnelle ; c'est ce qui explique pourquoi beaucoup d'apiculteurs ne réussissent pas à faire de bon hydromel. On trouvera § 262 un procédé très simple qui permet de fabriquer avec sécurité un hydromel ayant les meilleures qualités, à condition que l'on suive ce procédé sans y rien changer.

260. Force alcoolique d'un bon hydromel. — La première qualité d'un bon hydromel est d'être très fort en alcool, c'est-à-dire de marquer 15° à 17°. En effet, les hydromels forts ont l'avantage de se conserver indéfiniment ; en vieillissant, ils peuvent rivaliser avec les meilleurs vins, et ce sont ceux qui sont les mieux appréciés des dégustateurs.

Les hydromels faibles n'ont pas ces qualités.

Mais un hydromel fort supporte parfaitement l'eau, bien mieux que n'importe quel vin blanc ; on peut donc se servir d'un hydromel fort comme boisson courante en le buvant avec une suffisante quantité d'eau.

Un bon hydromel fort qui a suffisamment vieilli n'a plus aucun goût qui rappelle le miel.

261. Arome et couleur de l'hydromel. — De même que la qualité des miels varie suivant l'arome des fleurs, le goût de l'hydromel varie suivant les miels employés pour sa fabrication. On peut donc dire qu'il y a différents crus d'hydromels comme il y a différents crus de vins.

L'hydromel, provenant d'un miel coloré, perd le goût du miel moins rapidement que celui qui provient de miel blanc, mais, en vieillissant, il est souvent supérieur sous le rapport de l'arome.

Ainsi, l'hydromel dans lequel on fait entrer, par exemple, une certaine quantité de miel de Bruyère devient remarquablement bon avec l'âge, et ne le cède en rien à certains vins d'Espagne. Du reste, pour le choix des miels, il n'y a que l'expérience qui puisse guider l'apiculteur.

Le vin blanc, sans coloration aucune, ne plaît généralement pas ; il est donc nécessaire, non seulement de satisfaire le palais, mais encore de flatter l'œil du consommateur. Si l'hydromel est blanc, on devra le colorer légèrement à l'aide de sirop de caramel. On trouve partout, dans le commerce, ce sirop qui sert à colorer les eaux-de-vie communes. Il suffit d'en mettre dans le tonneau, au moment de la fermentation, environ la valeur d'un petit verre à bordeaux par hectolitre, pour donner au liquide une belle couleur dorée.

262. Méthode générale de fabrication. — Dans un tonneau de 100 litres par exemple, on verse 25 litres de miel qui équivalent environ à 37 kilogrammes (1); puis on verse dans le tonneau 74 litres d'eau.

(1) Si l'on emploie du miel cristallisé, on aura préalablement placé les vases qui le contiennent devant le feu pour le faire fondre.

Il ne faudra pas remplir le tonneau exactement, parce que la première fermentation ferait sortir le liquide ; on laissera ainsi un vide d'environ un litre. On met ensuite dans le tonneau 50 grammes d'acide tartrique qui sert à activer la fermentation et *10 grammes de sous-nitrate de bismuth qui sert à empêcher les fermentations secondaires, ce qui est un point capital;* ces produits se trouvent dans toutes les pharmacies.

Enfin, on prend dans une ruche un rayon contenant du pollen de l'année et on en met dans le tonneau environ 50 grammes, en ayant bien soin de délayer d'avance le pollen avec un peu de liquide pris dans le tonneau (1); le pollen sert à fournir à la fermentation un élément azoté nutritif. A l'aide d'un bâton, on agite le liquide afin de bien mélanger le tout.

Les trois produits dont on vient de parler sont nécessaires à la bonne réussite de l'opération.

Il ne reste plus alors qu'à placer sur le trou de bonde un linge imbibé d'eau et, par-dessus, du sable mouillé bien tassé.

On reconnaît que la fermentation est apaisée lorsqu'en appliquant l'oreille sur le tonneau, on n'entend plus de crépitement; on remplace alors le sable par la bonde.

Dès lors, on n'a plus à s'occuper de l'hydromel, jusqu'au moment de sa mise en bouteilles (Voyez § 266).

Si l'on goûte de temps en temps l'hydromel qui est en voie de fabrication, on lui trouvera parfois, vers la fin de la fermentation, un goût légèrement amer. On ne devra pas s'en inquiéter ; ce goût disparaîtra de lui-même, avec le temps.

On peut résumer ainsi ce procédé très simple :

(1) Cette proportion est approximative et il n'y a pas d'inconvénient à ce que des débris de cire se trouvent mêlés au pollen qu'on ajoute.

FORMULE GÉNÉRALE

Eau... .... 75 litres.
Miel....... .... 25 litres (environ 37 kilogrammes).
Acide tartrique..... 50 grammes.
Bismuth..... ...... 10 grammes.
Pollen frais........ . 50 grammes.

Lorsqu'on fait de l'hydromel avec du miel provenant de ruches vulgaires, il peut devenir d'excellente qualité. La fermentation en est très régulière grâce au pollen que contenait ce miel grossièrement préparé. Lorsqu'on n'a pas de pollen à sa disposition, on ajoutera au miel d'extracteur du miel de ruches vulgaires.

Tableau indiquant les diverses proportions d'eau, de miel, etc., pour fabriquer de l'hydromel dans des récipients de capacité quelconque (1) :

Tonneau (litres)............	1 »	2 »	4 »	5 »	10 »	20 »	40 »	50 »	100
Vide à laisser (litres)........	0 01	0 02	0 04	0 05	0 10	0 20	0 40	0 50	1
Eau de source (litres)........	0 74	1 48	2 96	3 70	7 40	14 80	29 60	37 »	74
Miel (en litres)	0 25	0 50	1 »	1 25	2 50	5 »	10 »	12 50	25
ou									
Miel (en kilogrammes)	0 37	0 74	1 48	1 85	3 70	7 40	14 80	18 50	37
Ac. tartrique (gr.)(en poudre).	0 05	1 »	2 »	2 05	5 »	10 »	20 »	25 »	50
Pollen frais (grammes).......	0 05	1 »	2 »	2 05	5 »	10 »	20 »	25. »	50
Sous-nitrate de bismuth en poudre (grammes).........	0 01	0 02	0 04	0 05	1 »	2 »	4 »	5 »	10

263. Glucomètre Guyot.

— Le glucomètre est un instrument destiné à mesurer le degré alcoolique que doit fournir un liquide sucré après sa transformation en boisson alcoolique. Pour mesurer ce degré, on fait flotter le glucomètre dans un verre contenant le liquide sucré, puis on regarde le degré indiqué par l'instrument au niveau de la flottaison sur l'échelle désignée sous le nom de : *alcool à produire.*

La figure 209 montre une éprouvette remplie de liquide sucré, et l'instrument flottant dans le liquide; si l'on voit

(1) Ce tableau est extrait du travail suivant; *La pratique de l'hydromel sec et liquoreux* par M. Du Chatelle, Président de la Société d'Apiculture de l'Est (*Bulletin de la Fédération*, 1896, p. 19).

que le glucomètre marque 14° au niveau *n* du liquide, cela
veut dire que ce liquide sucré après
sa fermentation fournira une boisson ayant 14° d'alcool.

Le glucomètre peut donc servir
pour reconnaître à l'avance quel
sera le degré de l'hydromel qu'on
fabrique. Il suffit de le plonger dans
le mélange d'eau et de miel préparé ; son usage est indispensable
pour trouver la quantité de miel
qu'il faut ajouter aux eaux de lavage afin d'obtenir l'hydromel de la
force alcoolique que l'on désire ;
cet instrument est utile encore pour
l'amélioration du vin par le miel
(§ 270) et pour le vin ou le cidre
hydromellisés (§§ 271 et 273).

264. Utilisation des eaux de lavage dans la fabrication de l'hydromel.

— Après la récolte,
on jette dans un baquet les opercules chargés de miel qui ont été
précédemment égouttés sur des
tamis ; on y ajoute de l'eau, puis on
les mélange bien avec l'eau afin
d'en séparer tout le miel. A mesure
que la cire des opercules monte à la
surface, on en fait avec les mains des
boules qui seront utilisées plus tard
pour la fabrication de la cire (§ 277).

Fig. 209. — Glucomètre
Guyot ; *n*, niveau du liquide,

On joint ensuite à ces eaux, déjà
chargées de miel, celles provenant du lavage de tous
les instruments qui ont servi pendant l'extraction.

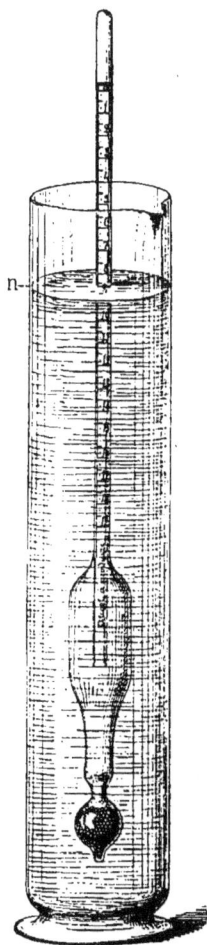

On doit utiliser les eaux de lavage à la fabrication de l'hydromel le plus tôt possible, car si la température est élevée, et le liquide trop peu sucré, la fermentation pourrait s'y établir rapidement et le rendre acide. Dans le cas où on aurait attendu trop longtemps, ces eaux ne serviront plus à faire l'hydromel, car ce dernier pourrait tourner au vinaigre après la fermentation.

Lorsqu'on possède ainsi des eaux miellées, on y fait flotter le glucomètre. Supposons par exemple que l'instrument marque 5°; on devra alors faire dissoudre dans le liquide une suffisante quantité de miel pour y amener le glucomètre à marquer 17° (1). On verse ce liquide dans un tonneau; mais ce tonneau n'est pas rempli; il faut y ajouter un mélange de miel et d'eau contenant la même proportion de miel.

Par une simple règle de trois, on trouve facilement la quantité de miel et d'eau à ajouter aux eaux miellées déjà versées dans le tonneau et qui ne le remplissent pas.

Si on a par exemple un tonneau de 100 litres dans lequel on a déjà versé 35 litres d'eau miellée marquant 17° au glucomètre, il reste un vide à remplir de 64 litres, car on laisse toujours, comme on l'a vu, un litre de vide environ.

Il est facile de calculer la quantité de miel et d'eau à ajouter pour remplir le tonneau.

Si dans 100 litres d'eau il y a 35 litres de miel il en faudra :

$$\frac{35}{100} \times 64 = 22 \text{ litres, } 40.$$

Il faut donc faire un mélange de $64 - 22,40 = 41^{\text{lit}},60$

---

(1) Le nombre de degrés n'est jamais absolument précis, car tous les miels ne se ressemblent pas; mais, en pratique, le nombre indiqué suffit pour savoir à peu de chose près le degré alcoolique que possédera l'hydromel.

d'eau èt de 22^{lit},40 de miel que l'on devra ajouter au tonneau.

265. Temps nécessaire à la fermentation. — La fermentation est plus ou moins rapide suivant que la température est plus ou moins élevée. En été ou au printemps, on doit placer les tonneaux dehors, au soleil ; en hiver, dans une cave, un cellier, une cuisine, etc.; mais jamais dans une pièce où il y a eu du vinaigre.

Souvent, on fabrique l'hydromel après la récolte du miel afin d'utiliser les eaux chargées de miel provenant du lavage des opercules ; dans ce cas, la fermentation a lieu lentement pendant l'hiver dans la cave, et s'achève pendant l'été, au soleil.

Par suite de la fermentation, le liquide baisse un peu dans le tonneau ; on a conseillé souvent de remplir au fur et à mesure ce vide par l'addition d'eau miellée ; cela n'a aucun avantage.

Lorsque l'on n'entend plus pétiller le liquide, on remplit en une seule fois le vide avec de l'hydromel fait, ou même avec de l'eau ; puis on ferme l'orifice avec la bonde. On n'a plus alors à s'occuper de l'hydromel jusqu'à l'époque où on le mettra en bouteilles. En tout cas, il ne faut pas le transvaser d'un tonneau dans un autre.

L'hydromel fabriqué au printemps pourra être achevé en cinq ou six mois ; celui fabriqué après la récolte et qu'on laisse dans une cave mettra beaucoup plus longtemps à terminer sa fermentation.

En général, quand la fermentation est terminée, c'est-à-dire quand le glucomètre marque une division voisine de 0°, l'hydromel est encore trouble.

Entre l'époque où l'hydromel a terminé sa fermentation et celle où il devient clair, il peut s'écouler un temps très long, six mois ou même plus d'un an ; cela dépend

20

de la nature des miels et d'autres causes encore qu'il n'est pas actuellement possible de déterminer.

Le mieux est d'attendre qu'il s'éclaircisse de lui-même, car il n'acquiert de qualité qu'en vieillissant. En général, l'hydromel s'éclaircit plus vite en hiver qu'en été.

Pas plus que pour les vins, il n'existe de procédé de fabrication qui permette à l'hydromel d'avoir les qualités que lui donne l'âge. Il est donc inutile de se presser de le mettre en bouteilles.

En somme, un hydromel jeune est inférieur à un bon vin jeune, tandis qu'un hydromel vieux est comparable à un très bon vin vieux.

266. Collage de l'hydromel et mise en bouteilles. — Des tonneaux et de leur entretien. — On vient de voir que, lorsque la fermentation est terminée, le meilleur est d'attendre que le trouble disparaisse de lui-même.

Toutefois, si dans certaines circonstances, ce trouble semblait persister indéfiniment, on pourrait tenter de hâter la clarification par le collage.

On colle l'hydromel avec des blancs d'œuf comme le vin. Après le collage, on devra attendre, avant la mise en bouteilles, que le liquide soit parfaitement clair.

Dans le cas où l'hydromel resterait trouble après le collage, c'est en général simplement parce qu'on a collé trop tôt; si cela se produit, on n'aura qu'à recommencer plus tard.

Les tonneaux sont mis à la cave en hiver et, comme nous l'avons dit, en aucun cas, on ne soutire l'hydromel.

La mise en bouteilles se fait comme à l'ordinaire; mais comme l'hydromel travaille souvent encore, il sera prudent de laisser les bouteilles debout pendant un certain temps. Si l'hydromel est encore légèrement sucré, on

pourra faire de l'hydromel mousseux ; on se servira de
bouteilles de champagne, les seules qui résistent à une
forte pression, et après avoir consolidé les bouchons à
l'aide de fil de fer, on pourra coucher ces bouteilles.

Tous les tonneaux, excepté ceux qui ont contenu du
vinaigre ou du cidre, peuvent servir à fabriquer l'hydromel. Mais il est bien entendu que ces tonneaux ne doivent avoir aucun mauvais goût. Trop souvent, dans les
compagnes, on se sert de tonneaux en mauvais état ;
l'hydromel possède alors un goût de fût qu'il n'est pas
possible de faire disparaître.

Ce qui est important, c'est de conserver indéfiniment
les tonneaux en bon état de la manière suivante : Après
avoir mis l'hydromel en bouteilles, on doit d'abord rincer
les tonneaux à plusieurs eaux, puis laisser sécher le
tonneau, sous un hangar par exemple, en le renversant,
l'ouverture de la bonde en bas, et en enlevant la cannelle ;
de cette façon, il s'établit entre la bonde ouverte et le
trou de la canelle un courant d'air qui sèche le tonneau ;
lorsque ce dernier est bien sec, on fait brûler dans son
intérieur une mèche de soufre, on ferme ensuite la bonde
et le trou de la cannelle. En cet état, on le remet à la
cave où il se conserve.

267. Liquomètre. — On trouve dans le commerce,
sous le nom de *liquomètre*, un instrument très simple
destiné à déterminer la richesse alcoolique d'un liquide.
En voici la description sommaire, qu'il sera facile de
comprendre à l'aide de la figure 210 :

Supposons que l'on désire trouver le degré alcoolique
d'un hydromel. On verse dans un verre une certaine
quantité d'hydromel ; ensuite, on fait passer à travers la
petite planchette *s* le tube divisé *t* ; on pose la planchette sur le verre, puis on fait descendre le tube jusqu'à
ce qu'il vienne toucher le niveau de l'hydromel (l'extré-

mité du tube ne doit qu'affleurer le liquide). On aspire
alors l'hydromel jusqu'à ce qu'il touche les lèvres, puis
on laisse redescendre le liquide qui s'arrête à une des divisions du tube. Cette division indique le degré alcoolique.

Si, par exemple, le liquide s'est arrêté à la 16° division que l'on compte à partir du 0 qui se trouve dans le haut du tube, cela veut dire que l'hydromel possède 16 degrés d'alcool (1).

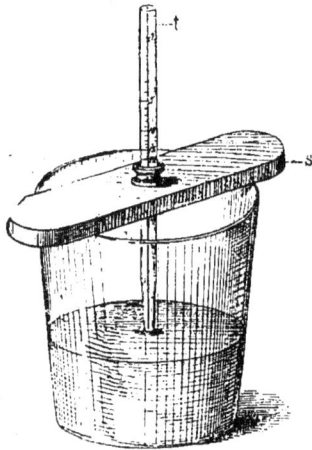

Fig. 210. — Liquomètre.

268. Hydromels plus ou moins sucrés. —

Tout ce que nous avons dit précédemment s'applique à l'*hydromel sec*, c'est-à-dire arrivant à n'avoir aucun goût de sucre. On peut aussi obtenir de l'hydromel conservant longtemps un léger goût sucré, lorsqu'on l'a mis en bouteille avant qu'il soit complètement dépourvu de cette saveur sucrée. Certaines personnes préfèrent ce genre d'hydromel à celui qui est tout à fait sec.

Hydromel liquoreux. — On désigne sous le nom d'*hydromel liquoreux* celui qui contient encore une certaine quantité de miel non fermenté.

Lorsqu'on voudra faire de l'hydromel liquoreux, on mettra dans l'eau la proportion de miel voulu pour que le glucomètre indique de 19° à 20°; la fermentation

(1) On trouve cet appareil, avec l'instruction nécessaire, chez M. Broussard, constructeur, 29, quai de l'Horloge, à Paris. Le même constructeur fabrique aussi les glucomètres Guyot.

s'arrêtant avant ce degré, l'hydromel restera forcément liquoreux.

269. Composition des hydromels. — L'hydromel a une composition variable, non seulement suivant le miel dont il provient, mais aussi suivant la manière dont il est fabriqué. D'une manière générale, l'hydromel a une composition chimique différente de celle du vin, Il contient de la dextrine, moins de tanin, moins de substances minérales, et celles-ci sont moins alcalines. De plus, si on l'examine au saccharimètre, la lumière est déviée à droite par les hydromels, tandis qu'elle est déviée à gauche par les vins.

Voici, d'après M. Gayon (1), l'analyse de divers hydromels :

Analyses d'hydromels faites en 1892

	HYDROMELS DE L'ANNÉE :			
	1886	1887	1889	1891
Degrés alcooliques............	12°,9	13°,7	13°,4	13°,4
Matières sèches extraites, par litre...................	43gr,75	51gr,50	46gr,50	110gr,50
Glucoses...................	12gr,20	21gr,27	4gr,70	72gr,50
Dextrine...............	11gr,61	8gr,73	1gr,90	7gr,30
Cendres.......	0gr,75	0gr,90	0gr,10	0gr,65
Tanin	0gr,20	»	0gr,23	0gr,30

270. Amélioration du vin par le miel. — Dans les contrées où les vignobles ne sont pas éloignés de la limite de culture de la vigne, soit vers le Nord, soit à une certaine altitude dans les montagnes, il arrive sou-

(1) Voyez l'*Apiculteur*, 1892, page 297.

vent que le raisin n'est pas assez sucré pour donner un
vin suffisamment alcoolique.

On peut le savoir à l'avance en employant le glucomètre Guyot (§ 263). Si par exemple le glucomètre, plongé
dans le jus de raisin, indique que le vin n'aura que 5°,5
et qu'on veuille obtenir du vin à 10°, on pourra opérer
de la manière suivante :

Un litre de jus de raisin est versé dans un récipient,
et on y plonge le glucomètre. Si l'on a par exemple
500 grammes de miel fondu, on en versera peu à peu
dans le jus de raisin, en mélangeant bien le tout jusqu'à
ce que le glucomètre indique 10°. En pesant alors la
quantité de miel qui reste, on voit par exemple qu'il ne
reste plus que 450 grammes ; c'est donc qu'il faut ajouter
50 grammes de ce miel par litre pour transformer le
vin à 5°,5 en un vin à 10°. Le mélange de jus de vin et
de miel se fait avant la fermentation.

On peut dire qu'en général on doit ajouter 23 grammes de miel par litre de jus pour obtenir dans le vin
une augmentation de 1° en alcool.

271. Vin hydromellisé. — On désigne sous le nom
de *vin hydromellisé* du vin auquel on ajoute, avant la fermentation, de l'eau et du miel ; de cette façon, on augmente en même temps le titre alcoolique et la quantité
totale.

Supposons par exemple qu'on veuille à la fois doubler
la récolte et avoir du vin à 10°, au lieu d'un vin à 6°
qu'aurait donné le moût naturel. On ajoute autant de
litres d'eau qu'il y a de litres de jus, ce qui donnera
une quantité double de jus, mais à 3° seulement.

Puis on ajoute, par litre, autant de fois 23 grammes
de miel qu'il y a de degrés de différence entre le nombre de degrés du jus mélangé d'eau et le nombre de
degrés que l'on veut obtenir.

Dans l'exemple actuel cela fait $10 - 3 = 7$, soit 23 grammes $\times 7 = 161$ grammes de miel par litre.

Par ce procédé, qui donne en général d'excellents résultats, on aura en somme fabriqué ensemble du vin amélioré et de l'hydromel, et on obtiendra un vin hydromellisé au degré que l'on veut (1).

272. Vin de seconde cuvée. — On peut remplacer le sucre par le miel dans la fabrication du vin de seconde cuvée.

Cela revient à fabriquer de l'hydromel en remplaçant simplement l'acide tartrique par tout le marc qui reste après le pressurage du premier vin.

La quantité d'eau totale qu'on emploiera sera par exemple égale à la quantité de jus du premier pressurage.

273. Cidre hydromellisé. — Dans les pays de cidre, on peut obtenir une amélioration du cidre, et avoir ainsi du *cidre hydromellisé*, en opérant d'une manière analogue à la précédente.

274. Vinaigre de miel. — On peut faire très facilement avec du miel et de l'eau un excellent vinaigre dont l'origine est certaine, et qu'on devra employer de

---

(1) La meilleure méthode pour obtenir rapidement du vin hydromellisé a été donnée par M. Godon (*L'Apiculteur*, 1896, p. 47). Dans un fût de 550 litres, défoncé par un bout, on verse 25 à 30 kilogrammes de raisin frais ; après l'avoir écrasé, on fait fondre du miel dans de l'eau et on verse cette eau miellée sur le raisin. La proportion est de 400 grammes de miel par litre d'eau pour obtenir 16° à 17° d'alcool ; elle est de 220 à 300 grammes de miel par litre d'eau pour obtenir 10° à 12°. Il reste dans le tonneau un vide d'environ 50 litres. On recouvre l'ouverture du tonneau d'un linge. Matin et soir, on foule le marc avec un pilon, et vers la fin de la fermentation, qui peut durer de 10 à 15 jours, on soutire le liquide et on le reverse par-dessus.

préférence au liquide parfois frelaté ou dangereux que l'on vend dans le commerce sous le nom de vinaigre.

Voici le procédé :

On remplit aux trois quarts un tonneau avec un mélange d'eau et de miel contenant 10 p. 100 de miel. On ferme la bonde par une tuile ou une pierre qui permet le passage de l'air, et on place le tout dans un endroit chaud ou au soleil. Huit ou dix mois après, le vinaigre est bon à consommer.

Il ne faut jamais mettre ce tonneau dans une cave où se trouve des tonneaux de vin ou d'hydromel, car le ferment acétique pourrait s'y communiquer et les faire tourner. Il ne faudra jamais non plus se servir du tonneau ayant contenu le vinaigre pour y mettre de l'hydromel ou du vin.

On pourrait abréger la fabrication de ce vinaigre en semant dans le tonneau, après la grande fermentation, ce qu'on appelle vulgairement « une mère du vinaigre » (1).

A mesure qu'on soutire le vinaigre du tonneau, on le remplace par de l'hydromel plus ou moins étendu d'eau.

275. Eau-de-vie de miel. — On peut fabriquer par la distillation de l'hydromel une excellente *eau-de-vie* ; c'est encore un moyen d'obtenir un produit dont on connaît l'origine ; mais cette fabrication ne peut être faite en général dans un but commercial et se trouve limitée à la consommation personnelle ou à celle de certains amateurs.

En effet, pour faire un litre d'eau-de-vie à 50°, il faut employer 1ᵏᵍ,300 de miel. En supposant le miel valant 1 franc le kilogramme et en tenant compte du prix de

_____

(1) Une mère du vinaigre ou mycoderme est une sorte de pellicule qui contient la bactérie (*Micrococcus aceti*) qui transforme l'hydromel faible en vinaigre.

fabrication, le litre d'eau-de-vie reviendrait au moins à 1 fr. 60.

Ce qui est plus pratique dans ce qui précède, c'est que l'apiculteur aura surtout avantage à utiliser du mauvais miel ou des résidus sans valeur pour faire un hydromel qu'il pourra distiller afin d'avoir quelques litres d'une bonne eau-de-vie naturelle.

276. Usages du miel. — Il existe un très grand nombre de recettes dans lesquelles figure le miel.

Pour les liqueurs, boissons variées, confitures et mets divers, on peut presque dire que toutes les recettes de ménage et de cuisine où se trouve le sucre peuvent être reproduites en remplaçant le sucre par du bon miel.

Le miel est aussi un excellent médicament contre la toux et les maux de gorge, ainsi que contre certaines maladies d'estomac. Il entre dans la fabrication de plusieurs onguents, et le miel inférieur est employé dans la médecine vétérinaire.

Enfin une grande quantité de miel et particulièrement le *miel rouge* (§ 257) est usitée pour la fabrication du pain d'épices (1).

277. Fabrication de la cire. — Lorsqu'on veut extraire la cire de vieux rayons ou celle qui provient de la désoperculation des rayons, sans se servir d'un outillage compliqué et coûteux, on emploiera le procédé suivant :

A la partie inférieure d'un chaudron, on fait adapter un robinet. Le chaudron doit être placé sur un trépied suffisamment haut pour qu'un arrosoir soit facilement placé sous le robinet (fig. 211).

(1) On trouvera de nombreuses recettes culinaires et médicales dans les brochures suivantes : Dennler, *Le miel et son usage;* Voirnot, *Le miel des abeilles.*

La chaudière, remplie aux deux tiers d'eau, est ensuite placée sur le feu; lorsque l'eau bout, on y ajoute les rayons, puis, à l'aide d'un bâton, on brasse le tout jusqu'à ce que la cire soit entièrement fondue (1).

Lorsque la cire est fondue, on soutire par le robinet l'eau bouillante dans l'arrosoir. A l'aide d'une passoire de cuisine on puise dans la chaudière une certaine quan-

Fig. 211. — Fabrication simplifiée de la cire.

tité de marc mélangé de cire et d'eau, et tandis que d'une main on soutient cette passoire au-dessus de la chaudière, de l'autre on y verse toute l'eau bouillante contenue dans l'arrosoir; cette eau entraîne la cire avec elle et il ne reste dans la passoire que du marc que l'on jette. On recommence cette opération jusqu'à ce que tout le marc du chaudron soit épuisé.

(1) On doit avoir soin de ne pas mettre trop de rayons à la fois, et de diminuer le feu lorsque tout est en ébullition, de crainte que la cire en fusion ne déborde de la chaudière, car elle est inflammable. On disposera le feu de façon à ce qu'il ne chauffe que le dessous de la chaudière.

A ce moment, on fait fondre une nouvelle quantité de rayons et on recommence l'opération.

Lorsqu'on à fini, on retire la chaudière du feu et on l'entoure de paille ou de foin en la couvrant aussi de couvertures afin que le refroidissement se faisant très lentement, la cire s'épure.

C'est par ce procédé que l'on obtient le plus facilement de la cire pure.

278. Cérificateur solaire. — Un autre procédé pour fondre la cire consiste dans l'emploi du *cérificateur solaire* appelé aussi *purificateur*.

Fig. 212. — Cérificateur solaire : V, vitre ; T, toile métallique.

Ce procédé est le meilleur pour la cire provenant des rayons désoperculés, mais les très vieux rayons fondent difficilement dans cet appareil.

Le cérificateur se compose d'une sorte de pupitre vitré (V, fig. 212) contenant une toile métallique placée au-dessus d'un récipient en fer-blanc. La cire est posée sur la toile métallique (T, fig. 212), et l'appareil étant bien exposé au soleil, la cire fond et passe au travers de la toile pour tomber dans le récipient.

279. Fabrication de la cire en grand. — La fabrication de la cire en grand constitue un art spécial qui ne saurait être décrit dans cet ouvrage. Cette fabrication

exige un matériel qui coûte fort cher : presse à extraire
la cire, chaudière, épurateur, moules, etc. ; de plus, les
opérations nécessaires pour obtenir de la cire parfaitement épurée sont assez compliquées et demandent un
long apprentissage.

S'il se trouve par hasard que l'apiculteur possède une
grande quantité de cire, il sera plus simple qu'il la
vende à un cirier que de la fondre lui-même.

280. Fabrication de la cire gaufrée par l'api-culteur.

— Le *gaufrier Rietsch*, du nom de son inventeur, est une sorte de presse qui permet de fabriquer soi-
même les rayons gaufrés.

L'usage de ce gaufrier offre l'avantage que l'on est
sûr de la pureté de la cire qu'on emploie, mais il n'est
pas possible d'obtenir avec cet instrument des feuilles de
cire gaufrée aussi minces que celles qu'on achète et qui
sont faites avec une machine à cylindres. De plus, il faut
un apprentissage spécial pour obtenir de cet instrument
tout ce qu'il peut rendre.

281. Reconnaître si la cire est falsifiée.

— Il y
a souvent dans le commerce de la cire falsifiée et en particulier de la cire gaufrée falsifiée, ce qui peut offrir les
plus grands inconvénients. Voici un moyen très simple
pour reconnaître approximativement si la cire est pure.

On fond dans de petits tubes en papier, d'une part un
bâton de cire dont la pureté est certaine, par exemple de
la cire prise dans une bâtisse construite sans cire gaufrée, d'autre part un petit bâton semblable de la cire à
essayer. On place les deux bâtons dans deux flacons ou
dans deux tubes que l'on remplit de benzine et que l'on
bouche. La cire pure se dissoudra très bien dans la benzine, si on secoue de temps en temps le tube, tandis qu'en
général la cire falsifiée laissera des morceaux non dissous

ou incomplètement attaqués par la benzine, même si l'on secoue.

Voici un autre procédé qui donne plus de certitude à l'analyse et dû à M. Armand Gaille, pharmacien. Cette méthode est la plus simple de toutes celles qui donnent des résultats certains :

« Le matériel nécessaire à cette analyse consiste en un très petit entonnoir en verre, quelques éprouvettes pouvant contenir chacune environ 50 centimètres cubes (1/2 décilitre), quelques petits filtres en papier, du papier de tournesol rouge, un petit flacon d'ammoniaque liquide, de l'essence de térébenthine, et enfin de l'alcool à 90 ou 95 degrés. Le tout peut revenir à 2 ou 3 francs.

« On fait trois essais successifs :

1º *Essai du poids spécifique.* — On mélange dans un grand verre ordinaire une partie d'alcool avec deux parties d'eau. On jette dans le mélange un petit morceau de cire (de la valeur d'un pois) dont on connaît le poids absolu : on le reprend, on le presse tout mouillé à plusieurs reprises entre les doigts et on le remet dans le liquide. On ajoute ensuite peu à peu, en remuant constamment, de l'eau, jusqu'à ce que le morceau de cire flotte sans tomber au fond ni atteindre la surface, si ce n'est avec une grande lenteur. Prenant alors un morceau de la cire à analyser, on le place dans le liquide, après l'avoir pressé comme il est dit ci-dessus ; s'il tombe au fond du verre avec quelque rapidité, ou s'il remonte assez vivement à la surface lorsqu'on l'enfonce, la cire est évidemment falsifiée. Si ce morceau de cire suspecte se comporte au contraire comme de la cire pure, il peut être exempt de tout mélange, mais on ne saurait l'affirmer qu'après avoir fait les essais suivants. En effet, si le falsificateur a eu soin de prendre des substances plus légères, et d'autres plus pesantes que la cire, le produit peut parfaitement avoir le même poids spécifique que la cire la plus pure.

21

2° *Solution dans l'essence de térébenthine.* — On place
dans une éprouvette un morceau (gros comme une petite
noisette) de la cire suspecte, on y verse trois ou quatre
doigts d'essence et on chauffe légèrement sur une flamme
à esprit-de-vin. Si la solution est incomplète, fortement
troublée, s'il se fait un dépôt, la cire est falsifiée, car
l'essence doit dissoudre complètement la cire pure.

3° *Essai chimique.* — Dans une éprouvette en verre, on
fait bouillir pendant quelques minutes la valeur d'un *très
petit pois* de cire suspecte avec 1/4 de décilitre d'alcool
(environ la moitié de l'éprouvette); on se sert pour cela
d'une flamme de lampe à alcool. On laisse ensuite refroidir pendant une bonne demi-heure au moins et on filtre.
Au liquide filtré, on ajoute un volume égal d'eau et un
petit papier de tournesol qu'on aura bleui, en le trempant
dans de l'ammoniaque et qu'on aura ensuite à moitié
séché, en le pressant fortement et à plusieurs reprises
entre deux feuilles de papier buvard propre. On agite le
tout. Si, au bout d'une quinzaine de minutes, le liquide
est resté presque limpide et si le papier de tournesol n'a
pas repris sa valeur rouge primitive, la cire est pure
(dans le cas ou elle aurait subi victorieusement les épreu-
ves indiquées en 1 et 2). Dans le cas contraire, il y a fal-
sification. Il ne faudrait toutefois pas tenir compte d'un
léger changement de couleur du papier ou d'une opa-
lescence du liquide, qui se manifeste généralement,
même lorsque la cire est pure » (1).

282. Usages de la cire. — La cire est employée
pour la fabrication des toiles cirées, le frottage des par-
quets, le cirage du fil pour la couture, les cirages, les
encaustiques, le modelage, la galvanoplastie, l'imprimerie, la fabrication des cierges et des allumettes bougies,

(1) *Bulletin de la Société d'Apiculture de l'Aube* (33e année, 1896,
p. 29).

la fabrication de certaines cartouches. Enfin, la cire entre dans la composition de plusieurs recettes de pharmacie et dans des préparations chimiques.

RÉSUMÉ.

Laboratoire. — L'apiculteur doit avoir à sa disposition une chambre close et aérée ou laboratoire pour toutes les opérations qui doivent se faire à l'abri des abeilles. C'est là aussi qu'il pourra conserver son miel ou les cadres construits, et en particulier les cadres de miel de réserve.

Miel. — Le principal produit du rucher est le miel, la cire est un produit secondaire; parfois l'apiculteur a intérêt à vendre des abeilles vivantes, s'il a des ruches vulgaires; il vend même assez souvent le tout à la fois, c'est-à-dire des ruches peuplées avec la cire et le miel qu'elles contiennent.

Il existe des catégories de miel très différentes les unes des autres et qui cristallisent plus ou moins facilement.

Les principaux miels sont : le miel des Alpes ou de Chamonix, le miel de Sainfoin ou miel du Gâtinais, le miel du Midi, dont l'un des plus fins est celui de Narbonne. Parmi les miels les plus inférieurs, on peut citer le miel de Bruyère ou des Landes, celui de Sarrasin ou de Bretagne, ces deux derniers miels mélangés forment le « miel rouge ». Le miel de Bruyère s'extrait très difficilement, à cause de sa grande adhérence aux rayons.

En France, la vente du miel extrait est plus facile que celle du miel en rayons.

Hydromel. — Dans certaines régions où le miel se produit en grande quantité, l'apiculteur a intérêt à fabriquer de l'*hydromel* pour sa consommation ou même pour la vente.

Un bon hydromel doit avoir de 13° à 17° d'alcool; il supporte très bien ensuite le mélange avec l'eau lorsqu'on le boit.

Le procédé, à la fois le plus simple et le meilleur, pour fabriquer l'hydromel consiste à mélanger, avant la fermentation, un quart de miel en volume pour trois quarts d'eau, en y ajoutant une petite quantité d'acide tartrique, de bismuth et de pollen frais.

La fermentation de l'hydromel est assez longue, peut exiger

six mois et plus, mais on obtient par ce procédé un résultat supérieur.

L'hydromel liquoreux est un hydromel qui contient encore une certaine quantité de miel non fermenté.

On peut améliorer le vin et le cidre par le miel, même le vin de seconde cuvée; on peut aussi augmenter la récolte de vin ou de cidre en mélangeant le jus de raisin ou de pommes, à la fois avec du miel et de l'eau; on obtient alors du vin hydro-mellisé ou du cidre hydromellisé.

Vinaigre, eau-de-vie de miel. — En laissant dans un tonneau de l'eau renfermant 10 p. 100 de miel, il se forme un *vinaigre* qui se fait en huit ou dix mois.

On peut obtenir par la distillation de l'hydromel une excellente *eau-de-vie*, mais cette transformation n'a pas d'avantage commercial et intéresse surtout les amateurs.

Usages du miel; cire. — Le miel a de nombreux usages: pour les recettes ménagères, la fabrication du pain d'épices, la pharmacie et l'art vétérinaire.

Lorsqu'on veut extraire la *cire* en petite quantité, on peut le faire soit à l'aide d'une chaudière, soit à l'aide du cérificateur solaire. Ce dernier appareil s'applique mieux que tout autre à la cire qui provient de la désoperculation des rayons.

La fabrication de la cire en grand est un art spécial qui exige un matériel coûteux et des procédés compliqués.

La cire a de nombreux usages.

CHAPITRE XX

MALADIES ET ENNEMIS DES ABEILLES

283. Maladie de la loque ou pourriture du couvain. — La *loque* est la maladie la plus terrible qui puisse sévir dans un rucher. On a vu, en Allemagne et en Angleterre, par exemple, des ruchers entiers, à très nombreuses colonies, détruits en peu de temps par ce fléau redoutable.

La loque est une affection due à un de ces organismes microscopiques qui sont connus maintenant sous le nom de microbes, et qui déterminent chez l'homme et les animaux la plupart des maladies qui sont contagieuses. Tout le monde a entendu parler d'une mala-

Fig. 213. — Bactéries de la *loque* (vue au microscope) (*Bacillus alvei*) . *b*, bâtonnets; *s*, spore formée sur un bâtonnet. (D'après nature.)

die analogue à la loque, également due à des microbes la maladie des vers à soie.

La bactérie de la loque attaque non seulement les abeilles adultes, mais surtout les larves et même les œufs. Cette bactérie (1) est formée de bâtonnets (*b*, fig. 213),

(1) *Bacillus alvei.*

ayant quelques millièmes de millimètre de longueur, qui se segmentent et se détachent facilement les uns des autres. Lorsque ces bâtonnets sont jeunes, ils sont doués de mouvements, et on les voit s'agiter rapidement, au microscope. Lorsqu'ils sont âgés, ils deviennent immobiles, et s'il sont dans un milieu où la nourriture s'appauvrit, il se forme à l'intérieur des bâtonnets de tout petits corps arrondis qui sont les semences, germes ou spores (*s*, fig. 213) de la bactérie ; les spores qui peuvent résister à de grandes variations de température, à la dessiccation et à la privation d'air sont les agents de propagation de la maladie.

Les spores peuvent en effet rester adhérentes sur le corps des abeilles, sur le rayon de cire, sur les parois de la ruche, ou encore se trouver dans le miel et dans n'importe quelle substance touchée par les abeilles.

Or, si l'une de ces spores trouve le milieu qui lui convient, par exemple du couvain, elle germe, comme une graine, et donne naissance de nouveau à de petits bâtonnets doués de mouvement qui se divisent et se multiplient rapidement dans les larves, propageant ainsi la maladie.

On comprendra facilement par ce qui vient d'être dit, combien peut être rapide l'extension de la loque, et combien il est difficile de détruire ces germes microscopiques, c'est-à-dire les spores.

284. Aspect de la maladie.

1er cas : *La loque s'est déclarée depuis peu de temps dans la ruche.* — Lorsque la loque n'est que dans sa première période de développement, il n'est pas toujours facile de reconnaître par l'aspect extérieur de la colonie l'existence de la maladie.

Examinons un rayon de couvain, et regardons avec soin le couvain operculé. Si nous voyons des opercules nettement déprimés ou percés d'un petit trou, ou même déchirés comme un tambour crevé (fig. 214), retirons alors la larve de l'une des cellules à l'aide d'une tête d'épingle : si nous trouvons que cette larve est transformée en une sorte de masse gluante, c'est que le couvain est atteint de la loque.

Mais si, en même temps, les larves plus jeunes et qui ne sont pas encore operculées, sont blanches et nacrées comme dans le couvain nor-mal, nous pouvons en con-clure que la loque n'est qu'à sa première période. En effet, la maladie, au début, attaque généralement de préférence les larves qui commencent à s'enfermer dans leur cellule.

Un autre signe de la loque à cet état, c'est que le cou-vain operculé se trouve dis-séminé ; car, dans certaines cellules, les abeilles éclosent tandis que, dans d'autres, elles restent dans les cellules

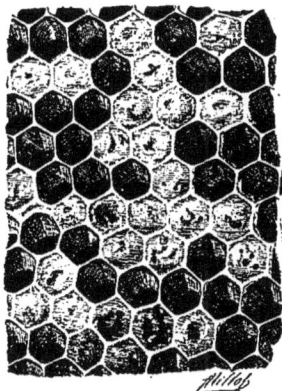

Fig. 214. — Fragment de rayon de couvain attaqué par la loque.

operculées et s'y décomposent. D'ailleurs, la larve atta-quée forme une masse gluante qui adhère au fond ou sur les côtés de l'alvéole ; elle est tachée de gris ou de jaune, devient ensuite de couleur café au lait ou brunâtre. De plus, les opercules des cellules loqueuses acquièrent une couleur plus foncée qui permet de les reconnaître au premier abord.

2e cas : *La loque s'est développée depuis longtemps dans la colonie.* — Dans ce cas, on peut assez souvent recon-naître, même extérieurement, par le travail ralenti des abeilles et par l'odeur de pourriture qui s'exhale de l'entrée de la ruche que la colonie est loqueuse.

En examinant un rayon de couvain, on voit que non seulement le couvain operculé, mais même les jeunes larves sont attaquées par la maladie ; ces dernières deviennent aussi jaunâtres ou brunâtres, en s'allongeant dans l'alvéole, au lieu d'y prendre la forme recourbée habituelle.

Si alors, par suite de l'affaiblissement de la colonie, la ruche loqueuse vient à être pillée, les abeilles pillardes peuvent propager la loque dans tout le rucher.

285. Conditions hygyiéniques pour éviter la loque. — Il n'est pas facile de savoir comment la loque peut attaquer une colonie. Toutefois, comme il est prouvé que certaines circonstances favorisent l'introduction de cette maladie, il faut éviter autant que possible que ces circonstances se produisent dans les ruches.

1° *Il ne faut pas que le couvain reste découvert.* — Dans toutes les manipulations, telles que le déplacement d'une ruche, le nourrissement au printemps, la formation de ruchettes pour l'élevage des mères, etc., il est fort important de procéder avec prudence et d'opérer par le temps voulu, comme on l'a indiqué plus haut ; il faut que les abeilles soient assez nombreuses et groupées de telle sorte qu'elles recouvrent toujours le couvain de la colonie. En effet, le refroidissement du couvain, abandonné momentanément par les abeilles, est favorable à l'introduction de la maladie.

2° *Il faut prendre en tout temps les plus grandes précautions contre le pillage.* — Nous avons dit pour quelles raisons il faut éviter le pillage; il vient encore s'y ajouter celle-ci, que toute tentative de pillage par des abeilles venant d'un rucher voisin, et qu'on n'est pas le maître de soigner, peut introduire la loque dans le rucher.

3° *Il faut fondre les morceaux contenant du couvain, lors d'un transvasement ou de la suppression d'une ruche.* — Lorsqu'on transvase directement une ruche, il faut se garder de jeter simplement le couvain de mâles ou les fragments de couvain d'ouvrières que l'on ne peut utiliser. Il faut les faire fondre avec la cire.

286. Guérison de la loque. — La guérison de la loque n'est pas toujours facile, et lorsque la maladie est arrivée à la période la plus grave, le plus simple et le plus prudent serait de supprimer la colonie. On verra plus loin comment alors on devra désinfecter la ruche et les rayons (§ 287).

On a donné un très grand nombre de remèdes contre la loque. M. Hilbert a été l'un des premiers à conseiller l'emploi des antiseptiques, en particulier de l'acide salycilique. Sans entrer dans le détail des méthodes qui ont été essayées avec plus ou moins de succès pour combattre cette terrible maladie, nous nous bornerons à décrire la manière de procéder qui paraît réussir le mieux.

Si, à la visite du printemps, on s'aperçoit qu'une colonie présente des signes de loque à sa première période, on en fait passer toutes les abeilles dans une nouvelle ruche garnie de rayons de cire gaufrée ou de rayons amorcés ; on a pour ainsi dire ramené ainsi la colonie à l'état d'essaim ; cette opération doit être faite environ trois semaines avant la grande récolte. On aura eu soin de mettre quelques morceaux de naphtaline en boule dans un petit sac de toile que l'on place à l'extrémité de la ruche opposée au groupe d'abeilles.

De plus, on aura préparé à l'avance la solution suivante·

21.

Dans un litre d'eau chaude, on fait fondre un kilogramme de sucre, on y ajoute dix grammes d'une solution à 12 pour cent d'acide salicylique dans l'alcool. (On trouve l'acide salicylique dans les pharmacies.) Tous les deux ou trois jours, on donnera à la colonie un demi-litre de ce sirop, et cela pendant trois ou quatre semaines.

Si c'est à la visite d'automne que l'on s'aperçoit qu'une ruche commence à devenir loqueuse, on y mettra simplement de la naphtaline comme il a été dit plus haut, et on attendra le printemps suivant pour la ramener à l'état d'essaim et pour la traiter par l'acide salicylique.

Dans tous les cas, même lorsqu'il n'y a aucun signe de loque, l'apiculteur agira prudemment *en mettant toujours de la naphtaline dans les ruches,* c'est-à-dire une ou deux boules de naphtaline dans un petit sac de toile pour chaque ruche.

287. Désinfection de la ruche loqueuse. — Il est très important de désinfecter au plus vite une ruche loqueuse qu'on vient de supprimer ou de ramener la colonie à l'état d'essaim.

On passe à l'extracteur les rayons qui contiennent du miel ; ce miel servira à faire de l'hydromel et ne sera en aucun cas donné aux abeilles. Les bâtisses seront fondues, les cadres seront plongés dans l'eau bouillante ou passés dans une dissolution contenant 10 pour cent d'acide sulfurique. Cette même dissolution sera employée pour nettoyer et laver à fond toutes les parties de la ruche ; enfin, on brûlera du soufre dans une chambre où l'on aura mis la ruche et les cadres.

288. Dysenterie. — Cette maladie se déclare ordinairement pendant l'hiver et quelquefois à l'automne ; c'est une sorte d'indigestion qui se révèle par l'accumulation des excréments dans la ruche ; celle-ci exhale alors une odeur fétide.

La dysenterie est due surtout à un hivernage trop prolongé dans un air humide insuffisamment renouvelé. Le renouvellement de l'air dans l'hivernage, que nous avons recommandé, est donc encore très utile à ce point de vue.

Cette maladie peut venir aussi de ce que l'on a donné aux abeilles une nourriture trop aqueuse ; elle peut encore provenir de ce qu'elles n'ont pas eu le temps à la fin de la saison d'évaporer l'excès d'eau contenu dans le nectar récolté tardivement ou dans le sirop qu'on leur a donné. On voit donc que le nourrissement d'automne est encore à éviter, pour cette cause.

On a remarqué que la dysenterie atteint plus souvent les abeilles italiennes et les croisées d'italiennes que les abeilles noires communes. C'est encore une raison à ajouter à celles que nous avons données contre l'usage des abeilles étrangères.

En somme, avec des abeilles noires, un hivernage bien établi, et la suppression du nourrissement d'automne, il est rare qu'on trouve la dysenterie dans le rucher.

Si toutefois on observait une colonie atteinte de cette maladie, on changerait son plateau et on réinstallerait la ruche sur des cales.

D'ailleurs, la dysenterie n'est pas, en général, une maladie grave et souvent on la voit disparaître d'elle-même au printemps.

289. Autres maladies des abeilles. — Les abeilles sont sujettes à quelques autres maladies, mal étudiées ou exceptionnelles.

Dans la maladie du *vertige*, les abeilles tournent sur elle-mêmes, tombent et meurent; on a attribué cette affection au miel de certaines fleurs.

D'autres fleurs ont parfois un nectar tellement vénéneux que les abeilles meurent sur place, dès qu'elles en ont absorbé; c'est la maladie du *narcotisme*.

Quelquefois les larves et les nymphes, sans changer de couleur, se dessèchent dans les cellules : c'est la *dessiccation du couvain*. Les abeilles enlèvent souvent elle-mêmes ces parties de couvain desséché.

'On a décrit à tort comme une maladie des abeilles (*embarras des antennes*) les sortes de masses visqueuses fixées sur leur tête comme des plumets (*p*, fig. 215). Ces masses

Fig. 215. — Tête d'abeille portant des pollinies d'orchidées *p*; antennes *a* (grossi).

sont simplement les pollinies provenant des étamines de plusieurs espèces d'Orchidées.

290. Galléries ou Fausses-teignes. — Les papillons, connus sous le nom de *Galléries* ou *Fausses-teignes*, sont les seuls insectes ennemis des abeilles qui puissent causer des ravages vraiment dangereux. Il y en a deux espèces principales ; la plus grande (fig. 216) est la plus répandue dans le Nord, et la plus

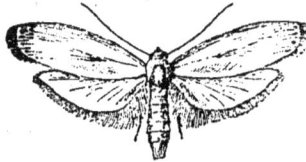

Fig. 216. — Papillon de la Fausse-teigne (*Galleria melonella*) (gr. nat.).

petite se trouve surtout dans les contrées méridionales (fig. 218) (1).

Un œuf de fausse-teigne peut être pondu sur les fleurs, et les abeilles le rapportant, soit avec le pollen, soit avec le nectar, l'introduisent elles-mêmes dans la colonie. Le papillon de la fausse-teigne peut aussi s'intro-

(1) Les deux espèces sont des Lépidoptères; la plus grande est le *Galleria melonella*, la plus petite l'*Achræa alvearia*.

duire directement dans la ruche et y pondre. L'œuf
éclôt, produit une larve ou chenille qui a seize petites
pattes très courtes (fig. 217). Ces chenilles sont très

Fig. 217. — Chenille de Fausse-
teigne (*Galleria melonella*)
(grandeur naturelle).

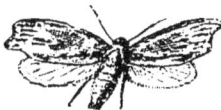

Fig. 218. — Papillon de la petite
Fausse-teigne (*Acræa alvearia*) (grossi).

vives, se tordent comme de petits vers et pénètrent
dans la cire dont elles font leur principale nourriture;

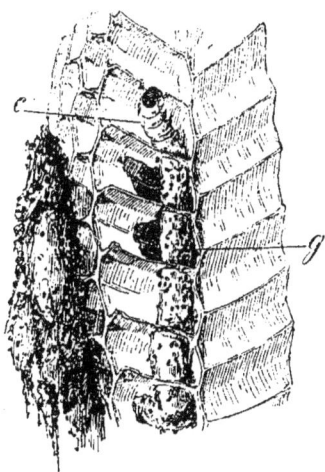

Fig. 219. — Tubes produits par la
Fausse-teigne dans les rayons de
la ruche : *c*, chenille ; *g*, tube ou
galerie (gr. nat.).

Fig. 220. — Amas de cocons de
Fausse-teigne dans les rayons
d'une ruche envahie (grandeur
naturelle).

elles y construisent de longs tuyaux rameux (*g*, fig. 219)
garnis de soie à l'intérieur, surtout dans les parties qui
ne sont pas occupées par les abeilles. Elles ne se nour-

rissent pas de miel, mais si ces canaux sont nombreux, les bàtisses peuvent être sérieusement attaquées, et la mère gênée dans sa ponte.

Au bout d'un certain temps les chenilles se transforment en chrysalides entourées de cocons blancs et réunies en groupes à côté les unes des autres (fig. 220).

Il sort de ces cocons des insectes développés ; ce sont de papillons grisâtres, dont la forme est différente suivant que c'est l'une ou l'autre espèce de Gallérie (fig. 216 et 218). En hiver, les chenilles restent engourdies quel que soit leur âge, et c'est généralement au printemps, dès les premières chaleurs, que l'on voit se développer l'activité des fausses-teignes : il y a en général au moins deux générations de fausses-teignes par saison

291. Les abeilles luttent contre les fausses-teignes. — Si une colonie est forte et bien organisée, elle ne craint pas les fausses-teignes. C'est qu'en effet les abeilles s'occupent perpétuellement de détruire les larves de Galléries ; elles percent des trous dans les rayons envahis pour en faire sortir les chenilles qu'elles tuent et qu'elles rejettent au dehors, comme on peut l'observer souvent sur le devant de la ruche.

Ce n'est donc que dans les colonies orphelines, ou par trop faibles que la fausse-teigne est à craindre, les abeilles n'ayant pas l'activité nécessaire pour lutter contre leur envahissement. D'ailleurs, si tous les rayons récoltés, puis remis dans les ruches, ont été préalablement soufrés comme nous l'avons dit § 86, on aura pris ainsi la meilleure précaution contre ces ennemis des abeilles.

Si une colonie faible est fortement attaquée par la fausse-teigne, on ne lui laisse que les rayons qui contiennent du couvain, et on lui ajoute des rayons passés au soufre.

Quant aux ruches orphelines, qui finiraient presque toujours par être attaquées, on les supprime comme nous l'avons dit.

292. Autres ennemis des abeilles.

1° *Insectes*. — Un autre papillon qui est de grande taille, le *papillon Tête-de-mort* (1), pénètre dans les

Fig. 221. — Papillon Tête-de-mort cherchant à pénétrer dans une ruche.

ruches (fig. 221) pour en prendre le miel dont il peut enlever jusqu'à 60 grammes à la fois. Dans la ruche, ce papillon craint peu les piqûres, et les abeilles cherchent à s'opposer à son entrée au moyen de murs en propolis.

(1) Ou Sphinx Atropos (*Acherontia Atropos*).

La chenille du Papillon Tête-de-mort vit sur les pommes de terre, mais c'est une erreur de croire qu'il a été introduit d'Amérique avec ce tubercule; car il était connu en Europe avant cette époque et sa chenille se développe aussi sur les plantes sauvages de la famille des Solanées, par exemple, sur la Douce-amère, la Morelle noire, etc.

Les *Guêpes*, les *Frelons*, les *Libellules* de grande taille

Fig. 222. — Philanthe apivore apportant une abeille à sa larve (grandeur naturelle).

Fig. 223. — Larve de Méloé (triongulin) (grossi).

et l'Hyménoptère appelé *Philanthe apivore* (fig. 222) sont des insectes carnassiers qui cherchent à s'emparer des abeilles. On les voit souvent voler au milieu des butineuses qui sont en grand nombre sur les plantes mellifères pour tâcher d'en saisir une. Le Philanthe, lorsqu'il a pris une abeille, va la porter dans un trou creusé en terre, et où il a pondu un œuf, après avoir piqué l'abeille avec son aiguillon; il la donne en nourriture à sa larve (fig. 222).

Les *Méloés* à l'état de larves (1) (fig. 223) s'installent dans les fleurs nectarifères pour y attendre les insectes mellifères sauvages; ils s'accrochent à ces insectes en

(1) Ces larves sont connues sous le nom de *triongulins* et se rapportent à diverses espèces de Coléoptères du groupe des Cantharidiens.

pénétrant quelquefois jusqu'à leurs mandibules, et se font transporter ainsi par eux dans la colonie, où ils dévorent le miel et achèvent de se développer. Les abeilles sont souvent attaquées par les Mé-
loés dont elles cherchent à
se débarrasser par des mouvements violents et généralement sans y parvenir. Un
certain nombre d'abeilles
peuvent ainsi mourir dans
des sortes de convulsions
qu'on a quelquefois prises
pour des maladies spéciales
(*mal de mai*, par exemple).
Quant aux Méloés qui sont
rapportés par les abeilles au
moment de la récolte, ils
sont enlevés, par les autres
abeilles, et ne peuvent s'installer dans la ruche.

Fig. 224. — Clairon des abeilles (grandeur naturelle).

Le *Braula* (1) ou *pou des abeilles* est un parasite relativement gros par rapport à l'abeille (de la grosseur d'une
tête d'épingle), d'un brun rougeâtre, qui
vit accroché sur les poils des abeilles et qui
ne semble pas leur nuire sérieusement.

Le *Clairon des abeilles* (2) est un insecte
d'un bleu verdâtre dont les élytres sont
noires avec des bandes rouges ; il s'installe dans les rayons, surtout lorsqu'ils
sont humides ; mais cet insecte ne cause
pas de ravages notables.

Fig. 225. — *Braula cæca* (Pou des abeilles) (grossi).

Les *Fourmis* sont plus gênantes que nuisibles ; celles
des petites espèces s'installent quelquefois sous le cou-

(1) *Braula cæca.*
(2) *Clerus apiarius*, Coléoptère.

vercle de la ruche, surtout à cause de la chaleur qui
provient du groupe des abeilles.

2° *Arachnides.* — Les araignées attrapent les abeilles
dans leurs toiles, et sont surtout nuisibles dans les ruchers couverts qui ne seraient pas suffisamment soignés.

Le *Trichodactyle* (1) est un petit parasite qu'on rencontre souvent sur les abeilles et qui s'y attache par ses
griffes recourbées ; il n'est pas nuisible et se sert simplement des abeilles comme moyen de transport pour
aller d'un endroit à un autre.

3° *Reptiles, oiseaux, mammifères.* — Les *Lézards*, les
Crapauds et un certain nombre d'*Oiseaux insectivores* détruisent un plus ou moins grand nombre d'abeilles.

Les *Mulots*, les *Souris* et les *Blaireaux* sont des en
nemis plus dangereux ; les premiers sont très communs
partout et s'introduisent dans les ruches, même lorsqu'ils
sont très petits, pour y dévorer tout ce qui s'y trouve et
souvent pour y faire leurs nids. Nous avons dit (§ 76)
quelles sont les précautions à prendre contre leurs ravages.

On a vu les blaireaux renverser les ruches pour en
manger le miel dont ils sont très friands.

293. Plantes nuisibles aux abeilles. — L'*herbe
à la ouate* (2) et diverses autres espèces d'*Asclépias*, qu'on
cultive dans les jardins, ont des fleurs qui retiennent
les abeilles par leurs pattes jusqu'à ce qu'elles meurent
(fig. 226). On peut voir quelquefois au pied de ces plantes
fleuries un nombre considérable de cadavres d'abeilles
qui attirées par le nectar de l'Asclépias périssent ainsi
successivement.

(1) *Trichodactylus*, Acarien.
(2) *Asclepias Cornuti.*

D'autres plantes non mellifères peuvent cependant nuire aux abeilles lorsqu'elles se trouvent près des ruches ; telles sont certaines Graminées ayant des aiguillons dirigés vers le bas (c, fig. 227) ; par exemple, la Grande

Fig. 226. — Abeilles prises et retenues par les fleurs d'Asclépias : *a*, abeille au moment où elle est prise par la fleur, elle a une patte avec des pollinies ; *b*, abeille morte, qui a été retenue par une des pattes de derrière.

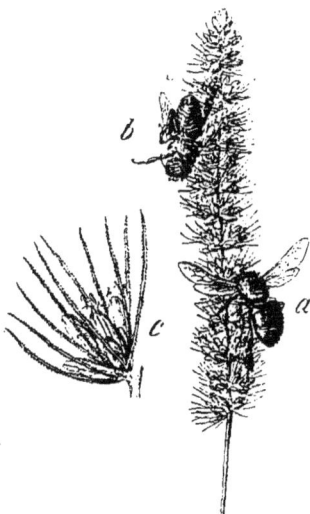

Fig. 227. — Abeilles retenues par les fleurs de Sétaire : *a*, abeille se posant sur une Sétaire ; *b*, abeille retenue par la Sétaire ; *c*, partie de l'épi grossi pour montrer les arêtes à aiguillons inverses retenant les abeilles.

Sétaire (1) qui accroche parfois les abeilles. Il faut donc s'abstenir de cultiver les Asclépias dans les jardins et arracher les Sétaires s'il s'en trouve près des ruches.

RÉSUMÉ

Maladies des abeilles. — La maladie des abeilles la plus à craindre est la loque qui peut contaminer des ruchers entiers, et qui se propage par les abeilles elles-mêmes.

(1) *Setaria verticillata.*

Une précaution générale à prendre contre cette maladie, est de placer toujours dans chaque ruche quelques boules de naphtaline. Mais on évitera son atteinte en supprimant le nourrissement du printemps et en manipulant le moins possible les abeilles. Lorsque la loque n'est pas à sa dernière période on peut essayer de guérir la colonie en ramenant la ruche à l'état d'essaim et en la nourrissant à l'acide salicylique.

La dysenterie est une maladie beaucoup moins grave qui se déclare ordinairement à la fin de l'hiver et qui disparaît souvent d'elle-même. On peut l'éviter ordinairement par une bonne ventilation pendant l'hivernage.

Ennemis des abeilles. — Les fausses-teignes n attaquent sérieusement que les ruches très faibles ou orphelines. Leurs ravages ne peuvent pas prendre d'extension lorsqu'on a soufré les rayons récoltés.

Parmi les autres ennemis des abeilles il n'y a guère à craindre que les mulots; on protège les ruches contre leur attaque en hiver par des grillages en tôle perforée.

CHAPITRE XXI

LE NECTAR ET LES NECTAIRES (1)

294. Nectaires. — Le nectar, ce liquide sucré qui est la principale source du miel des abeilles, se produit à la surface de parties spéciales de la plante qui sont ordinairement à l'intérieur et vers la base de la fleur.

Vaillant (2) avait appelé *mielliers* les parties de la fleur qui produisent une matière sucrée ; on les nomme aujourd'hui *nectaires* et on distingue les nectaires floraux qui font partie de la fleur, et les nectaires extra-floraux qui peuvent se trouver sur d'autres organes de la plante ; ces derniers sont beaucoup moins nombreux.

295. Sucres contenus dans les nectaires. — Il y a toujours accumulation de sucres dans les tissus qui sont vers la base de la fleur ; cette provision de sucres constitue une réserve qui est utilisée par la plante, après la floraison, pour le premier développement du fruit et des graines. Mais de ce qu'il y a toujours un nectaire, il ne s'ensuit pas qu'il y ait toujours du nectar. En effet, le liquide sucré ne transsude au dehors que lorsque la plante est dans des conditions de transpiration favorables à cette production liquide.

(1) Gaston Bonnier, *Les nectaires* (Annales des sciences naturelles, 1879), et observations inédites.
(2) Discours sur la structure des fleurs, 1717.

Un même végétal peut produire du nectar dans une contrée, et ne jamais en produire dans une autre. Enfin, il y a des plantes qui, bien qu'ayant un tissu sucré à la base des fleurs, ne produisent jamais de nectar en aucune circonstance.

Le nectar est donc produit par une sorte d'exsudation de l'eau venant des racines, traversant la plante, et entraînant avec elle une partie des sucres contenus dans le tissu nectarifère.

Ces sucres sont de deux sortes : les *saccharoses* analogues au sucre ordinaire (sucre de canne ou de betterave) et les *glucoses*, analogues au sucre de fruit, comme par exemple, cette fine poudre blanche que l'on voit sur les prunes.

Le nectar, qui est surtout composé par de l'eau dissolvant ces sucres, contient donc lui-même un mélange de sucre de canne et de glucoses.

On peut se rendre compte de la composition du nectar par les analyses suivantes :

NECTAR DE CHÈVREFEUILLE (*Lonicera Periclymenum*).

Eau....................................	76
Saccharose (sucre de canne)...............	12
Glucoses (sucre de fruit)..................	9
Dextrine, gommes, matières minérales et pertes...................................	3
Total..............	100

NECTAR DE LAVANDE (*Lavandula vera*).

Eau...........	80
Saccharose (sucre de canne)...............	8
Glucoses (sucre de fruit)............... ...	7,5
Gommes, résidus et pertes...	4,5
Total..............	100

La proportion de sucre qui se trouve dans le nectar est très différente suivant les fleurs, à tel point que l'on peut trouver quelquefois des fleurs qui ont des nectaires très développés et un nectar abondant sans qu'on voie jamais les abeilles récolter ce liquide.

Ainsi, tout le monde connaît la Fritillaire ou Couronne impériale, cette belle plante qui fleurit au printemps dans les jardins; on voit dans cette fleur six nectaires, qui sécrètent au moment de la floraisons six grosses gouttes de nectar. Pourquoi les abeilles ne le récoltent-elles pas? Cela tient à ce que ce nectar est trop peu sucré, comme l'indique l'analyse suivante :

NECTAR DE FRITILLAIRE (*Fritillaria imperialis*).

Eau..	95
Saccharose (sucre de canne)...............	1
Glucoses (sucre de fruit)...................	1,5
Gommes, résidus et pertes................	2,5
Total...................	100

On comprend pourquoi les abeilles négligent de récolter ce nectar qui ne renferme que 2,5 p. 100 de sucre.

Il peut se faire au contraire qu'on aperçoive, seulement avec une forte loupe, de très petites gouttelettes de liquide sucré dans une fleur, ou même qu'on n'en voie pas du tout, et que cependant ces fleurs soient visitées par les abeilles pour y recueillir une substance sucrée. C'est ainsi que les Ajoncs (*Ulex europæus*) ou les Anémones (*Anemone nemorosa*) dans les fleurs desquelles on ne voit pas de nectar, sont souvent visités au printemps par les abeilles autrement que pour y récolter le pollen.

En regardant de plus près, on voit que les abeilles puisent avec leur trompe au fond de ces fleurs une sorte de jus sucré très concentré qui suinte à peine à la surface, et qu'elles vont chercher jusqu'à l'intérieur du tissu nectarifère qui chez ces plantes est mou et spongieux. Si, dans ce cas, on veut se rendre compte de la composition de ce jus sucré, on peut le recueillir dans le jabot des abeilles qui viennent de visiter exclusivement l'une de ces sortes de fleurs. On reconnaît alors que le liquide sucré puisé dans ces fleurs est extrèmement riche en sucre. La proportion des sucres peut y dépasser 65 pour cent.

On s'explique ainsi comment les abeilles peuvent travailler activement sur ces fleurs, puisqu'elles y puisent une sorte de sirop concentré, au lieu que sur d'autres fleurs, avec moins de travail il est vrai, elles ne rapportent que de l'eau sucrée.

296. Le nectar contient beaucoup plus d'eau que le miel. — Si l'on compare les analyses de miel que nous avons données (§ 257) aux analyses de nectar qui précèdent, on peut remarquer qu'il y a, en général, beaucoup plus d'eau dans le nectar que dans le miel.

Le nectar contient 70 à 80 pour cent d'eau, tandis que le miel n'en contient que 20 à 25 pour cent. On voit donc qu'avant de l'operculer, les abeilles doivent étaler le miel dans les rayons, afin de faire évaporer la quantité d'eau qui forme cette différence, c'est-à-dire environ une fois et demi le poids du miel. Ainsi donc, le volume du nectar récolté diminue à peu près des trois cinquièmes lorsqu'il est converti en miel operculé ; de là cette grande humidité dans la ruche au moment d'une récolte importante ; de là un nombre de plus en plus grand de ventileuses à mesure qu'il y a plus de nectar récolté, puisque les ventileuses servent à produire le courant d'air qui favorise l'évaporation.

Nous voyons aussi par ce résultat important quelle surface énorme il faut laisser libre sur les rayons afin que les abeilles puissent y étaler le nectar; elles n'en mettent qu'une petite quantité dans chaque cellule pour en évaporer l'eau et jusqu'à ce que le miel en contienne la proportion voulue pour être operculé.

Mais cette proportion voulue ne dépend pas unique-

ment de la manière dont les abeilles font évaporer le
nectar; elle dépend encore de la température extérieure;
en effet, si par exemple le nectar est récolté très tardivement dans la saison, comme celui des fleurs du
Lierre par exemple, dans une année où surviennent
des froids précoces, il pourra se faire que les abeilles
soient obligées de l'operculer avec une proportion d'eau
un peu plus forte que d'habitude. On voit même quelquefois, à la fin de la saison, lorsque la température n'est
pas assez élevée, du miel étalé dans les cellules que les
abeilles renoncent à operculer parce que la température
est trop basse pour que l'eau s'en évapore.

Il résulte de ce qui vient d'être dit, que tous les calculs que l'on a essayé d'établir sur la capacité des
ruches, fondés sur l'espace laissé au couvain par rapport à l'espace laissé pour la provision de miel, sont
toujours faux, puisqu'on n'a pas tenu compte de la surface nécessaire pour que les abeilles puissent étaler le
nectar provisoirement. Il serait même très difficile de
rectifier ces calculs en tenant compte de cette condition,
car cette évaporation du nectar dépend de la saison et
de la température extérieure.

**297. Le miel n'a pas la même composition
que le nectar.** — Dans la comparaison entre l'analyse des miels et l'analyse des nectars, on peut faire une
seconde remarque très importante : c'est qu'en général
les miels contiennent relativement plus de glucoses et
moins de sucre de canne que les nectars. Cela est toujours vrai lorsqu'on compare un miel au nectar dont il
provient. Ainsi, le miel de Sainfoin pur contient moins
de sucre de canne que le nectar de Sainfoin. Le miel de
Bruyère en contient moins que le nectar de Bruyère, etc.
Ce fait tient à ce que pendant que, le nectar est contenu
dans le tube digestif de l'abeille, il subit une transfor-

22

mation plus ou moins complète sous l'action d'une substance particulière (1) qui s'y trouve.

Le sucre de canne est en partie transformé en glucoses sous l'action de cette substance. Citons les exemples suivants :

SAINFOIN (*Onobrychis sativa*).
Pour 100 de matière sucrée.

Nectar de Sainfoin.	Sucre de canne..	57,2	Miel de Sainfoin	Sucre de canne	8,20
	Glucoses.......	42,8		Glucoses......	91,80
	Total..	100		Total...	100

On voit donc qu'après la transformation par les abeilles du nectar de Sainfoin en miel de Sainfoin, la quantité de glucoses est devenue environ dix fois plus grande par rapport à la quantité de sucre de canne.

Ces analyses, il est important de le remarquer, ont été faites au même endroit (à Louye, Eure), avec le nectar et le miel récoltés sur un même champ de Sainfoin.

On comprend alors que si un nectar contient beaucoup plus de sucre de canne que le précédent (et c'est ce qui a lieu dans les hautes altitudes des montagnes, par exemple pour certaines Crucifères alpines), le miel qui en provient contient une plus grande proportion de sucre de canne que le précédent.

Au contraire, si le nectar ne renferme qu'une faible proportion de sucre de canne comme celui de la Bruyère, il fournit un miel qui ne contient presque que des glucoses.

298. Nectaires en dehors de la fleur. — Il y a quelquefois des nectaires en dehors de la fleur. Les

(1) Cette substance appelée, *invertine*, est produite par le tube digestif de l'abeille et a la propriété de transformer le sucre de canne en deux glucoses (glucose proprement dit et lévulose).

plus importants, au point de vue de l'apiculture, sont
ceux qui se trouvent à la base des feuilles des Vesces
cultivées (*Vicia sativa*) ; ces nectaires sont placés sur de
petites folioles spéciales en
forme de fer de flèche qu'on
appelle des stipules (*s*, fig. 228).
La figure 228 représente une
de ces stipules où la surface
du nectaire se trouve indiquée par une teinte plus foncée *n*, et sur laquelle on voit
perler une goutte de nectar *g*.
Ce liquide très sucré est recueilli par les abeilles, même
lorsque la plante n'a pas encore
produit de fleurs.

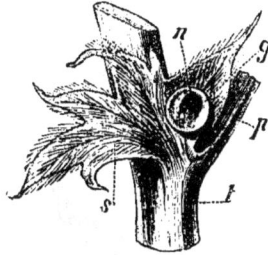

Fig. 228. — Stipule de Vesce
(*Vicia sativa*) : *p*, pétiole de la
feuille ; *s*, stipule ; *g*, goutte de
nectar à travers laquelle on voit
la tache noire *n* du nectaire.

On trouve assez souvent aussi des nectaires formant
de petits mamelons saillants à la base du limbe des
feuilles, et, dans certaines circonstances, ces nectaires
peuvent émettre un liquide sucré recueilli par les
abeilles. Cela peut s'observer sur les
feuilles de Cerisier, de Prunier ou d'Au-
bépine.

Chez le Ricin, les nectaires des feuilles
sont très développés, et on en remarque même sur les cotylédons de la
plante lorsqu'elle vient de germer
(fig. 229). Ces nectaires émettent un
liquide riche en sucres.

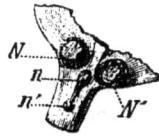

Fig. 229. — Nectaires
à la base du limbe
des cotylédons du Ri-
cin : N, N', gros nec-
taires ; *n*, *n'*, petits
nectaires.

D'autres fois, ce sont les feuilles
de forme particulière qui avoisinent les fleurs, et que l'on
nomme bractées, qui produisent du nectar, comme chez
certains *Plumbago* et quelques espèces de Centaurées.

299. Nectaires de Capucine, d'Hellébore, de

Marronnier. — Examinons d'abord quelques fleurs dont les nectaires sont situés dans le calice ou dans la corolle.

1° *Capucine* (*Tropæolum majus*). — L'emmagasinement des sucres se fait dans une sorte de cornet (*n*, fig. 230) qui se trouve à la base du calice. Lorsque ce cornet est rempli d'un abondant nectar, les abeilles peuvent y accéder par l'intérieur de la fleur ; mais lorsqu'il n'y a de liquide sucré qu'au fond du cornet, leur trompe est trop courte pour pouvoir l'atteindre de cette manière ; or, les Bourdons sauvages, dont les mandibules sont plus fortes que celles des abeilles, percent souvent ce cornet par l'extérieur afin d'y puiser le nectar. Les abeilles profitent alors des trous percés par les Bourdons, pour recueillir le liquide sucré par l'extérieur, alors qu'elles ne pourraient l'atteindre de l'autre côté.

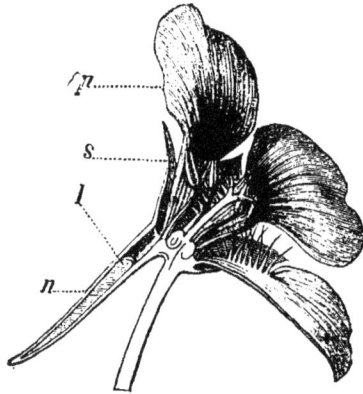

Fig. 230. — Fleur de Capucine coupée en long : *p*, pétale ; *s*, sépale terminé en éperon nectarifère *n ; l*, nectar renfermé dans l'éperon.

2° *Hellébores* (*Helleborus fœtidus, viridis* et *niger*). — L'Hellébore fétide, l'Hellébore vert ou encore l'Hellébore noir (Rose de Noël) ont leurs nombreux pétales complètement transformés en cornets nectarifères.

Ces cornets (fig. 231) sont souvent remplis de liquide sucré presque jusqu'au bord, même lorsque le thermomètre est à plusieurs degrés au-dessous de 0. Comme les Hellébores fleurissent en hiver, ces plantes peuvent fournir une ressource aux abeilles qui vont y chercher le nectar lorsqu'elles sortent pendant l'hivernage.

Les Aconits et les Ancolies ont aussi des pétales à cornets nectarifères ; chez les Aconits, les fleurs encore en boutons sont souvent percées par les Bourdons sauvages, et les abeilles vont alors y récolter le nectar ; chez les Ancolies, les pétales sont prolongés à l'extérieur en une sorte d'éperon recourbé de consistance assez molle, et l'on voit quelquefois non seulement les Bourdons, mais même les abeilles, déchirer cet éperon avec leurs mandibules pour y atteindre le nectar.

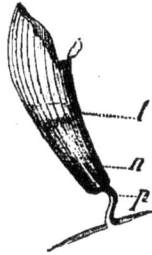

Fig. 231. — Pétale d'Hellébore noir en cornet nectarifère : *p*, pétiole ; *n*, fond du pétale en cornet (nectaire); *l*, niveau du nectar qu'on voit par transparence

3° *Marronnier* (*Æsculus Hippocasta-num*). — Les fleurs de Marronnier offrent, au printemps, pour les abeilles un abondant nectar. Le nectaire y est constitué par une sorte de bourrelet qui se trouve en dedans des sépales et des pétales, et la fleur étant largement ouverte, les abeilles peuvent recueillir facilement le liquide sucré ; ce nectar renferme certains principes acides; et la substance nommée *æsculine;* aussi le miel qui en provient a-t-il un goût peu agréable ; mais cela n'a pas d'importance, en général, car ce miel étant récolté au commencement du printemps est utilisé par les abeilles pour l'élevage du couvain.

300. Nectaires de Réséda, de Violette, de Pêcher et des Légumineuses. — Les nectaires peuvent se trouver dans une dépendance des étamines. ou à leur base. Citons-en quelques exemples :

1° *Réséda.* — Les Résédas sauvages (*R. lutea, R. lu-*

22.

teola et *R. Phyteuma*), et les Résédas cultivés (*R. odorata*) ont des fleurs mellifères. L'ensemble des étamines est renflé à l'intérieur en une sorte de disque rougeàtre très développé, c'est le nectaire (*n*, fig. 232), qui produit à sa surface un liquide sucré facilement accessible aux abeilles.

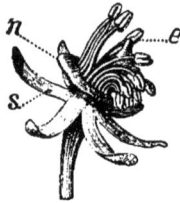

Fig. 232. — Fleur de Réséda dont on a enlevé les pétales : *n*, nectaire ; *e*, étamines ; *s*, sépales.

2° *Violette*. — Deux des étamines de la Violette ont sur le dos des prolongements qui viennent s'introduire dans un cornet qui se trouve formé par la base d'un pétale de la fleur. Dans cette fleur, ce sont les prolongements de ces étamines qui produisent le nectar, et la liqueur sucrée tombe en goutte qui vient se réunir au fond du cornet du pétale.

En général, les abeilles ne peuvent pas y atteindre ; elles le recueillent cependant lorsque le cornet a été percé à l'extérieur par les Bourdons.

3° *Pêcher*. — Dans le Pêcher, l'Amandier et l'Abricotier, les tissus nectarifères forment une sorte de coupe tout autour et en dedans de la fleur, au-dessous des étamines.

Ces arbres fruitiers sont très nectarifères, et le miel qui provient de leurs nectaires a un excellent goût.

Les abeilles n'attendent pas toujours que les fleurs soient ouvertes pour aller y chercher le liquide sucré qui s'y trouve. Comme pour beaucoup d'autres fleurs mellifères, elles vont écarter avec leurs mandibules les pétales encore repliés sur eux-mêmes et ouvrent ainsi artificiellement la fleur pour aller y puiser le nectar.

4° *Légumineuses ou Papilionacées* — La famille des Légumineuses ou Papilionacées renferme des fleurs très mellifères.

On peut citer : le Faux-Acacia ou Robinier (*Robinia Pseudacacia*), le Sainfoin (*Onobrychis sativa*), le Trèfle blanc (*Trifolium repens*), la Minette (*Medicago Lupulina*), etc.

Chez ces plantes, le tissu nectarifère se trouve au fond de la fleur ; il forme un épais bourrelet, quelquefois muni d'une languette spéciale, et produit un nectar parfois si abondant qu'il remplit tout l'intérieur de la fleur jusqu'à une hauteur plus ou moins grande. Dans certaines de ces fleurs, comme celles du Faux-Acacia et du Sainfoin, les pétales sont assez écartés pour que l'abeille puisse introduire sa tête dans l'intérieur et atteindre le nectar. Dans d'autres, comme celles du Trèfle blanc et de la Minette, le tube formé par les pétales est très étroit, mais ce tube est assez peu profond pour que l'abeille puisse y allonger sa trompe jusqu'au liquide sucré.

Dans le Trèfle rouge, le tube est étroit et profond ; aussi, les abeilles ne peuvent aller sur cette plante que dans les très fortes miellées.

Dans d'autres Légumineuses, comme les Fèves et les Haricots, les fleurs sont grandes, mais le nectar est difficile à atteindre pour les abeilles, elles le recueillent le plus souvent par les trous percés dans ces fleurs par les Bourdons.

301. Nectaires des Crucifères, des Anémones, des Bruyères et du Sarrasin.

1° *Crucifères.* — La famille des Crucifères renferme un grand nombre de plantes très mellifères · le Colza (*Brassica oleracea*), le Chou (*Brassica Napus*), le Pastel (*Isatis tinctoria*), etc.

Les nectaires des Crucifères sont placés à la base des étamines (*n, n*, fig. 233) et les entourent même parfois complètement. Ce sont des petits mamelons plus ou moins irréguliers.

C'est un spectacle très curieux de voir les abeilles visiter les fleurs de Chou ou de Colza par exemple, car suivant la plus ou moins grande abondance du nectar, elles peuvent visiter les fleurs de plusieurs manières différentes :

1° Par l'intérieur de la fleur, en introduisant la trompe entre les étamines et les pétales ;

2° Par l'extérieur, en posant la trompe entre l'intervalle de deux sépales du calice lorsque le nectar est abondant ;

3° De côté, en plaçant la trompe entre un pétale et un sépale, lorsque le nectar est très abondant.

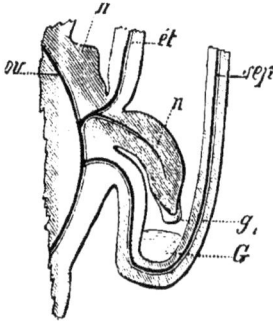

Fig. 233. — Partie d'une fleur de Crucifère coupée en long et vue à la loupe : *n, n,* nectaires; *g,* petite goutte de nectar tombant du nectaire pour se réunir en G au nectar déjà produit et recueilli par la base recourbée du sépale *s ; et,* coupe d'une étamine ; *ov,* partie de l'ovaire (les endroits où s'accumule le suc sont plus ombrés).

Le nectar peut être même quelquefois récolté par les abeilles au-dessous de la fleur : c'est ainsi que l'on peut observer les butineuses récoltant abondamment le liquide sucré qui est produit par le pédoncule, au-dessous de la fleur de Roquette (*Eruca sativa*).

2° *Anémones.* — On a déjà dit plus haut que les abeilles peuvent extraire un liquide très sucré de certains nectaires qui ne produisent pas au dehors de gouttelettes visibles. C'est le cas des Anémones, dont la figure 234 présente une partie des tissus nectarifères ; on y voit à la surface des papilles *p* au travers desquelles suinte une mince couche de liquide très sucré. C'est entre ces papilles que les abeilles peuvent plonger leur trompe au printemps.

3° *Bruyères.* — Dans les Bruyères, le nectaire est

constitué par un bourrelet circulaire très saillant qui
est en dedans de la base des étamines (*n*, fig. 235).

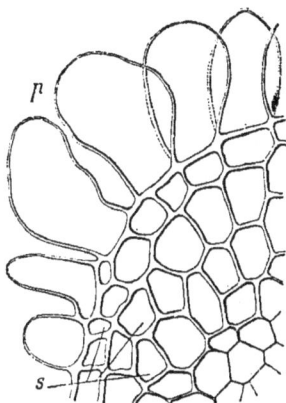

Fig. 234. — Portion de tissu de la base des étamines d'Anémone Sylvie, coupée et vue
au microscope ; *s*, cellule à sucre du nectaire ; *p*, papilles remplies de liquide sucré

Les Bruyères sont des fleurs très inégalement necta-

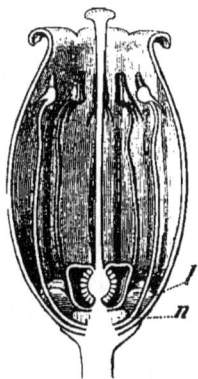

Fig. 235. — Fleur de Bruyère cendrée, coupée en long : *n*, nectaire;
l, nectar.

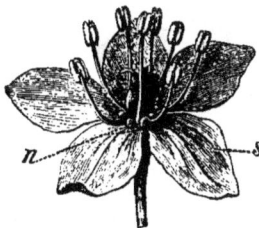

Fig. 236. — Fleur de Sarrasin : *s*, un
des sépales; *n*, un des nectaires.

rifères suivant les circonstances extérieures. On peut ne
trouver aucun liquide à la surface de ce bourrelet ou au

contraire y remarquer un nectar abondant qui remplit
toute la base de la fleur (*l*, fig. 235).

Les fleurs de la Bruyère franche (*Calluna vulgaris*),
sont toujours visitées par l'intérieur. Quant aux fleurs
des autres bruyères (*Erica*), si la corolle n'est pas
percée par les Bourdons, les abeilles la visitent par l'intérieur ; quand elle est percée, les butineuses préfèrent
le visiter par les trous dus aux Bourdons, parce que le
travail est plus rapide.

4° *Sarrasin* (*Polygonum Fagopyrum*). — Les nectaires
du Sarrasin sont de petites masses arrondies (*n*, fig. 236)
qui se trouvent à la base des étamines, assez analogues
à celles du Chou ou du Colza.

**302. Nectaires des Pervenches, des Labiées,
des Scrofularinées et des Joubarbes**. — Les
nectaires peuvent encore être une dépendance du pistil,
c'est-à-dire de l'organe placé au milieu de la fleur et
dans lequel doivent se former
les graines. Citons plusieurs
exemples :

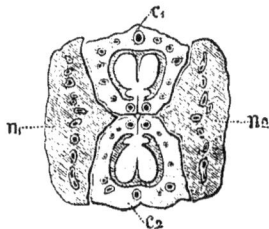

Fig. 237. — Coupe en travers de
l'ovaire et des nectaires de Per-
venche (vue à la loupe) : n_1, n_2,
nectaires ; c_1, c_2, ovaire.

1° *Pervenches* (*Vinca major*,
V. minor). — Dans la fleur des
Pervenches, on trouve deux
masses charnues et jaunâtres,
placées tout contre le pistil de
la fleur et plus grandes que lui,
ce sont les nectaires. La figure 237 montre l'ensemble du
pistil et des nectaires coupés en travers, et fait comprendre l'importance des tissus à sucre dans cette fleur.

2° *Labiées*. — En général, les plantes de la famille des

Labiées sont très mellifères, et le miel qu'elles produisent est aromatique ; il contient, au moins en petite
quantité, les essences parfumées que produisent les
plantes de cette famille.

Dans la fleur de Sauge, par exemple, on trouve à la

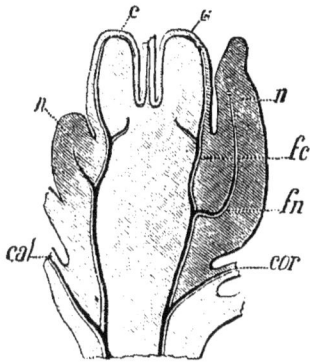

Fig. 238. — Coupe en long d'ovaire
et de nectaires de Sauge : c, c,
ovaire ; n, n, nectaires ; fn, vaisseaux qui vont aux nectaires ;
fc, vaisseaux qui vont au car-
pelle ; ca, calice ; cor, corolle.

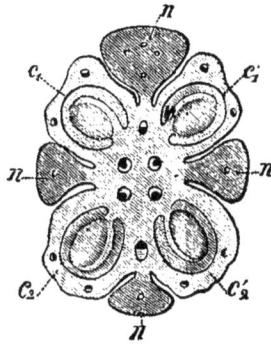

Fig. 239. — Coupe en travers d'ovaire
et de nectaires de Marrube : c_1, c_2,
c'_1, c'_2, ovaire ; n, n, n, n, nectaires ;
(dans les figures 232 et 233 les parties en plus foncées sont celles où
s'accumule le sucre).

base du pistil quatre proéminences blanchâtres iné-
gales, celle qui est en avant de la fleur, étant beaucoup plus grande que les autres ; ces quatre nectaires
émettent un liquide sucré, et par un temps mellifère on
peut voir les quatre gouttelettes se réunir, et remplir
tout le fond de la fleur. En coupant la fleur en long et
en la regardant à la loupe on se rendra compte de l'important développement des nectaires (n, n, fig. 238).

La figure 239 fait voir une disposition analogue (en
coupe transversale), chez le Marrube (*Marrubium vul-
gare*), tel qu'on l'observe chez la plupart des autres
Labiées.

A propos des plantes de cette famille, on peut faire

une remarque générale importante, c'est qu'il ne faudrait pas croire qu'un végétal est d'autant plus mellifère qu'il a des nectaires plus saillants et plus développés. La qualité mellifère d'une plante dépend surtout de la richesse en sucre de son nectar, et de la rapidité avec laquelle la goutte sucrée se reforme lorsqu'elle été enlevée par l'abeille.

C'est ainsi que chez le Romarin (*Rosmarinus officinalis*), Labiée cultivée dans les jardins et très commune à l'état sauvage dans le Midi, les proéminences nectarifères sont très peu développées, mais comme elles exsudent un nectar très sucré et très abondant, le Romarin est une excellente plante mellifère.

3° *Scrofularinées.* — Chez ces plantes, le nectaire forme un anneau inégal tout autour de la base du pistil, comme une bague dont le chaton serait en avant; ce qui a lieu dans la Digitale par exemple. A propos de la Digitale, il est intéressant de remarquer que les abeilles visitent les fleurs de cette plante dont la corolle vient de tomber; ce fait se produit pour un assez grand nombre de plantes, et montre que la corolle colorée n'est pas nécessaire pour attirer les abeilles.

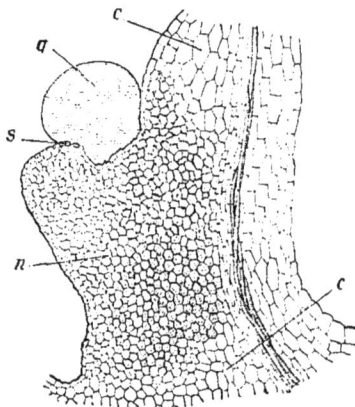

Fig. 240. — Coupe en long d'un nectaire de Joubarbe (vu au microscope) : *n*, tissu du nectaire; *s*, un des orifices du nectaire, *g*, goutte de nectar; *c, c*, tissu du pétale (les cellules teintées sont celles où s'accumule le sucre).

4° *Joubarde* (*Sempervivum tectorum*). — Cette belle plante que l'on cultive

souvent sur les toits ou que l'on trouve sur les rochers,
a des fleurs rouges ou roses à nombreux pétales
rayonnants. Il y a autant de nectaires que de pétales ;
ces nectaires sont disposés en cercle tout autour du
pistil ; la figure 240 représente un de ces nectaires
coupé en long; on y reconnaît
les cellules à sucre *n* qui sont
beaucoup plus petites que les
autres, et qui forment un tissu
très serré.

303. Nectaires des Sca-
bieuses et des Composées.

— Chez ces plantes, dont les
fleurs sont groupées et serrées
les unes contre les autres, et dont
l'ensemble paraît être une seule
fleur (ce que les botanistes appellent un *capitule*), il y a beaucoup
d'espèces mellifères. Ce qui est
remarquable c'est que la partie
extérieure des nectaires est peu
développée, tandis qu'à l'intérieur, les tissus à sucre occupent

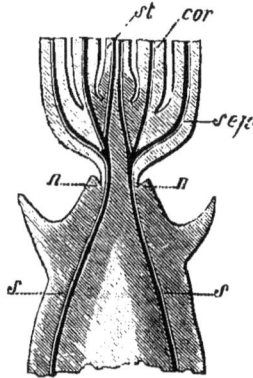

Fig. 241. — Coupe en long, au
milieu d'une fleur de Scabieuse
des champs (*Knautia*) : *n*, *n*,
nectaire; *s*, *s*, tissus à sucres ;
st, étamines ; *cor*, corolle ;
sép, calice (les parties les plus
teintées sont celles où s'accumule le sucre).

un volume relativement considérable ; c'est ce que montre la figure 241 qui représente un fragment d'une coupe
longitudinale d'une fleur de Scabieuse. La partie *n n* est
la seule extérieure et les tissus riches en sucre *s s* sont
indiqués par une teinte plus foncée. Il en est à peu près
de même dans les plantes de la grande famille des Com-
posées, parmi lesquelles on peut citer comme plantes
mellifères : les Bleuets, les Chardons, les Centaurées, les
Pissenlits, etc.

23

RÉSUMÉ

Nectaires. — Les nectaires sont des parties de la plante où s'accumulent des sucres qui peuvent produire au dehors un liquide sucré appelé nectar. On les trouve en général dans · la fleur, bien qu'il puisse s'en former aussi sur d'autres parties du végétal, par exemple, sur les stipules des Vesces, ou à la base des feuilles des Pruniers.

Sucres contenus dans le nectar et dans le miel. — La plupart des nectars contiennent 70 à 80 p. 100 d'eau, une forte proportion de sucre de canne et une quantité un peu moindre de glucose ou sucre de fruit.

Les miels contiennent en général 20 à 25 p. 100 d'eau, une faible proportion de sucre de canne et une plus forte proportion de glucose.

Le miel renferme donc beaucoup moins d'eau que le nectar et la proportion de sucre de canne par rapport à celle des glucoses y est bien moins forte.

La transformation du nectar en miel se fait : d'une part sous l'influence du tube digestif de l'abeille qui produit une substance transformant une grande partie du sucre de canne en glucoses, et d'autre part grâce à l'évaporation d'une grande quantité d'eau avant que le miel soit operculé.

Certains nectaires (Fritillaire) produisent un liquide abondant qui est tellement peu sucré que les abeilles négligent de le récolter. D'autres nectaires au contraire (Ajonc, Anémone) ne produisent presque pas de liquide, mais sont imprégnés d'un jus sucré que les abeilles y vont pomper avec leur trompe.

Divers nectaires. — Les nectaires des fleurs ont des formes très diverses, suivant les différentes plantes et les abeilles viennent y aspirer le liquide sucré, soit par l'intérieur de la fleur, soit par le côté, soit par les trous déjà percés au travers du calice ou de la corolle par les Bourdons sauvages.

CHAPITRE XXII

PRODUCTION MELLIFÈRE DES PLANTES

304. Comment le nectar sort du nectaire. —
En général les nectaires ont à la surface de nombreux stomates, c'est-à-dire de petits organismes composés de deux cellules particulières, qui laissent entre elles un orifice étroit établissant la communication entre l'intérieur des tissus à sucre et l'air extérieur ($S\,S'$, fig. 242 et s, fig. 240).

Lorsque la plante ne produit pas de nectar, il ne sort que de la vapeur d'eau par ces petits orifices, mais lorsque les circonstances sont telles, que la plante est traversée par une grande quantité d'eau, cette eau devenant sucrée dans les tissus du nectaire, sort alors sous forme de fines gouttelettes par chacun des stomates, comme on peut le voir au microscope (fig. 242) ou même à la loupe en examinant la surface du nectaire. Si la production mellifère continue, ces fines gouttelettes se réunissent et forment une grosse goutte qui reste à la surface du nectaire ou qui tombe pour aller se recueillir dans une autre partie de la fleur.

Il est très important de remarquer que dans les circonstances où la plante est mellifère, la production du nectar se renouvelle constamment ; en effet, si à l'aide d'un petit papier buvard, on enlève tout le nectar produit dans une fleur, on voit immédiatement perler, par les

stomates du nectaire, de nouvelles petites gouttelettes,
qui se réunissent pour former une goutte générale. Aussi,
quand une fleur vient d'être visitée par une abeille, elle
a bientôt autant de nectar qu'avant cette visite, et une
autre abeille ne tardera pas à y puiser une nouvelle
provision de liquide sucré.

Il y a plus, si une fleur est visitée par les abeilles, elle

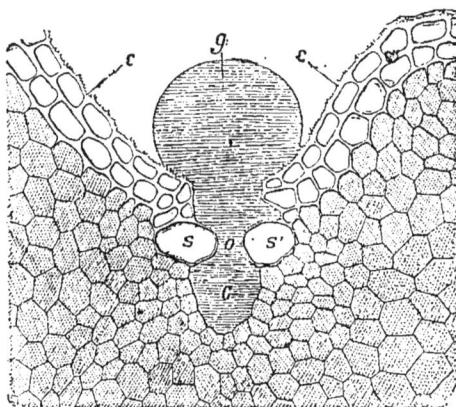

Fig. 242. — Partie d'un nectaire de Pêcher coupée et vue au microscope : S,S', les
deux cellules du stomate à travers lesquelles suinte le nectar g qui s'est accumulé
en C ; c, c, cellules sans sucre.

aura produit plus de nectar que si elle n'avait pas été
visitée. En effet, si on laisse fleurir une plante sous une
gaze assez fine pour éviter la visite des insectes, on voit
le nectar se produire, mais il ne s'accumule pas indéfiniment dans la fleur; si de temps en temps, pour imiter
la visite des abeilles, on aspire ce nectar avec une pipette,
on constate qu'en somme la fleur en aura produit plus
que si l'on n'avait pas aspiré.

**305. Variation de la puissance mellifère pen-
dant la journée**. — La production du nectar d'une

même fleur est très variable suivant les circonstances

Elle varie :

1° Aux différentes heures de la journée ;

2° Avec les circonstances météorologiques ;

3° Avec la quantité d'eau qui se trouve dans le sol et dans l'air ;

4° Avec la composition du terrain ;

5° Avec le climat.

Nous allons examiner successivement ces différentes causes de variation.

1° *Variation du nectar aux différentes heures de la journée.* — Par un beau temps fixe, le volume du nectar d'une même fleur diminue peu à peu jusque vers trois heures de l'après-midi, pour augmenter ensuite dans la soirée, et cette augmentation continue à se produire toute la nuit jusqu'au lever du soleil.

Ce résultat général a été démontré par de nombreuses expériences.

Des plantes étant mises à l'abri des insectes par des étoffes de gaze, on a mesuré le nectar aux différentes heures de la journée à l'aide d'une pipette graduée.

Dix espèces différentes de plantes mellifères (Sédum, Lavande, Serpolet, Ail, Muflier, Corydalle, Lantane, Phlox, Pétunia et Fuchsia), ont été suivies ainsi toutes les deux heures pendant douze journées de beau temps fixe. Pour chaque plante et pour chaque journée, la variation s'est toujours produite dans le même sens.

Ainsi la Lavande, le Sédum, le Serpolet et l'Ail ont fourni les variations des volumes du nectar suivantes :

Volume du nectar aux différentes heures de la journée le 27 juin.

HEURES d'observation.	*Sédum* (Volume pour 3 fleurs.)	*Lavande* (Volume pour 10 fleurs.)	*Serpolet* (Volume pour 6 fleurs.)	*Ail* (Volume pour 3 fleurs.)	TEMPÉRATURE à l'ombre.	au soleil.	ÉTAT HYGROMÉTRIQUE de l'air.
	mm.c.	mm.c.	mm.c.	mm.c.			
5 h. m.	10,0	18,5	1,5	24,0	20°,5	»	0,80
7 —	5,0	18,5	0,5	18,5	22°,5	24°,0	0,74
9 —	1,5	10,0	0,5	5,0	25°,0	27°,0	0,64
11 —	6,5	10,0	0,2	6,0	27°,5	30°,0	0,56
1 h. s.	0,5	5,0	0,05	5,0	27°,5	31°,5	0,55
3 —	0,3	3,0	0,0	3,0	28°,25	34°,0	0,50
5 —	0,2	7,5	0,25	5,0	27°,0	30°,5	0,57
7 —	0,5	10,0	0,5	7,8	24°,0	27°,0	0,70
9 —	1,5	10,0	0,5	8,0	22°,0	»	0,91

On voit que dix fleurs de Lavande, par exemple, fournissaient 18 millimètres cubes de nectar à 5 heures du matin, 3 millimètres cubes à 3 heures de l'après-midi et 10 millimètres cubes à 9 heures du soir. Les chiffres du tableau précédent indiquent que ces variations de volume du nectar ont lieu dans le même sens que les variations de l'état hygrométrique de l'air. C'est donc aux heures où l'air est le plus sec qu'il y a le moins de nectar dans les fleurs.

Ces résultats ont été confirmés par trois autres procédés pendant les mêmes journées :

1° Les abeilles revenant de la récolte ont été comptées toutes les heures pendant une minute, en les faisant entrer dans les ruches par un long couloir vitré où il était facile de les noter au passage. Le nombre des abeilles qui entraient dans les ruches a été trouvé plus grand à la fin de la matinée et à la fin de la soirée que dans l'après-midi, ce qui contrôle les résultats précédents.

2° En même temps, les ruches étaient sur des bascules de précision, et on pouvait constater un poids plus grand au commencement de l'après-midi que le soir et le matin. Cela indique qu'il y avait moins d'abeilles sorties à ce moment de la journée, qui correspond à la moindre quantité de nectar dans les fleurs.

3° Enfin, des abeilles sans pollen, revenant à la ruche, ayant été pesées le même jour, on a obtenu pour le poids moyen de dix abeilles :

A 9 h. du matin.......................... $1^{gr},21$

A 1 h. du soir...... .... $1^{gr},07$

Ce résultat vient encore à l'appui de ce qui précède, et montre en outre que chaque abeille rapporte une récolte plus considérable au moment où le nectar se trouve le plus abondant dans les fleurs (1).

Lorsque la chaleur est très grande, les différences que l'on vient de signaler deviennent encore plus sensibles, il peut même arriver, en certains cas, que la production du nectar par les fleurs n'ait lieu que le matin ; c'est ainsi que sur les rochers exposés au sud dans les Alpes, là où croissent en abondance les Joubarbes et les Sédum, par certaines journées chaudes de juillet, on trouve, dans les fleurs de ces plantes, du nectar en quantité notable dans la matinée, et on n'en voit plus une goutte dans l'après-midi. Le matin, les abeilles visitent activement ces fleurs ; on n'en rencontre pas une dans la soirée (observé à Huez, Oisans).

(1) Ces pesées font voir encore que le matin, lorsque les abeilles tombaient très lourdement sur le plateau, elles rapportaient autant de nectar que possible, mais que dans l'après-midi, chaque abeille rapportait moins qu'elle n'aurait pu rapporter ; il semblerait donc que les abeilles au bout d'un certain temps sont obligées de rentrer dans la ruche.

En Algérie, aux environs de Blidah, par la grande sécheresse, c'est seulement au commencement de la matinée que les abeilles peuvent trouver à faire une récolte pendant l'été. Elles ne sortent absolument qu'au premier matin, et sont toutes rentrées à huit heures.

306. Variation de la puissance mellifère suivant les circonstances météorologiques. — On voit par ce qui précède qu'un temps très chaud et très sec n'est pas favorable à une production abondante et continue de nectar dans les fleurs.

En général les meilleures conditions pour que les plantes soient très mellifères, c'est que plusieurs journées de beau temps, au moment de la floraison, succèdent à des temps pluvieux. Le sol étant humide, les journées de soleil qui viennent ensuite provoquent dans la plante un abondant transport de l'eau depuis les racines jusqu'aux fleurs, et ce mouvement favorise l'émission du liquide sucré. En particulier, les temps orageux peuvent provoquer rapidement cette émission du nectar.

Si, après un temps de pluie, survient une longue suite de jours de beau temps fixe, les effets utiles à la production mellifère vont en s'accentuant pendant les premiers jours, puis diminuent sous l'action de la chaleur et de la sécheresse prolongée.

C'est ce que prouvent des séries d'expériences faites d'une part à Louye (Eure), d'autre part à Paris au jardin de l'École Normale Supérieure, pendant une suite de beaux jours, en juin et en juillet. Citons l'un de ces résultats :

Six fleurs de Fuchsia prises chaque jour, au même état, à 6 heures du matin, ont donné par une suite de belles journées :

	Millim. cubes de nectar.
Le 14 juillet............................	250
Le 15 —	340
Le 16 —	450
Le 17 —	180
Le 18 —	160
Le 19 --	105

307. Variation de la puissance mellifère avec la quantité d'eau qui se trouve dans le sol ou dans l'air.

1° *Influence de l'humidité du sol.* — Toutes les autres conditions étant les mêmes, la quantité de liquide émise par les nectaires augmente avec la quantité d'eau absorbée par les racines.

Citons l'expérience suivante :

Deux pieds d'Ail (*Allium nutans*) A et B, également fleuris, étant cultivés en pot, le pot A est plongé dans l'eau et le pot B renfermé dans de la terre peu humide ; le tout est à la même température, et dans de l'air au même état hygrométrique. Au bout de trois heures, le nectar a été mesuré dans les fleurs de même âge : on a trouvé pour trois fleurs en moyenne :

Pied A, dont le pot est plongé dans l'eau : 57 millimètres cubes de nectar.
Pied B, non plongé dans l'eau : 41 millimètres cubes de nectar.

Le pied A a été retiré de l'eau, et deux jours après on a fait l'expérience inverse, c'est le pied B qui a été immergé ; on a trouvé au bout de trois heures pour trois fleurs en moyenne :

Pied B, plongé dans l'eau : 52 millimètres cubes de nectar.
Pied A, non plongé dans l'eau : 48^{mm},5 de nectar.

2° *Influence de l'humidité de l'air.* — Toutes les conditions restant les mêmes, la quantité de nectar augmente avec l'état hygrométrique de l'air.

23.

Parmi les expériences qui ont été faites, citons la
suivante : Deux pots de Bruyère aussi identiques que
possible, sont placés à la même température, avec de la
terre au même degré d'humidité, le premier A, à air
libre, le second B, sous cloche avec de l'eau à côté du
pot, dans de l'air presque saturé d'humidité.

Au bout de vingt-quatre heures, on avait pour dix
fleurs, en moyenne :

Pied A, à l'air libre (à l'état hygrométrique 0,65) : 18 millimètres
cubes de nectar.
Pied B, sous cloche (à l'état hygrométrique 0,98) : 47 millimètres
cubes de nectar.

Cette expérience montre donc encore que le nectar
est moins abondant dans l'air sec.

3° *Rendre artificiellement mellifères des fleurs qui ne le
sont pas.* — En combinant à la fois les deux conditions
précédentes, on peut faire produire du nectar à des
fleurs qui n'en fournissent pas dans les conditions naturelles de notre climat.

C'est ainsi qu'en plongeant dans l'eau un pot renfermant une plante non mellifère et en la plaçant dans un
air saturé d'humidité, on peut y voir apparaître du nectar;
l'expérience a été faite avec des pieds fleuris de Jacinthe
d'Orient, de Tulipe, de Rue, de Gaillet, de Muguet, etc.,
sur lesquelles on ne voit jamais la moindre gouttelette
de liquide sucré dans nos contrées.

**308. Variations de la puissance mellifère avec
la composition du terrain.** — La puissance mellifère
d'une même plante varie avec la composition du sol.

Des expériences ont été faites sur ce sujet au Laboratoire de Biologie végétale de Fontainebleau, sur la
Moutarde blanche, le Sarrasin, le Sainfoin, la Luzerne,
le Colza, le Pastel et le Phacélia.

Pour opérer de façon que toutes les conditions soient égales, sauf la nature du sol, on a disposé à côté les uns des autres des carrés de terrain de diverses compositions ayant $0^m,80$ de profondeur et séparés, par des tuiles, du sol voisin et entre eux. C'étaient : du calcaire pur, de l'argile pure, du sable pur ou divers mélanges de ces trois sortes de terrains.

Les espèces précédentes ont été semées à la fois sur les différents sols, et on a employé deux procédés différents pour comparer la richesse mellifère d'une même espèce sur les divers terrains :

1° En recouvrant les plantes avec de grands cubes de toile ne laissant pas passer les insectes, on mesurait au moyen d'une pipette graduée la quantité de nectar des fleurs de même âge ;

2° En laissant les plantes à découvert; on comptait le nombre des abeilles qui visitaient les fleurs pendant un temps donné.

Citons les résultats suivants :

La Moutarde blanche a donné plus de nectar sur les terrains calcaréo-sableux et calcaires que sur les terrains argileux ; le Sarrasin a fourni au contraire plus de nectar sur le terrain argilo-siliceux que sur le calcaire ; le Phacélia préfère un sol argileux ou argilo-sableux ; le Pastel et la Luzerne donnent plus de nectar sur le calcaire ; le Sainfoin a donné des résultats peu différents sur les divers sols.

309. Variation de la puissance mellifère avec le climat. — On comprend, par tous les résultats qui viennent d'être résumés, que la même plante peut être mellifère dans une contrée et ne pas l'être dans une autre. On ne doit donc pas dire d'une manière absolue que telle plante est une plante mellifère. On doit dire : telle plante est mellifère dans une contrée donnée.

En effet, la production du nectar varie beaucoup pour
la même plante avec la latitude et avec l'altitude, indépendamment de la nature du sol.

1° *Variation avec la latitude.* — Des expériences comparatives ont été faites à Louye (Eure) par 49° de latitude,
et à Domaas (Norvège) par 62° de latitude, dans les conditions atmosphériques sensiblement les mêmes, et sur
des plantes de même espèce (*Silene inflata, Trifolium
medium*) ; ces expériences ont montré que le nectar était
toujours beaucoup plus abondant en Norvège qu'en
France. Certaines espèces comme la Potentille (*Potentilla
Tormentilla*) et la Benoîte (*Geum urbanum*) émettent
abondamment du nectar en Norvège, tandis que dans les
environs de Paris elles sont presque complètement dé-
pourvues de liquide sucré.

En Danemark, on peut observer les abeilles visitant
activement différentes Épervières (*Hieracium*), alors qu'on
ne voit presque jamais les abeilles sur ces mêmes espèces dans les plaines de France.

La puissance mellifère d'une plante augmente donc
avec la latitude.

2° *Variation avec l'altitude.* — En s'élevant sur les
montagnes de nos contrées, on retrouve une végétation
et des conditions climatériques qui sont assez analogues
à celle des hautes latitudes ; aussi, la même espèce de
plante est-elle plus mellifère à une certaine altitude que
dans la plaine. C'est ce que l'on a constaté d'une manière précise, par exemple sur le Pastel et le Silène ; ces
deux plantes produisent beaucoup plus de nectar à
1.500 mètres d'altitude que dans la plaine.

- D'une manière générale, la flore mellifère est beaucoup plus riche dans la région alpine et subalpine ;
c'est ce qu'indique la récolte moyenne des ruches qui

augmente régulièrement avec l'altitude dans les
Pyrénées-Orientales (1).

310. Miellée et miellat. — La *miellée* est, d'une
manière générale, un liquide sucré qui tombe en pluie
fine au-dessous de certains arbres et recouvre de taches

Fig. 243. — Abeilles récoltant la miellée sur des feuilles de chêne.

plus ou moins visqueuses les feuilles inférieures de l'arbre.

La miellée peut se produire tous les ans dans les
journées très chaudes, et dans certaines années, où la
sécheresse est prolongée, elle est extrêmement abondante. C'est alors une ressource importante pour les
abeilles, bien que le miel qui en résulte soit en général
d'une qualité inférieure, par suite de la présence de
gommes et de dextrine dans ce liquide sucré, ou encore
par suite de la nature particulière des sucres qui le composent.

(1) Voyez Siau, *Statistique des Pyrénées-Orientales*.

Les conditions favorables à la production de la miellée sont surtout les journées chaudes et sèches, séparées
par des nuits relativement froides et humides.

Les espèces d'arbres sur lesquelles on observe le plus
la miellée dans nos pays sont les suivantes : Chêne,
Frêne, Tilleul, Érable, Peuplier, Bouleau, Noisetier, Sor-
bier, Épine-vinette et Ronce.

On l'observe même parfois sur des plantes herbacées
telles que le Salsifis, la Scorzonère, plusieurs Crucifères, etc.

La miellée peut avoir deux causes bien différentes, et
qu'il ne faut pas confondre :

1° Elle est très souvent produite par des pucerons qui
attaquent les feuilles particulièrement riches en liquide

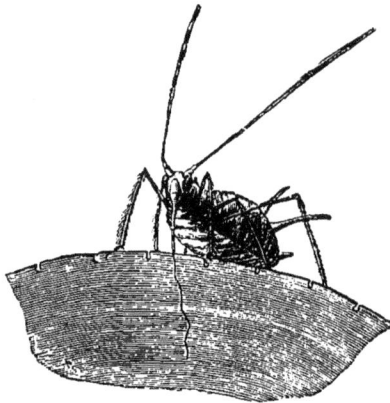

Fig. 244. — Puceron pompant le liquide sucré des feuilles (vu à la loupe).

sucré dans l'intérieur des tissus ; ces pucerons ne digé-
rant qu'une faible partie de la matière absorbée, expulsent la plus grande portion du liquide qui retombe sur les
feuilles en gouttes visqueuses ; c'est le *miellat*.

2° La miellée peut aussi se produire en l'absence de
tout puceron, par suite d'une sorte d'exsudation des

feuilles ; on peut alors la voir perler par tous les orifices stomatiques, et se réunir en gouttes de plus en plus grosses qui finissent par tomber comme les précédentes ; c'est la *miellée proprement dite.*

On peut prouver expérimentalement cette seconde origine de la miellée en plongeant dans l'eau une branche d'arbre à l'époque voulue, et en mettant les feuilles de cette branche dans de l'air saturé d'humidité. On a eu soin d'examiner toutes les feuilles pour constater qu'il n'y a sur elles aucun puceron. Au bout d'un certain temps, on voit les gouttelettes sucrées se produire sur toute la surface de la feuille, surtout sur la face inférieure.

Cette miellée formée directement par la plante, diffère du miellat de pucerons :

1° Parce qu'elle s'accumule pendant la nuit et disparaît ordinairement dans la journée, tandis que les pucerons au contraire produisent la matière sucrée toute la journée et ralentissent leur activité pendant la nuit;

2° Par sa composition, qui se rapproche beaucoup de celle des nectars, tandis que la miellée de pucerons renferme une grande quantité de dextrine, de gommes, et souvent des sucres différant du sucre de canne (mannite, mélézitose, etc.).

Les abeilles ne recherchent avidement la miellée, et surtout celle produite par les pucerons, que lorsqu'elles n'ont pas de plantes mellifères abondantes à leur portée ; c'est ainsi que l'on a observé par exemple que si le Faux-Acacia a fleuri abondamment pendant que les feuilles des arbres avaient une forte miellée, les abeilles ont dédaigné cette dernière matière sucrée pour visiter exclusivement les fleurs de Faux-Acacia.

L'expérience suivante prouve que les abeilles choisissent la meilleure matière sucrée. Près de l'abreuvoir des abeilles, on a disposé des assiettes contenant diverses miellées récoltées directement sur les arbres. Quelle que

soit leur origine, les abeilles ont préféré la miellée végétale de Chêne au miellat de pucerons de Noisetier, et
en d'autres circonstances ont préféré le miellat de pucerons du Tilleul à la miellée végétale âcre et résineuse
de Peuplier (1).

**311. Répartition des abeilles sur les plantes
mellifères.** — Un fait très curieux à observer et très
intéressant pour l'apiculteur, c'est la manière dont les
abeilles se distribuent pour la récolte sur les diverses
plantes qui peuvent leur fournir un aliment pour faire
leur miel.

Il semble que chaque jour de récolte, après l'explo-
ration matinale des premières ouvrières sorties, les
abeilles soient parfaitement renseignées sur la localité,
la valeur mellifère relative, et la distance de toutes les
plantes mellifères qui sont dans un certain rayon autour
de la ruche.

Si on note avec soin les diverses directions que prennent les butineuses en sortant de la ruche, et si l'on va
observer en détail la récolte des abeilles sur les diverses
plantes d'alentour, on constate que les ouvrières se distribuent sur les fleurs proportionnellement à la fois au
nombre des plantes d'une même espèce et à leur richesse
mellifère. Il y a plus, comme on vient d'en citer un exemple à propos du Faux-Acacia et de la miellée, les abeilles
estiment chaque jour, la valeur du meilleur liquide
sucré qu'elles peuvent récolter.

Si par exemple au printemps, après la floraison des
Saules, au moment où rien n'est encore fleuri dans les
champs, les abeilles n'ont guère pour ressource que les
premières fleurs des bois, on peut les voir visiter activement les Anémones, les Pulmonaires, les Ajoncs et

(1) Pour plus de détails, voir G. Bonnier, *Recherches expérimen-
tales sur la miellée* (Apiculteur, 1896).

les Violettes. Quelques jours plus tard, des champs de Chou ou de Colza viennent-t-ils à fleurir en assez grand nombre, on verra les abeilles abandonner presque complètement la visite des plantes des bois encore en pleine floraison et nectarifères, pour se consacrer à la visite de fleurs de Chou et de Colza.

Chaque jour elles règlent ainsi leur distribution sur les plantes, de manière à récolter le meilleur liquide sucré dans le moins de temps possible.

On peut donc dire que la colonie d'abeilles, aussi bien dans ses travaux de récolte que dans l'intérieur de la ruche, sait établir une distribution rationnelle du nombre d'ouvrières, tout en appliquant le principe de la division du travail.

RÉSUMÉ

Sortie du nectar. — Le nectar se produit à la surface des tissus à sucre en petites gouttelettes, qui sortent ordinairement par l'orifice des stomates. Ces gouttelettes se réunissent en gouttes de plus en plus grosses, et si le liquide sucré est enlevé, il se reforme de nouveau.

Variation de la puissance mellifère des plantes. — La quantité de nectar produite varie beaucoup suivant les circonstances.

Le volume du nectar diminue dans l'après-midi, s'abaisse progressivement par une longue suite de jours secs, et les meilleures conditions pour sa production sont réalisées par une suite de beaux jours après un temps pluvieux, ou par un temps orageux et sans pluie.

Cette quantité de nectar produite augmente avec la latitude et avec l'altitude, avec l'humidité du sol et avec l'humidité de l'air; de telle sorte qu'une même plante peut être mellifère dans une contrée et ne pas l'être dans une autre.

D'autre part, le volume de nectar varie avec la composition du sol; une même plante peut être nectarifère sur un sol calcaire et l'être beaucoup moins sur un sol siliceux, ou inversement.

Miellée. — Dans certaines circonstances plusieurs plantes, et en particulier beaucoup d'arbres, produisent au commencement de l'été, un liquide sucré et abondant qui tombe en pluie, c'est la miellée, qui parfois fournit une récolte importante pour les abeilles : la miellée est souvent produite par des pucerons (miellat) qui expulsent au dehors une grande partie de la matière sucrée qu'ils puisent dans les feuilles.

La miellée proprement dite provient directement des feuilles et sa composition se rapproche plus de celle du nectar que la composition du miellat.

Répartition des abeilles pour la récolte. — Les abeilles se répartissent, à un moment donné, pour récolter la matière sucrée la meilleure, proportionnellement au nombre des plantes d'une même espèce et à leur richesse mellifère.

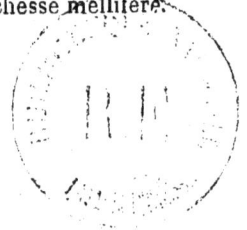

TABLE MÉTHODIQUE
DES MATIÈRES

PREMIÈRE PARTIE

INTRODUCTION A L'ÉTUDE DE L'APICULTURE

CHAPITRE III.

LA RUCHE.

DEUXIÈME PARTIE

APPRENTISSAGE DE L'APICULTEUR

CHAPITRE IV.

VALEUR MELLIFÈRE DE LA CONTRÉE.

CHAPITRE XVII.

OPÉRATIONS ÉQUIVALENTES.

QUATRIÈME PARTIE

GÉNÉRALITÉS SUR L'APICULTURE

CHAPITRE XVIII.

PRINCIPES GÉNÉRAUX ET COMPARAISON DES MÉTHODES.

CHAPITRE XIX

LES PRODUITS DU RUCHER.

CHAPITRE XX.

MALADIES ET ENNEMIS DES ABEILLES.

CHAPITRE XXI.

LE NECTAR ET LES NECTAIRES.

CHAPITRE XXII.

PRODUCTION MELLIFÈRE DES PLANTES.

FIN DE LA TABLE MÉTHODIQUE.

24.

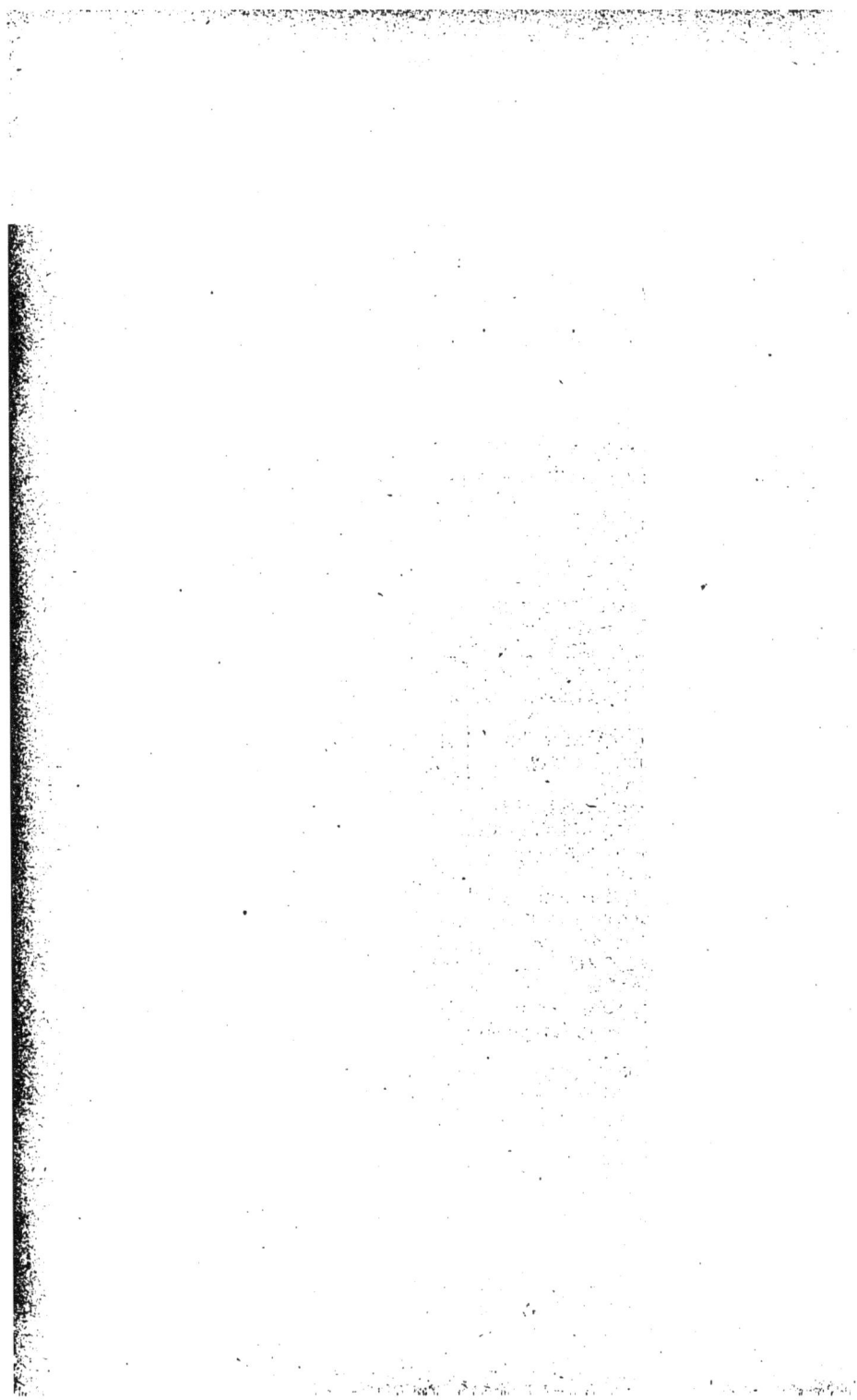

TABLE ALPHABÉTIQUE

(Les numéros mis après les noms renvoient aux paragraphes.)

O

P

FIN DE LA TABLE ALPHABÉTIQUE.

2245-95. — CORBEIL. Imprimerie ED. CRÉTÉ.

L'APICULTEUR

JOURNAL DES CULTIVATEURS D'ABEILLES

40ᵉ ANNÉE

Abonnements : **5 fr.** par an ; **3 fr.** pour les membres des Sociétés d'Apiculture, les instituteurs et institutrices. (S'adresser à M. Sevalle, 167,
rue Lecourbe, Paris.)

ÉTABLISSEMENT D'APICULTURE

DE

Robert-Aubert, apiculteur-constructeur à Rosières (Somme). Outillage
d'apiculture, ruches, cire gaufrée, etc. — (*Envoi franco du Catalogue,
sur demande.*)

ÉTABLISSEMENT D'APICULTURE

DE

La Trappe de Sainte-Marie du Désert, par Bellegarde-Sainte-Marie
(Haute-Garonne). Outillage d'apiculture, ruches, cire gaufrée, etc. —
(*Envoi franco du Catalogue, sur demande.*)

LIBRAIRIE PAUL DUPONT, 4, RUE DU BOULOI, PARIS

FLORE COMPLÈTE

DE LA FRANCE

Publiée sous les auspices du Ministère de l'Instruction publique

POUR LA DÉTERMINATION FACILE DES PLANTES, SANS MOTS TECHNIQUES

5289 figures

Représentant toutes les espèces

PAR

M. Gaston BONNIER	**M. G. DE LAYENS**
Professeur à la Sorbonne	Lauréat de l'Académie des sciences

Un volume grand in-8, avec une carte des régions de la France.
Prix : broché, 9 fr. ; avec reliure anglaise. 10 fr.

« Le succès de la *Nouvelle Flore* des environs de Paris, de MM. GASTON BONNIER et G. DE LAYENS, a engagé les auteurs à appliquer leur méthode de tableaux synoptiques illustrés à la totalité de la Flore française. Le premier ouvrage était limité à une région déterminée, le volume qui vient de paraître comprend toutes les plantes des diverses régions de la France : Ardennes, Vosges, Jura, Alpes, Plateau central, Pyrénées, littoral, régions de l'Ouest et du Sud-Ouest, du Nord, région méditerranéenne, etc., ainsi que l'Alsace-Lorraine.

« Comme dans la *Nouvelle Flore*, dont l'apparition a causé, on peut le dire, un changement considérable dans l'enseignement de la botanique descriptive, les auteurs ont fait table rase de tous les termes techniques ; car l'emploi de ces termes présente toujours de grandes difficultés pour celui qui n'est pas versé dans le langage spécial des flores.

« Les descriptions illustrées des plantes sont disposées en tableaux qui permettent d'apprécier d'un seul coup d'œil, par la comparaison des figures ainsi que par le texte, les différences qui font reconnaître les espèces.

« De plus, au-dessous de chaque espèce sont inscrits, en caractères très apparents, les noms des régions de la France où se trouve la plante.

« Grâce à cette simple combinaison, lorsqu'on est dans une région déterminée, toutes les espèces étrangères à cette région sont par là même facilement éliminées, et le lecteur transforme ainsi à son gré l'ouvrage général en une Flore locale.

« Ce nouveau volume, comme le précédent, contribuera pour une large part, nous n'en doutons pas, à développer en France le goût de l'étude des plantes, déjà si répandu aujourd'hui. »

LIBRAIRIE PAUL DUPONT, 4, RUE DU BOULOI, PARIS

NOUVELLE FLORE

Pour la détermination facile des plantes sans mots techniques

Par GASTON BONNIER, Professeur à la Sorbonne,

et G. DE LAYENS, Lauréat de l'Académie des sciences.

Avec 2170 figures inédites

contenant les plantes communes dans l'intérieur de la France

(Cette Flore a été couronnée par l'Académie des sciences et par la Société d'Agriculture de France.)

Un volume de poche. Nouvelle édition revue et corrigée. — Prix, broché : **4 fr. 50**; reliure anglaise : **5 fr.**

Ouvrage adopté pour les Écoles primaires de la ville de Paris, par la Commission des sciences de l'Enseignement primaire pour les Écoles normales primaires, inscrit sur la plupart des listes départementales, honoré des souscriptions du Ministère de l'Instruction publique et du Ministère de l'Agriculture ; deux médailles d'or de la Société Nationale d'Agriculture, etc.

L'extraordinaire succès de la *Nouvelle Flore* de MM. G. Bonnier et de Layens dispense de faire l'éloge de cet ouvrage. Il suffit de rappeler que son apparition a causé une révolution dans l'enseignement de la Botanique descriptive. Les auteurs ont abandonné les anciennes méthodes hérissées de termes barbares et incompréhensibles ; ils ont réussi à mettre à la portée de tous la détermination pratique des plantes.

PETITE FLORE

Abrégé de la NOUVELLE FLORE

POUR LA DÉTERMINATION FACILE DES ESPÈCES LES PLUS COMMUNES

PRÉCÉDÉ DE NOTIONS DE BOTANIQUE

avec 898 figures

Par MM. G. BONNIER et G. DE LAYENS

Un volume in-12, cartonné. Nouvelle édition. — Prix : **1 fr. 50**

(Cet ouvrage a été recommandé par le Ministère de l'Instruction publique.)

Flore du Nord de la France *et de la Belgique*, par MM. GASTON BONNIER et G. DE LAYENS, avec *2 282 figures* et une carte des régions botaniques. Nouvelle édition, revue et corrigée. 1 vol. de 350 pages. Broché, 4 fr. 50; relié .... 5 fr.

Nouvelle Flore des Mousses et des Hépatiques, sans mots techniques, avec *1 288 figures* dans le texte représentant toutes les espèces (suite à la *Nouvelle Flore*), par M. DOUIN, professeur au lycée de Chartres. Broché, 5 fr.; relié .... 5 fr. 50

Catalogue des Plantes de France, *de Suisse et de Belgique*, avec toutes les espèces numérotées, les sous-espèces, etc., par E.-G. CAMUS, lauréat de l'Institut .... 4 fr. 25

SCIENCES NATURELLES

Ouvrages de M. Gaston BONNIER

PROFESSEUR A LA SORBONNE

Cours complet d'histoire naturelle, Zoologie, Botanique, Géologie, à l'usage des candidats au brevet supérieur, des Écoles primaires supérieures, des Ecoles normales, des Ecoles d'agriculture, des candidats aux baccalauréats, etc. Ouvrage rédigé suivant les nouveaux programmes de 1893, avec 767 figures dans le texte et une carte géologique en couleurs. 25ᵉ édition. Prix, relié............... **4 fr.** »

Histoire naturelle et Hygiène, pour le brevet élémentaire et à l'usage des écoles primaires supérieures. Ouvrage conforme aux nouveaux programmes de 1893, avec 530 figures dans le texte. Un volume in-12 de plus de 400 pages. Prix, cartonné..................... **2 fr. 75**

On peut dire de ce volume ce qu'on a dit de l'ouvrage destiné au brevet supérieur :

« Ce qu'il faut louer surtout dans le nouvel ouvrage de M. Bonnier, c'est la clarté. Avec un tel livre, on ne peut pas oublier ce qu'on vient d'apprendre : on ne peut pas ignorer quelles sont les questions importantes du cours et quelles sont les parties relativement accessoires.

« Grâce à la manière dont les chapitres sont préparés, amenés à un développement méthodique et résumés avec soin, le lecteur se trouve guidé au travers des descriptions et des classifications qui passent pour les plus ardues. Un nombre considérable de figures, souvent simplifiées ou schématisées, ajoutent encore à la clarté du texte.

« Un tel ouvrage manquait : il remplacera, sans nul doute, les manuels surannés qui ont répandu dans l'enseignement tant de notions fausses, si difficiles à déraciner encore aujourd'hui. »

PETITE HISTOIRE NATURELLE, pour le certificat d'études et la préparation à la classe de 6ᵉ, à l'usage de tous les enfants de 7 à 12 ans. Un volume in-12 de 252 pages avec 231 figures. Prix, cartonné... **1 fr. 50**

ÉLÉMENTS DE ZOOLOGIE (Classes de 6ᵉ de l'enseignement classique et de l'enseignement moderne), avec 364 figures. Nouvelle édition; reliure toile.................................. **2 fr. 50**
ÉLÉMENTS DE BOTANIQUE (Classes de 5ᵉ de l'enseignement classique et de l'enseignement moderne), avec 405 figures, 16ᵉ édition; reliure toile.................................. **2 fr. 50**
ÉLÉMENTS DE GÉOLOGIE (Classes de 5ᵉ de l'enseignement classique et de l'enseignement moderne), avec 279 figures dans le texte, carte en couleurs. (*Vient de paraître.*) Reliure toile............. **2 fr. 50**

ANATOMIE ET PHYSIOLOGIE ANIMALES (Classes de philosophie, de 1ʳᵉ, de l'enseignement moderne et de mathématiques élémentaires, avec 268 figures dans le texte. Nouvelle édition revue et corrigée ; reliure toile................................. **3 fr.** »
ANATOMIE ET PHYSIOLOGIE VÉGÉTALES (Classes de philosophie, de 1ʳᵉ, de l'enseignement moderne et de mathématiques élémentaires), avec 345 figures dans le texte. Nouvelle édition; reliure toile... **3 fr.** »

L'École Moderne

COURS COMPLET D'ENSEIGNEMENT PRIMAIRE CONCENTRIQUE

Par M. A. SEIGNETTE

Directeur du *Journal des Instituteurs*
Membre de plusieurs Commissions de l'Enseignement Primaire
Agrégé de l'Université, Docteur ès sciences

Morale. — Instruction civique. — Langue française et Récitation.
Histoire. — Géographie.
Arithmétique et Géométrie. — Sciences usuelles.

*Ouvrage accompagné de nombreuses figures inédites;
dessins par Lunois et Millot; gravures par Thomas; cartes par Bineteau*

COURS ÉLÉMENTAIRE

10 livrets mensuels ayant chacun 72 pages, avec indication détaillée de l'emploi du temps, lexique, devoirs, récits, exercices, résumés, questionnaire, etc. — Prix de chaque livret.. » 30

COURS MOYEN

10 livrets mensuels ayant chacun 108 pages, avec indication détaillée de l'emploi du temps, lexique, morceaux choisis, exercices, résumés hebdomadaires et mensuels, questionnaire, questions posées au Certificat d'études, etc. — Prix de chaque livret......... » 40

COURS SUPÉRIEUR

10 livrets mensuels ayant chacun 144 pages, avec indication détaillée de l'emploi du temps, lexique, exercices, résumés hebdomadaires et mensuels, devoirs à faire, questions posées au Certificat d'études et au Brevet élémentaire. — Prix de chaque livret..... » 80

Des livres du maître sont publiés pour chacun des trois cours.

L'École Moderne est un cours complet d'Enseignement primaire concentrique, c'est-à-dire que les leçons y sont disposées de telle façon que le même sujet se trouve traité le même jour pour le cours élémentaire, le cours moyen et le cours supérieur. Cette disposition facilite la tâche du maître et offre de grands avantages pour les élèves des trois cours.

L'École Moderne paraît aussi sous forme de volumes semestriels et sous forme de volumes séparés pour chaque matière.

École moderne par volumes semestriels. — *Cours élémentaire :* 2 volumes de 380 pages chacun; chaque volume relié : 1 fr. 75. — *Cours moyen :* 2 volumes de 560 pages chacun; chaque volume relié : 2 fr. 25. — *Cours supérieur :* 2 forts volumes; chaque volume relié : 4 fr. 25.

École moderne par volumes séparés. — Pour les trois cours et pour chacune des matières il y a 15 volumes séparés et trois atlas grand format avec texte, cartes en couleurs, vues, etc.